"Brilhante e acessível, *O dom extraordinário de ser comum* atinge o cerne do sofrimento humano e oferece práticas inteligentes e úteis para lidar com nossa mente ambiciosa, que fica constantemente nos comparando com os demais. A paz e o contentamento pelos quais ansiamos surgem naturalmente à medida que nos libertamos das histórias limitantes que habitualmente nos aprisionam e começamos a confiar na verdade de quem realmente somos."

— Dra. TARA BRACH, autora de *Trusting the gold*

"No zen, uma das maiores realizações é ser comum, o que significa não ficar se comparando e ser livre para ser autêntico e real. De maneira sábia e amorosa, Dr. Siegel nos mostra como fazer isso."

— Dr. JACK KORNFIELD, autor de *After the ecstasy, the laundry*

"Este é um guia perspicaz, bem escrito e extremamente útil para encontrar a felicidade em meio à imperfeição. Cheio de exercícios práticos ao lado de conselhos sábios e fáceis de digerir, este livro irá ajudá-lo a deixar a vergonha e o autojulgamento negativo de lado e a aceitar quem você é com compaixão."

— Dra. KRISTIN NEFF, coautora do *Manual de mindfulness e autocompaixão*

"É tão libertador parar de me comparar com outras pessoas, mesmo que só por um momento. A escrita do Dr. Siegel é sensível, engraçada e perspicaz. Nunca fiquei tão feliz por ser 'comum'."

— SUSIE F., de Boston

"Dr. Siegel mostra como o mundo nos atrai com um objeto brilhante chamado felicidade e, então, mordemos a isca. Passamos nossas vidas lutando, apenas para acabar ainda mais presos em ciclos de sofrimento. Porém, podemos nos desprender e seguir em uma direção diferente, rumo a um nível de bem-estar mais atingível, estimulados por conexões e compaixão. Este livro é escrito a partir de profunda sabedoria pessoal e vasta experiência clínica."

— Dr. JUDSON BREWER, autor de *Desconstruindo a ansiedade*

"A mensagem do Dr. Siegel — de que há alegria na normalidade e até no fracasso — estimulou minha autoaceitação e me ajudou a dar um passo à frente em minha carreira. Dr. Siegel desconstruiu meu ego graciosamente, como se ele estivesse descascando camadas de uma cebola. Seu livro me deu coragem para aguentar o fracasso, para me sentir menos preocupado com as opiniões dos outros e para comemorar as imperfeições que costumavam me manter acordado à noite."

— Cody R., de Seattle

"Libertando-nos da autocrítica tóxica e da vergonha, este livro poderoso é uma abertura para a autoaceitação, a autoestima e a paz interior profundas. O carinho do Dr. Siegel transparece em todas as páginas, repletas de *insights* e sugestões práticas embasadas em suas décadas de experiência como terapeuta. Com muitos exemplos e práticas experienciais sucintas, ele une a ciência atual com uma sabedoria significativa e uma perspectiva própria cheia de humor e sensatez. Este é um livro que serve tanto para nos ajudar em situações difíceis quanto para nos orientar ao longo de nossas vidas. É brilhante."

—Dr. Rick Hanson, autor de *O poder da resiliência*

"Implantando seu raro domínio das abordagens de *mindfulness*, reforçado por décadas de *insights* como psicoterapeuta, Dr. Siegel nos oferece conselhos confiáveis, eficazes e simples para escaparmos do que ele apropriadamente chama de 'a armadilha da autoavaliação', algo que muitos de nós conhecemos."

— Dr. Gabor Maté, autor de *In the realm of hungry ghosts: close encounters with addiction*

O DOM EXTRAORDINÁRIO DE SER COMUM

A Artmed é a editora oficial da FBTC

```
S571d   Siegel, Ronald D.
            O dom extraordinário de ser comum : encontre a felicidade
        exatamente onde você está / Ronald D. Siegel ; tradução:
        Marcos Viola Cardoso ; revisão técnica: Carmem Beatriz
        Neufeld. – Porto Alegre :  Artmed, 2023.
            xx, 282 p. ; 23 cm.

            ISBN 978-65-5882-140-3

            1. Emoções. 2. Felicidade. 3. Saúde mental. 4. Psicologia.
        5. Terapia cognitivo-comportamental. I. Título.

                                                         CDU 159.942
```

Catalogação na publicação: Karin Lorien Menoncin – CRB 10/2147

RONALD D. SIEGEL

O DOM EXTRAORDINÁRIO DE SER

Encontre a felicidade exatamente onde você está

Tradução:
Marcos Viola Cardoso

Revisão técnica:
Carmem Beatriz Neufeld

Professora associada do Departamento de Psicologia da Faculdade de Filosofia, Ciências e Letras de Ribeirão Preto (FFCLRP) da Universidade de São Paulo (USP).
Fundadora e coordenadora do Laboratório de Pesquisa e Intervenção Cognitivo-comportamental (LaPICC-USP).
Mestra e Doutora em Psicologia pela Pontifícia Universidade Católica do Rio Grande do Sul (PUCRS).
Bolsista produtividade do CNPq.
Presidente da Federación Latinoamericana de Psicoterapias Cognitivas y Comportamentales (ALAPCCO Gestão 2019-2022/2022-2025).
Presidente fundadora da Associação de Ensino e Supervisão Baseados em Evidências (AESBE 2020-2023).

Porto Alegre
2023

Obra originalmente publicada sob o título *The extraodinary gift of being ordinary: finding happiness right where you are*
ISBN 9781462538355

Copyright © 2022 The Guilford Press, A Division of Guilford Publications, Inc.

Gerente editorial
Letícia Bispo de Lima

Colaboraram nesta edição:

Coordenadora editorial
Cláudia Bittencourt

Editor
Lucas Reis Gonçalves

Capa
Paola Manica | Brand&Book

Preparação de originais
Marcela Bezerra Meirelles

Leitura final
Gabriela Dal Bosco Sitta

Editoração
Matriz Visual

Reservados todos os direitos de publicação, em língua portuguesa, ao
GRUPO A EDUCAÇÃO S.A.
(Artmed é um selo editorial do GRUPO A EDUCAÇÃO S.A.)
Rua Ernesto Alves, 150 – Bairro Floresta
90220-190 – Porto Alegre – RS
Fone: (51) 3027-7000

SAC 0800 703 3444 – www.grupoa.com.br

É proibida a duplicação ou reprodução deste volume, no todo ou em parte, sob quaisquer formas ou por quaisquer meios (eletrônico, mecânico, gravação, fotocópia, distribuição na Web e outros), sem permissão expressa da Editora.

IMPRESSO NO BRASIL
PRINTED IN BRAZIL

Autor

RONALD D. SIEGEL, Doutor em Psicologia, é professor assistente de Psicologia na Harvard Medical School, onde leciona desde o começo dos anos 1980. Autor de livros como *The mindfulness solution: everyday practices for everyday problems* e *Mindfulness e psicoterapia* (publicado pela Artmed), ministra aulas no mundo todo sobre a aplicação de práticas de *mindfulness* em psicoterapia e outras áreas e exerce sua prática clínica em Lincoln, Massachusetts. Regularmente usa as práticas apresentadas neste livro para trabalhar com suas próprias questões de flutuação de autoestima.

Nota do autor

Apesar de os indivíduos descritos nas ilustrações e nos exemplos deste livro serem inspirados por pessoas reais, a identidade e a privacidade de cada uma delas foram preservadas.

Agradecimentos

UM DOS FATOS comentados neste livro é que somos todos interdependentes, e quem somos e o que fazemos é apenas uma pequena parte de algo muito maior. Como disse o astrônomo Carl Sagan: "Se você quer fazer uma torta de maçã do zero, deve começar inventando o universo". É pensando nisso que gostaria de agradecer a algumas das muitas pessoas que tornaram este livro possível.

Para começar, gostaria de agradecer à minha amada e generosa esposa, Gina Arons. Também sendo psicóloga, ela passou inúmeras horas me ajudando com o texto original deste livro, sem mencionar as décadas me ajudando a superar algumas das minhas preocupações de autoestima, o que me permitiu desfrutar melhor da nossa conexão amorosa. Eu não seria eu, e este livro não estaria em suas mãos, se não fosse ela.

Também gostaria de agradecer às minhas filhas, Alexandra e Julia Siegel, que ofereceram uma perspectiva da nova geração sobre os temas deste livro e me ajudaram, ao longo de suas infâncias e além, a apreciar as alegrias e o apoio da família (sem contar o excelente *feedback* que eu recebia sempre que me comportava de maneiras que podiam ser interpretadas como arrogantes, críticas ou indelicadas).

Agradeço aos meus pais, Sol e Claire Siegel, mesmo eles não estando mais entre nós, pelo apoio cheio de amor ao longo de minha vida e por me transmitirem valores que me trouxeram uma felicidade muito maior do que seria possível sendo uma pessoa egoísta ou arrogante; e ao meu irmão, Dan Siegel, por seu amor e sua amizade desde que éramos crianças. Minha gratidão, também, aos demais membros da minha família, que apoiaram e enriqueceram minha vida de diversas maneiras.

Depois da família, gostaria de agradecer a todos os meus pacientes e meus alunos que, ao longo de muitos anos, confiaram seus cuidados ou sua educação a mim e compartilharam comigo suas experiências honestas de como é ser humano. Eles me ensinaram muito mais sobre as alegrias e as tristezas da vida, bem como as forças que perpetuam e aliviam o sofrimento, do que quaisquer livros ou artigos.

Muitos amigos e colegas também contribuíram de inúmeras maneiras para a escrita deste livro. Gostaria de agradecer especialmente a Michael Miller, que leu de modo cuidadoso um rascunho do livro e contribuiu com um valioso *feedback*, além de muitas citações e exemplos ilustrativos. Ele também demonstrou o quão poderosamente libertador pode ser compartilhar abertamente preocupações de autoestima com uma pessoa compreensiva.

Agradeço também a outros amigos e colegas com quem tanto aprendi e cujos trabalhos e perspectivas aparecem neste livro, incluindo Richard Schwartz, Chris Germer, Kristin Neff, Judson Brewer, Tara Brach, Rick Hanson, Dan Siegel, Charles Styron, Susan Pollak, Paul Fulton, Norm Pierce, Robert Waldinger, Trudy Goodman e Terry Real. Outros amigos e colegas também me ajudaram a esclarecer meu entendimento sobre os temas abordados, como Bill O'Hanlon, Joan Borysenko, Chris Willard, Bill Morgan, Susan Morgan, Michele Bograd, Tom Denton, Larry Peltz, Nancy Reimer, Don Chase, Nikki Fedele, Laurie Brandt, Susan Phillips, Alisa Levine, Jan Snyder, Susie Fairchild, David Fairchild, Joan Klagsbrun, Linda Graham e Michael Urdang (*in memoriam*). Também sou grato às minhas amigas Mary Ann Dalton, Ilana Newell e Ellen Matathia, bem como ao meu amigo Cody Romano, por revisarem os primeiros rascunhos do livro e pelo valioso *feedback*.

Muitas das ideias aqui reunidas são baseadas em pesquisas científicas. Embora o conhecimento científico seja construído ao longo do tempo a partir de inúmeras contribuições, gostaria de agradecer especialmente a alguns dos pesquisadores e estudiosos cujos trabalhos serviram de fonte de informação direta para o livro, incluindo Steven Pinker, David Buss, Jean Twenge, Keith Campbell, Matthieu Ricard, Albert Ellis, Roy Baumeister, Mark Leary, Seth Stephens-Davidowitz, Frans De Waal, John Hewitt, Mitch Prinstein, Richard Wilkinson e Kate Pickett.

Práticas contemplativas não apenas moldaram minha vida mas também guiaram minha compreensão da psicologia, do bem-estar e da estupidez da autopreocupação. Gostaria, portanto, de agradecer a todos os professores que me ajudaram a desenvolver e enriquecer minha prática de meditação, principalmente Jack Kornfield, Joseph Goldstein, Sharon Salzberg, HH Dalai Lama, Chögyam Trungpa, Larry Rosenberg, Shunryu Suzuki, Ram Dass e Thich Nhat Hanh. Também gostaria de agradecer a todos os meus amigos e meus colegas do Institute for Meditation and Psychotherapy, que apoiaram minha prática e contribuíram para minha compreensão do poder das tradições contemplativas por décadas, incluindo, além dos muitos já mencionados, Sara Lazar, Jan Surrey, Tom Pedulla, Stephanie Morgan, Andy Olendzki, Inna Khazan, Laura Warren, Doug Baker, Dave Shannon e Phil Aranow (*in memoriam*).

Muitas das minhas oportunidades de refinar as abordagens e os exercícios deste livro vieram dos *workshops* ou das apresentações que fui convidado a fazer para outros profissionais. Gostaria, portanto, de agradecer aos amigos e aos organizadores que me ajudaram a desenvolver esses programas, incluindo Ruth Buczynski, Michael Kerman, Richard Fields, Gerry Piaget, Linda e Larry Cammarata, Spencer Smith, Rob Guerette, Jack Hirose, Agustín Moñivas Lázaro, Gustavo Diex, Miriam Nur, Larry Lifson, Rafa Senén, Yolanda Garfia, Paul Ortman, Fabrizio Didonna, Shea Lewis, Sanford Landa, Hailan Guo, Rich Simon e Jeff Zeig.

Por último, mas não menos importante, quero agradecer a toda a equipe da Guilford Press, que viu esse projeto passar de uma vaga ideia para um livro publicado. Meu mais profundo apreço vai especialmente para minhas amigas e editoras incansáveis, Kitty Moore e Chris Benton, que acreditaram no projeto, aguentaram as muitas revisões e passaram inúmeras horas pensando criativamente sobre como tornar o livro o mais acessível e útil possível.

Prefácio

> Ninguém vai ler um livro sobre ser comum, todo mundo quer ser especial!
> — Aviso de um amigo

EU TIVE O PRIVILÉGIO de trabalhar como psicólogo clínico por quase 40 anos, vendo crianças e adultos de todos os tipos chegarem à terapia por uma infinidade de motivos — desde dores nas costas até disputas conjugais. Apesar dessa diversidade, há alguns anos, notei que existe um doloroso obstáculo pelo qual quase todos pareciam passar: a implacável busca por se sentir melhor consigo mesmo.

Alguns se esforçavam todos os dias para se tornarem especiais ou admirados, obtendo boas notas, se arrumando para parecerem atraentes, tentando ganhar dinheiro ou se enturmando, enquanto outros se esforçavam apenas para não se sentirem rejeitados ou fracassados. Quase todos estavam tentando viver, com um sucesso apenas temporário, de acordo com imagens internas de quem eles pensavam que deveriam ser — sendo bons, fortes ou inteligentes, ou alcançando algo. Todo esse esforço estressava a todos e os deixava infelizes, já que ninguém conseguia manter o sucesso por muito tempo. Isso também os separava de fontes de satisfação que teriam sido muito mais significativas, gratificantes e confiáveis se eles não estivessem tão ocupados julgando a si mesmos ou se preocupando com como se comparavam aos outros.

Eu também estava preso nesse ciclo. Lá estava eu, aos 60 anos, com uma família maravilhosa e uma boa carreira, praticando meditação e explorando as psicologias ocidental e oriental desde a adolescência e, ainda assim, com sentimentos sobre mim mesmo mudando constantemente, muitas vezes em um único dia.

Você deve imaginar que anos estudando e praticando a psicoterapia, juntamente com anos de um sério envolvimento em práticas contemplativas projetadas para diminuir as preocupações consigo mesmo, devem ter me tornado estável e seguro sobre quem eu era, mas não é bem assim.

O sofrimento que vi em meus pacientes e vivenciei pessoalmente era tão doloroso e profundo que me comprometi a pensar sobre o que poderia ser feito para ajudar a todos nós. Assim começou a pesquisa para este livro. Essa busca me levou a uma exploração fascinante, carregada de humildade, de como nós, humanos, evoluímos para nos preocuparmos com autoavaliações, de por que não podemos vencer nesse jogo e do que cada um de nós pode fazer sobre isso.

A suposição de que podemos encontrar uma felicidade duradoura por sermos mais bem-sucedidos, agradáveis, atraentes, inteligentes, aptos ou moralmente superiores tem uma ligação tão forte com nossa biologia e nossa cultura que poucos de nós percebem que ela não é uma suposição realmente verdadeira. Claro que ter sucesso ou prezar por nós mesmos nos traz sentimentos positivos. O problema é que nunca estamos longe do próximo obstáculo no caminho que vai nos fazer perder essa sensação e ficar angustiados para tê-la de volta. Porém, se olharmos atentamente para nossos pensamentos, sentimentos e comportamentos, poderemos enxergar as forças psicológicas e culturais que nos estimulam a nos esforçarmos constantemente para nos sentirmos bem e, então, poderemos encontrar caminhos muito mais confiáveis para o bem-estar.

Existem *insights* úteis e antídotos práticos para lidarmos com o nosso sofrimento — só precisamos saber onde procurar. Podemos encontrá-los nos campos das psicologias evolutiva, social e clínica, na neurobiologia e até mesmo na sabedoria popular antiga ou na contemporânea.

Quanto mais eu trabalhava com esses *insights* e essas práticas pessoalmente, com os pacientes e com os alunos em cursos e oficinas, mais claros ficavam os caminhos para nos libertarmos do estresse que vem com esse esforço e da dor de cabeça que é não nos sentirmos bons o suficiente. O caminho de cada um é um pouco diferente, já que há muitas maneiras de julgarmos a nós mesmos e de nos esforçarmos para condizer com esses julgamentos. Como existem poderosas forças biológicas e sociais que conspiram para nos manter presos em autoavaliações sem fim, a maioria de nós precisa de orientações, lembretes e práticas contínuas para se libertar delas.

Esse é o motivo pelo qual pode ser interessante ler um livro sobre ser comum. Como podemos ver, abraçar nossa ordinariedade* é muito mais gratificante do que nos preocuparmos infinitamente em sermos melhores ou piores, ou estarmos acima ou abaixo dos outros ou de nossa imagem interna de quem deveríamos ser. Praticando alternativas à autoavaliação, podemos descobrir a alegria de saborear o momento presente nos conectando mais profundamente com outras pessoas, experimentando gratidão por nossas vidas e vivenciando a maravilhosa liberdade que vem com não sermos mais o centro do universo. Nossa felicidade, então, deixa de depender de elogios e da sorte, ou de nos sentirmos orgulhosos, realizados ou honrados.

Conseguirmos nos libertar de preocupações autoavaliativas normalmente é um processo gradual. Às vezes, ainda tenho medo de que o problema seja apenas eu. De que minhas recorrentes dúvidas sobre mim mesmo surjam por eu ter sofrido *bullying* na escola ou porque realmente sou fraco e incompetente. No entanto, cada vez mais, junto com meus pacientes e meus alunos, sou capaz de enxergar o quão desnorteada e universal é a montanha-russa da autoavaliação — e de me afastar dessa ideia para poder realmente aproveitar o dom extraordinário de ser comum.

---

* N. de T. Tradução de *ordinariness*, o termo "ordinariedade" ao longo do livro designa a qualidade daquilo que é comum, frequente, habitual, que não se destaca e não é especial.

Sumário

PARTE I   A armadilha da autoavaliação

1   Estamos condenados?................................3
2   A culpa é de Darwin 21

PARTE II   Ferramentas essenciais

3   O poder libertador do *mindfulness*.....................33
4   Descobrindo quem realmente somos 44

PARTE III   Pegando a nós mesmos em flagrante

5   O fracasso do sucesso 63
6   Resistindo à selfie-estima 82
7   Consumo conspícuo e outros sinais de *status* 95
8   Tratando nosso vício em autoestima....................113

PARTE IV Libertação
Encontrando caminhos confiáveis para a felicidade

9   Faça conexões, não cause impressões 129
10 O poder da compaixão 150
11 Precisamos sentir para curar 169
12 Separando a pessoa de suas ações 189
13 Você não é tão especial assim
    (e outras boas notícias) 205
14 Além do eu, de mim e do que é meu 221
    Notas 241
    Índice 269
    Lista de áudios 283

PARTE I
A armadilha da autoavaliação

1
Estamos condenados?

> Às vezes, fico acordado à noite e me pergunto:
> "Onde eu errei?". Então uma voz me diz:
> "Isso vai levar mais de uma noite".
> — Charlie Brown, *Minduim* (Charles M. Schulz)

SE VOCÊ É ALGUÉM que está seguro de que se destaca no que faz, de que é uma boa pessoa, de que todo mundo gosta de você e de que você é feliz sendo completamente envolvido no momento presente, este livro não é para você.

Este livro é para o resto de nós, que podemos ter dias em que nos sentimos muito bem com relação a nós mesmos, confiantes e talvez até orgulhosos, porém, mais cedo ou mais tarde, acabamos tropeçando e caindo no fundo do poço. É para aqueles de nós que somos como o protagonista do nosso próprio filme, cujo narrador está sempre presente comentando o nosso desempenho: "Ótimo trabalho!", "No que você estava pensando?", "Você está linda!", "Isso foi estúpido da sua parte", "Você é um bom amigo", "Você precisa se esforçar mais" ou "Eu não acredito que você disse isso... fez isso... se vestiu assim". Embora alguns de nós consigam se sentir bem consigo mesmos por mais tempo do que outros, este livro é para todos que sentem que não são bons o suficiente com mais frequência do que gostariam.

Atrapalhados por obstáculos frequentes, continuamos tentando nos agarrar aos sentimentos positivos e evitar a dor de nos sentirmos inadequados. Na verdade, isso pode até acabar se tornando um trabalho em tempo integral. Muitos de nós passam os dias ansiosamente duvidando de si mesmos: "Eu fui idiota?", "Eu deveria ter respondido antes?", "Estou sendo egoísta demais?", "Será que eu fui assertivo o suficiente?". Lemos livros e *blogs* sobre como causar uma boa impressão, ter sucesso no trabalho e atrair ou manter a pessoa amada. Nós passamos fome, compramos roupas novas e malhamos tentando parecer melhores. Podemos até mesmo nos matar de trabalhar para conseguir cargos mais altos, mais dinheiro, melhores notas ou sucesso social, apenas para nos sentirmos bons o suficiente.

Toda essa avaliação e esse esforço autofocados não são apenas estressantes e exaustivos, mas também podem nos deixar solitários, confusos e atormentados pela autocrítica. Podemos sentir que está faltando algo em nossas vidas e que nosso esforço, mesmo quando bem-sucedido, não é realmente gratificante. Quando falhamos, sentimos que fomos rejeitados ou que não correspondemos às expectativas, temos uma sensação horrível de nos afundar em tristeza, sentimos vergonha e queremos apenas colocar o rabo entre as pernas e nos esconder. O estresse de tentar constantemente nos sentir bem conosco pode causar estragos em nossos corpos, nos dando dores de cabeça, dores nas costas e dores de estômago. Ele pode nos manter acordados à noite e nos deixar imaginando por que não somos mais felizes, mais amados ou mais bem-sucedidos. Ele pode nos impedir de tentar novos desafios e nos afastar de nossos amigos, nossos familiares e nossos colegas de trabalho, conexões que poderiam nos ajudar a nos libertar de nossa autopreocupação.

Muitos de nós imaginam que pessoas saudáveis, seguras e verdadeiramente bem-sucedidas não passam por essas dificuldades, que nossos altos e baixos são um sinal de nossa inadequação ou nossa insegurança. Imaginamos que elas têm autoimagens positivas e estáveis, e não se comparam regularmente aos outros ou a padrões internos rígidos. No entanto, acontece que quase todo mundo está preocupado com a autoavaliação e está preso a esse tipo de montanha-russa.

Por quê? Porque, lamento dizer, nós humanos não evoluímos para sermos felizes. A propensão a nos avaliarmos e nos compararmos com os outros, algo que já foi útil para a sobrevivência um dia, está profundamente ligada ao cérebro humano. Isso acaba nos prendendo a sofrimentos desnecessários e autofocados, enquanto nos afasta das buscas que poderiam realmente nos fazer mais felizes e saudáveis.

Então estamos condenados? Felizmente, não por completo. Existem caminhos confiáveis para sair da armadilha da autoavaliação. O desafio é que, já que tanto nossa neurobiologia quanto nossas normas sociais reforçam nosso empenho constante para nos sentirmos bem conosco, a fim de nos libertarmos, precisamos cair na real. Precisamos de uma forma de reconhecer os pensamentos, os sentimentos e os comportamentos que nos mantêm presos, e precisamos experimentar novos deles. Isso é absolutamente viável, mas é ainda mais fácil tendo ferramentas e um guia. E é para isso que serve este livro.

Por que buscar uma boa autoestima pode fazer mal

Centenas de programas e inúmeros livros nos dizem como melhorar nossa autoestima para criarmos uma sensação duradoura de que somos bons, valiosos, importantes ou bem-sucedidos. Eles sugerem que, se ao menos pudéssemos pensar positivamente sobre nós mesmos, tudo seria melhor. O único problema é que *isso não funciona*, porque, na verdade, é nossa *tentativa* implacável de nos sentirmos bem conosco que causa grande parte de nossa angústia. De forma explícita ou implícita, todos os dias acabamos nos comparando a outras pessoas ou a alguma imagem interior de quem achamos que devemos ser. Afinal, como saberemos se somos inteligentes, atléticos, gentis, honestos ou bem-sucedidos se não nos compararmos a outra pessoa real ou imaginária? Alguns de nós são mais competitivos externamente, e outros, mais preocupados em viver de acordo com os padrões internos, mas quase todos nós acabamos nos julgando incessantemente.

A crença de que podemos ser felizes se alcançarmos as imagens dessas comparações é tão completamente tecida em nossos cérebros, em nossos relacionamentos e em nossa cultura que podemos nem perceber que é apenas uma crença. Podemos também não enxergar os seus custos, embora, durante milhares de anos, a sabedoria e as tradições religiosas do mundo tenham tentado nos dizer que a autopreocupação e a comparação social são uma enorme fonte de sofrimento.

Um custo particularmente difundido é a pressão implacável de se sentir julgado. Como sentir-se inadequado é tão doloroso, nos apegamos desesperadamente ao que impulsiona nossa autoimagem, temendo que, se relaxarmos nossos esforços, perderemos, escorregaremos ou ficaremos para trás. Pode começar no momento em que acordamos: "Droga, não dormi o suficiente de novo, espero que não percebam no trabalho", "Por que eu sempre fico acordado até tão tarde assistindo à TV?". Em seguida, verificamos nosso celular: "Nenhuma palavra da minha chefe, será que ela não gostou da minha proposta?". À medida que o dia se desenrola, os julgamentos continuam: "Que bom que comi aveia, estou conseguindo seguir minha dieta", "O problema é que eu não me exercito o suficiente", "Pelo menos esta camisa nova caiu bem".

Quando interagimos em tempo real com os outros, o nosso juiz interno continua: "Por que eu disse isso?", "O que será que ela pensou de mim?", "Eu arrasei naquela reunião!", "Será que fui muito egocêntrica?", "Eu queria ser mais confiante", "Será que parece que eu estou me esforçando demais?". Sempre performando, raramente temos uma pausa para nos sentirmos realmente satisfeitos ou em paz. Por que somos tão inseguros? Por que continuamos precisando provar coisas a nós mesmos? Por que não podemos simplesmente ter sucesso em nossos objetivos e nos sentir bem conosco como imaginamos que os outros fazem? As razões são, sobretudo, duas. Uma é que tudo sempre muda, então o que sobe eventualmente desce. Você se lembra da última vez que fez um ótimo trabalho, recebeu um *feedback* positivo ou se sentiu realmente especial? Lembra-se do sentimento? Quanto tempo durou? O que veio depois? Como você se sentiu? Os medalhistas que ganham ouro nas Olimpíadas não ficam no topo para sempre, empreendedores de sucesso acabam, mais cedo ou mais tarde, superados por concorrentes, corpos jovens envelhecem e até mesmo santos ocasionalmente pecam. A outra razão pela qual não podemos ganhar é que sempre mudamos nossos parâmetros. Você se lembra de como se sentiu quando conseguiu seu primeiro emprego? Quanto tempo demorou até você sentir que precisava de algo mais? Lembra-se da sensação do seu primeiro apartamento? Quanto tempo demorou para você querer um lugar melhor? Como tudo muda, incluindo nossas medidas de sucesso ou mesmo de adequação, é impossível se sentir bem o suficiente o tempo todo. E pior, a autoavaliação constante nos mantém focados em nós mesmos, deixando-nos solitários, distraídos e com medo, incapazes de desfrutar plenamente do momento presente.

As boas notícias

Qual é a saída? Encontrar os caminhos comprovados para o bem-estar que não têm nada a ver com a nossa autoavaliação. Tentar vencer nesse jogo não apenas é impossível como também nos estressa, atrapalha nossos relacionamentos e nos impede de correr riscos. Os caminhos alternativos nos ajudam a abraçar nossa ordinariedade, aceitar nossas imperfeições e nos conectar com outros seres humanos. Podemos então sentir mais amor e gratidão, nos preocupar menos com o quão bem estamos nos saindo e realmente relaxar e aproveitar nossas vidas.

Como nossos hábitos de autoavaliação são tão teimosos, a maioria de nós precisa abordá-los em vários níveis. Precisamos de uma *abordagem* de três Cs, para trabalhar com nossa *cabeça*, nosso *coração* e nossos *costumes*: desafiar nossas formas arraigadas de pensar; aprender a trabalhar criativamente com a dor do fracasso, da rejeição ou da vergonha; e experimentar novos comportamentos que apoiem fontes mais sustentáveis e significativas de bem-estar.

O caminho de cada um será diferente, pois há muitas maneiras de ficar preso à autoavaliação. Alguns de nós ficam viciados em doses de autoestima, a sensação de que somos mais inteligentes, mais gentis, mais atraentes ou populares do que a pessoa pessimista comum. Outros de nós raramente se sentem bons o suficiente, ou acabam tendo problemas com vergonha. E, como veremos adiante, todos nós nos julgamos usando critérios diferentes.

Já que tendemos a ser como peixes na água, nem percebendo o quão preocupados estamos com a autoavaliação, a exemplo de todos ao nosso redor, um bom primeiro passo é tentar colocar a cabeça para fora da água por tempo suficiente para ver o tamanho de nosso autojulgamento e seus custos muitas vezes ocultos. Enxergar isso com clareza pode ser perturbador, mas certamente vale a pena pela liberdade que pode trazer.

Medo e aversão

Nossos esforços para evitar afundar em sentimentos de que não somos bons o suficiente nos limitam de várias maneiras. Você já teve receio de se aproximar de uma pessoa atraente para um encontro, se candidatar a um emprego de longo prazo ou mesmo iniciar uma conversa em um evento social por medo da rejeição? Você já evitou jogar tênis com um atleta melhor, ter uma aula difícil ou falar na frente de um grupo em que sua insegurança pudesse transparecer? Você já se sentiu alienado ou desconectado, mantendo seus sentimentos reais para si mesmo porque se sentiu vulnerável ou envergonhado?

Esses são alguns dos momentos em que a ansiedade com nosso desempenho acaba por nos atrapalhar. William Masters e Virginia Johnson, os famosos pesquisadores do sexo, descreveram como nosso "espectador interno" interfere no funcionamento sexual. Esse espectador não está apenas observando, mas julgando nosso desempenho e comparando-o com o que "deveria" estar acontecendo (outros animais não parecem ter esse problema com sexo). A mesma coisa acontece quando nos engasgamos sob a pressão de falar em público, perdemos nossa concentração por causa da ansiedade de fazer uma prova ou ficamos nos revirando na cama com insônia porque temos medo de não nos sentirmos descansados, parecermos bem ou termos um bom desempenho no dia seguinte.

Então vem a raiva. Quantos conflitos poderiam ser evitados se não estivéssemos preocupados com nossa autoimagem? Pesquisadores estudaram as interações que precederam brigas no recreio em escolas na Grã-Bretanha. Acontece que geralmente as discussões eram sobre *quem é superior* ou *quem estava certo*. Mas, claro, não são apenas as crianças: "*Tenho* certeza de que não fui *eu* quem deixou os pratos na pia", "*Você* começou. *Você* levantou a voz primeiro".

Conflitos no trabalho? Eles quase sempre derivam de alguém que se sente abatido, desvalorizado ou não reconhecido: "Mas a ideia foi *minha*!". Em casa? Não me importo de contar o número de vezes em que fui um parceiro menos do que ideal porque me senti mal comigo mesmo, muitas vezes por ser um parceiro menos do que ideal um momento antes. Reações a sentir-se desvalorizado ou desrespeitado em relacionamentos íntimos podem facilmente agravar as coisas. O terapeuta Terry Real diz que lecionou por cerca de 20 anos sobre "ódio conjugal normal" e ninguém perguntou uma única vez: "O que é isso?".

Um problema, muitos sintomas

Um dos grandes privilégios de ser psicólogo é que ouço sobre as dificuldades psicológicas de outras pessoas e vejo as semelhanças em nosso sofrimento autoinfligido. Um número notável de preocupações de todos se concentra nas lutas para se sentirem bem consigo.

Uma vez trabalhei com um cirurgião cardíaco, Arjun. Ele era um talentoso professor em uma escola de medicina de elite e estava quase se aposentando. Em vez de estar ansioso para se aposentar, sempre que ele pensava em deixar sua posição, seu coração disparava e ele começava a suar. Ele havia entrado na medicina acadêmica porque ser "apenas um cirurgião" operando pacientes não era o suficiente, ele se sentia inadequado em comparação com os médicos que estavam abrindo novos caminhos.

Agora, Arjun tinha pavor de cair no esquecimento. Apesar de todas as suas realizações, ele temia ser esquecido conforme os médicos mais jovens ascendiam na carreira. Ele ficava deprimido sempre que via um novo médico apresentar algo interessante em uma conferência. Que grande recompensa por uma vida de trabalho duro.

Também trabalhei com Henry, um talentoso assistente administrativo no departamento de química de uma faculdade local. Embora tenha obtido boas avaliações de desempenho consistentemente, ele passou toda a sua carreira se sentindo estranho, nunca sabendo a coisa certa a dizer, imaginando que os professores o desprezavam: "Para eles, sou apenas um ajudante". Não importa quanto *feedback* positivo recebesse, ele nunca se sentia confortável no trabalho.

Considere Beth, uma mulher atraente, na casa dos 50 anos, que, no entanto, começou a odiar seu corpo. Ela tentava evitar espelhos porque se achava feia, e ver seu reflexo realmente a fazia sentir náuseas. Mesmo chamando a atenção em aplicativos de namoro, ela não mudou as crenças sobre sua aparência.

As histórias de Arjun, Henry e Beth mostram que, embora outros possam nos ver positivamente e até nos invejar, ainda é fácil não nos sentirmos bons o suficiente.

Ao longo dos anos, vi pessoas bem-sucedidas que precisavam alcançar mais e mais para manter os sentimentos de fracasso e inadequação à distância, fracassados que evitavam desafios por medo de falhar e pessoas perfeitamente capazes que, apesar de estarem bem em seus trabalhos, se sentiam impostoras. Havia também todos aqueles presos a hábitos destrutivos, como beber, gastar muito e comer compulsivamente, buscando distração temporária e alívio da dor de não se sentirem bons o suficiente, apenas para então se sentirem envergonhados por seus hábitos.

Felizmente, também vi pessoas de todos os tipos encontrarem caminhos para o bem-estar que são muito mais sustentáveis do que tentar melhorar a autoimagem. Os medos de Arjun de perder importância desapareceram quando ele começou a jogar bola com seu neto de 6 anos. Um dia, ele foi atingido na cabeça pela bola (felizmente de leve) e seu neto correu para ajudá-lo: "Isso abriu meus olhos. Percebi que ser amado como vovô era bom o suficiente". Henry encontrou a satisfação se voluntariando em um sopão: "Eu me sinto melhor ajudando as pessoas que estão deprimidas. Os outros voluntários são ótimos, e isso faz com que eu não me importe com o que os professores pensam. Além disso, a sopa não é tão ruim". Beth encontrou uma comunidade e aceitação em um coral: "Todo mundo ama música e fica feliz em se ver. Então, agora só tenho que me preocupar em lembrar das letras, o que devo ser capaz de fazer até que a idade bata".

Todos nós podemos encontrar antídotos para nossas preocupações de autoavaliação se os procurarmos. Podemos aprender a saborear o momento presente e enxergar como são absurdos os julgamentos constantes sobre sucesso, fracasso e autoestima. Podemos curar as mágoas de decepções e ferimentos passados e começar a desfrutar de nossa humanidade como pessoas comuns. Podemos desenvolver a coragem de assumir riscos, abraçar o que temos em comum, experimentar gratidão e desenvolver conexões mais profundas e amorosas com outras pessoas.

Parece bom? Realmente é. Mas, para nos libertarmos do tormento da autoavaliação, precisamos não apenas enxergar seus custos como também olhar cuidadosamente para os blocos de construção específicos que estamos usando a fim de tentar sustentar bons sentimentos sobre nós mesmos. Aviso de gatilho: isso provavelmente será vergonhoso.

Qual é o seu veneno?

Uma observação destacou-se ao longo de meus muitos anos ouvindo histórias de vitórias e derrotas, e de altos e baixos sobre autoavaliações: cada um de nós fica viciado em diferentes critérios para medir sua adequação, seu valor ou seu sucesso. O que é superimportante para um de nós pode ser irrelevante para outra pessoa, e vice-versa. Enxergar isso em ação pode nos ajudar a levar nossos próprios altos e baixos menos a sério.

Considere Don, por exemplo. Apesar de ser um cara empreendedor que começou seu próprio negócio *on-line* na casa dos 30 anos, ele nunca se sentiu bom o suficiente. Por muito tempo, nenhuma realização aliviou seus sentimentos de inadequação. Ele namorou ótimas mulheres, mas sempre temeu que elas enxergassem suas falhas e o deixassem. Ele se tornou um artista talentoso, mas estava angustiado por não poder ser o melhor.

Don leu muitos livros sobre como ter sucesso. A maioria deles sugeriu a definição de metas, então ele criou um álbum de recortes, que ele trouxe para uma de nossas primeiras sessões. Meu coração afundou quando ele me mostrou as fotos de um carro de luxo e uma mansão nos subúrbios. Lembro de ter pensado: "Esta terapia vai demorar".

Então decidi correr um pequeno risco. Como ele parecia confiar em mim, pensei que ouvir sobre a minha preocupação do dia (que, supus, pareceria boba para ele) poderia ajudá-lo a ver a natureza arbitrária de suas próprias preocupações de autoestima.

Na época, minha TV de tela plana, que já tinha 10 anos, havia estragado. Sendo um cara simples que se imagina inteligente e um ótimo solucionador de problemas, procurei no Google o que parecia ser o problema e concluí que a fonte de alimentação da TV tinha queimado. Encontrei um vídeo no YouTube, comprei uma fonte nova no eBay por 10 dólares (incluindo frete) e me preparei para provar a mim mesmo e ao mundo o quão inteligente eu era. Cuidadosamente desmontei a TV (fotografando cada passo) e removi as peças defeituosas, mas depois não consegui soldar as partes corretamente e arruinei a placa de circuito tentando instalar a nova fonte. Um momento depois, descobri um parafuso solto na minha pistola de solda e percebi que, porque eu não tinha pensado em verificar isso antes, a TV e a minha autoestima agora estavam perdidas. Eu me senti um fracasso quando joguei fora a TV e odiei ter que comprar uma nova. Minha esposa teve que aguentar meu mau humor por mais tempo do que eu gosto de admitir.

Eu assumi que Don não teria pensado duas vezes antes de comprar uma TV nova, por isso pensei que essa experiência poderia ajudá-lo a ver que podemos ficar fissurados em *qualquer coisa* como símbolos de nosso valor, nosso sucesso ou nossa adequação. Contei a ele a história. "Você está me zoando!", ele disse. "Por que você perdeu seu tempo? As TVs novas são muito melhores de qualquer maneira, e elas estão tão baratas agora."

A história ajudou. Uma vez que ele superou a preocupação de que seu terapeuta pudesse ser louco, Don ficou curioso para entender por que os símbolos de sucesso financeiro se tornaram tão importantes para ele. Ele até começou a se perguntar: "O que realmente importa?". A questão eventualmente o levou a colocar mais energia em seu casamento e em suas amizades, e gastar menos tempo se estressando no trabalho e tentando se tornar um "vencedor" para pagar aquela casa nos subúrbios.

O que define você?

Agora, a parte incômoda. Convido você a tentar um exercício que pode esclarecer os critérios que *você* usa para se sentir bem, ou não tão bem, consigo mesmo. Felizmente, você não terá que dizer a ninguém o que vem à sua mente quando o fizer. Ele serve para ajudá-lo a esclarecer suas preocupações autoavaliativas específicas.

Exercício: o que importa para mim?*

Aqui está uma lista de alguns critérios comuns que as pessoas usam para se avaliar. Tente lê-los lentamente, fazendo uma pausa em cada item, dando a si mesmo tempo para refletir. Pense se você já se viu tendo altos e baixos emocionais, se comparando a outras pessoas ou a algum padrão interno, ou pensando bem ou mal de si mesmo com base em qualquer uma dessas preocupações (lembre-se, vá devagar para que você possa refletir sobre cada item).

HABILIDADES E TALENTOS

Quem é mais esperto? Sou inteligente o suficiente?

Quem é mais instruído? Meu nível educacional é alto o suficiente?

Sou criativo o suficiente?

Sou talentoso o suficiente?

Eu tenho bom gosto?

Sou bom o suficiente em esportes? Quem é melhor do que eu?

REALIZAÇÕES

Quem ganha mais dinheiro? Eu ganho o suficiente?

Eu sou respeitado o suficiente? Os outros são mais respeitados?

Quem tem os filhos mais bonitos, mais comportados ou mais bem-sucedidos? Meus filhos estão indo bem o suficiente?

Quem tem o parceiro mais bem-sucedido? Meu parceiro é bom o suficiente?

Sou bem-sucedido o suficiente no trabalho?

PARTICIPAÇÃO NA COMUNIDADE

Eu venho de uma família boa o suficiente?

---

* Áudio (em inglês) disponível na página do livro em *loja.grupoa.com.br*.

Eu fui para uma faculdade boa o suficiente?
Quem tem mais amigos ou é mais popular? Sou popular o suficiente?
Sou do grupo dos populares?
Quem recebe mais atenção? As pessoas prestam atenção suficiente em mim?
Como me sinto em relação a minha raça, minha etnia, meu gênero ou minha orientação sexual?
Tenho orgulho? Vergonha?

RELACIONAMENTOS
Eu sou um amigo bom o suficiente?
Eu sou um pai bom o suficiente? Uma mãe boa o suficiente?
Eu sou uma criança boa o suficiente?
Eu sou um bom irmão?
Eu sou um bom colega de trabalho?

VALORES
Quem é mais legal? Eu sou legal o suficiente?
Sou honesto o suficiente?
Sou tão generoso quanto deveria ser?
Sou tão carinhoso quanto deveria ser?
Eu perdoo o suficiente?
Sou socialmente consciente o suficiente? Os outros estão mais ligados do que eu?

QUALIDADES FÍSICAS
Eu sou atraente o suficiente?
Quem é mais magro? Estou magro o suficiente?
Quem é mais alto? Eu sou alto o suficiente?
Eu sou sexy o suficiente?
Eu pareço jovem o suficiente?
Quem é mais forte ou está em melhor forma? Estou em forma o suficiente?

Entre aqueles de nós que estão dedicados ao desenvolvimento espiritual ou psicológico, itens ainda mais tolos podem aparecer na lista:

> *Quem é mais esclarecido?*
> *Quem faz menos comparações sociais? Quem é menos impulsionado pelo ego?*
> *Quem se preocupa menos com a autoavaliação? Estou preocupado demais comigo mesmo?*

Pessoalmente, eu me vejo capturado, em algum grau, por quase todas essas preocupações. Supondo que eu não esteja totalmente sozinho e você também perceba que se compara com os outros, ou se julga, em várias dessas áreas, você sempre sai na frente? (Uma vez perguntei a um grupo de terapeutas: "Quem aqui sempre ganha?". Um cara levantou a mão, e eu pensei: "Vou evitar almoçar com ele".)

De fato, a maioria de nós tem altos e baixos emocionais, às vezes sentindo que incorporamos as qualidades que importam para nós e outras vezes sentindo que não o fizemos. Para investigar mais a fundo, convido você a tentar outro pequeno exercício (este geralmente é menos perturbador).

> ### Exercício: andando na montanha-russa da autoavaliação*
>
> Reserve um momento para refletir sobre quais dos muitos blocos de construção de autoestima você acabou de considerar particularmente ativos em você — inteligência, riqueza, beleza, bondade, popularidade, honestidade, etc. Agora, lembre-se de um momento em que esse atributo ou essa qualidade foi afirmada: você alcançou algum objetivo, se saiu bem em alguma coisa ou foi elogiado ou apreciado por outra pessoa. Apenas observe as sensações corporais de se sentir bem consigo. Exagere um pouco a postura corporal que reflete esse sentimento. Você pode colocar a mão sobre a área onde você sente a sensação para identificá-la mais claramente. Feche os olhos e saboreie a sensação por alguns momentos, já que, infelizmente, ela não vai durar.
>
> Em seguida, lembre-se de um momento em que o oposto aconteceu, quando o mesmo atributo ou qualidade foi refutado ou negado. Um momento em que você não conseguiu atingir um objetivo, fez algo ruim ou foi criticado ou rejeitado. Observe agora o que acontece com seu corpo quando

---

* Áudio (em inglês) disponível na página do livro em *loja.grupoa.com.br*.

você sente o colapso. Exagere um pouco a postura corporal que reflete esse sentimento. Tente colocar a mão sobre a área onde você sente essa sensação. Feche os olhos novamente por alguns instantes para realmente sentir o colapso; não se preocupe, esse sentimento também não vai durar.

Viu quão diferente é o sentimento de um estímulo ou de uma autoavaliação positiva em comparação com o de um colapso? Quão agradável é o primeiro e quão desagradável é o segundo? Notou também algum estímulo recorrente para se afastar ou se distrair dos sentimentos dolorosos? Não é surpresa, dado o quão bom é um estado e o quão ruim é o outro, que passemos tanto tempo de nossas vidas tentando nos sentir bem conosco.

Para piorar as coisas, a maioria de nós não está apenas presa a um dos critérios. Acreditamos que, para ficarmos realmente bem, temos de nos sair bem em muitas, senão em todas as frentes. Temos que ser inteligentes, interessantes, bem-sucedidos, honestos, gentis, aptos, criativos, sensuais e ricos, tudo isso apenas para sermos bons o suficiente.

A dor da comparação social

Nem sempre é óbvio para nós que a maioria de nossos julgamentos sobre nós mesmos é de fato baseada em comparações com os outros ou com imagens ou padrões internos. Por exemplo, se eu gosto de pensar em mim como inteligente, estou fazendo uma comparação implícita com os outros. O mesmo se aplica a qualquer outra qualidade que eu possa considerar, como generosidade, popularidade, honestidade, senso de humor, condicionamento físico, criatividade ou riqueza. Você escolhe. É tudo baseado na comparação social.

Claro, nos preocupamos com comparações apenas em dimensões que importam para nós. Meu paciente Don não se importava particularmente com ter a habilidade de consertar coisas do dia a dia e ficou surpreso ao ouvir o quanto isso era importante para mim.

O filósofo Bertrand Russell lamentou como nossa maneira de medir o sucesso sempre fica mais rigorosa, fazendo com que nos sintamos perpetuamente inadequados: "Se você deseja glória, você pode invejar Napoleão, mas Napoleão invejava César, César invejava Alexandre, e Alexandre, ouso dizer, invejava Hércules, que sequer existiu".

Veremos no próximo capítulo que essa propensão para a comparação social é tão universal e poderosa porque, em parte, está enraizada em nossa neurobiologia. Por enquanto, apenas perceber com que frequência você faz comparações, quão intensas elas são, quem ou o que você usa como pontos de referência e o fato de não estar sozinho no hábito pode ajudá-lo a levar suas avaliações menos a sério.

Mas uma autoimagem positiva não é essencial para a felicidade?

Neste ponto, você já deve estar pensando: "Esse argumento deve ter outro lado! Não precisamos pensar bem de nós mesmos para progredir na vida? Não precisamos fazer isso para sermos felizes?".

Na superfície, isso faz muito sentido. Você provavelmente já notou, em si mesmo ou nos outros, muitas maneiras pelas quais pensamentos negativos sobre nós mesmos podem levar a problemas. Podemos desistir porque esperamos falhar. Podemos presumir que seremos rejeitados quando os outros nos conhecerem realmente. Podemos tentar desesperadamente provar nosso valor rastejando por aprovação ou nos esforçando em excesso para nos encaixar em padrões. E todos nós conhecemos alguém (ou podemos ter sido alguém) que tenta compensar o fato de se sentir inadequado sendo defensivo, agindo como se fosse alguém superior, buscando *status*, posando de alguém importante ou sendo um parceiro menos do que ideal.

De fato, também há algumas evidências de que as pessoas que se sentem bem com elas mesmas muitas vezes estão vivendo vidas que estão indo razoavelmente bem. Elas são satisfeitas com seus salários, têm relacionamentos mais estáveis e conseguem evitar problemas. Mas podemos facilmente confundir a seta causal: não é que as autoavaliações positivas *melhorem* sua vida, é que um efeito colateral frequente de a vida estar indo bem é também se sentir melhor com relação a si mesmo. Na verdade, uma autoestima particularmente elevada está ligada a problemas como arrogância, presunção, excesso de confiança e comportamento agressivo, o que não é exatamente uma fórmula para uma vida boa.

Existe outro jeito

Apesar de nossas predisposições para nos compararmos com os outros, não precisamos passar nossas vidas nos preocupando com autoavaliações. Não precisamos nos deixar levar pelo que os outros pensam de nós nem temos de nos sentir fracassados se não atingirmos certos padrões de referência. Nós, humanos, também desenvolvemos instintos de amor, conexão, gratidão e cooperação, que podem nos libertar da dor da autoavaliação e da comparação social. O amor pode nos encher com um calor que torna nossa autoimagem irrelevante; a conexão com os outros pode dissolver nossa preocupação com o sucesso ou o fracasso individual; a gratidão pode nos libertar da preocupação com anseios não realizados; e a cooperação nos permite realizar muito mais e nos divertir mais no processo do que a autopreocupação. Todos nós já experimentamos isso. Lembre-se de um momento de conversa com um amigo próximo com quem você se sentiu profundamente conectado, de um momento de apreciação e contentamento na natureza ou do sentimento bom de fazer parte de uma equipe.

Eu escrevi este livro porque preocupações autoavaliativas dolorosas regularmente tomam conta do meu coração e da minha mente, apesar de anos de trabalho psicológico pessoal e profissional, e eu sei o quanto elas doem. Eu também fiz isso porque muitos dos meus pacientes sofrem da mesma forma. Fico feliz em informar que, como Arjun, Henry, Beth e eu, muitos outros pacientes estão conseguindo levar essas preocupações menos em conta. Estamos tendo mais momentos em que nos sentimos seres humanos vulneráveis vivendo vidas comuns, conectando-nos mais profundamente uns com os outros.

Convido você a se juntar a nós. Como seria para você hoje, ou mesmo na próxima hora, se você fosse mais livre de suas preocupações autoavaliativas? Se você se sentisse amável assim como você é? Se você não tivesse que escolher suas roupas com tanto cuidado, ficar até mais tarde no trabalho para provar que é diligente ou certificar-se de que seu parceiro notou que você arrumou a cama ou tirou o lixo? O que você acha de se sentir conectado com qualquer pessoa que você conhecer, percebendo que somos todos iguais nesta vida? O restante deste livro oferece ferramentas para tornar isso uma realidade.

A aventura será desafiadora e gratificante. Fico constantemente consternado ao ver com que frequência ainda tenho altos e baixos emocionais com cada autoavaliação encorajadora ou desmoralizante, e quanto da minha energia diária eu gasto tentando manter os altos e evitar os baixos, apesar de levá-los menos a sério. No entanto, quanto mais eu pratico deixar isso tudo de lado, mais feliz eu fico. Gosto de tentar ajudar meus pacientes porque me importo com o bem-estar deles, não para provar que sou competente como psicólogo. Eu me divirto encontrando projetos interessantes que me permitem fazer parcerias que me dão oportunidades de me conectar, não apenas de ser notado profissionalmente. Eu gosto de estar atento aos sentimentos da minha esposa e compartilhar honestamente os meus próprios para que possamos nos sentir mais próximos, em vez de tentar acumular realizações ou até mesmo acumular créditos em nosso relacionamento. Todas essas mudanças fazem com que eu me sinta mais comum e muito mais feliz.

A neurose é o adubo do *bodhi*

Há um princípio que podemos pegar emprestado da psicologia budista para nos guiar nesse esforço: *a neurose é o adubo do bodhi*. A *neurose* é o nosso hábito de nos causar sofrimento desnecessário, o *adubo* é tanto fezes quanto fertilizante, e o *bodhi* é o despertar, a iluminação. Podemos usar esse princípio, de que há uma forma de utilizar a nossa dor para nos tornarmos mais sábios, a fim de crescermos a partir das nossas derrotas e nossas decepções, grandes ou pequenas. Por que não? Nossas neuroses são tão onipresentes que podemos pelo menos tentar tirar algo útil delas.

Nos próximos capítulos, veremos as inúmeras maneiras pelas quais causamos sofrimento desnecessário a nós mesmos ao adicionar a autoavaliação a quase tudo o que fazemos. Quanto mais claramente pudermos nos ver fazendo isso no trabalho ou na escola, em nossas famílias, no nosso quarto, em interações *on-line* e em nossas escolhas diárias, mais fácil será levar nossas avaliações menos a sério.

Também aprenderemos a nos aproximar cada vez mais de cada julgamento negativo ou colapso autoavaliativo, tendo a coragem de sentir a dor causada por eles, para que não precisemos mais temê-los. Usando ferramentas de eficiência comprovada, como o *mindfulness* e a autocompaixão, seremos capazes de observar e apaziguar nossas reações a cada nova rejeição ou novo fracasso, como ruminar erros ("Eu nunca deveria ter dito isso"), querer desfazer o que aconteceu ("Eu queria ter me preparado mais"), distrair a si mesmo ("O que está passando na TV?") ou desfazer a dor de uma situação problemática com um novo estímulo ("Vamos ver se alguém gostou do meu *post*").

Depois disso, em vez de seguirmos o caminho habitual de buscar um estímulo positivo, praticaremos o uso de cada decepção como uma oportunidade para obter novas informações sobre a dinâmica da nossa montanha-russa autoavaliativa, para aumentarmos a consciência de nossa situação negativa compartilhada:

- Qual bloco de construção de autoestima não confiável esse colapso está destacando?
- Qual ilusão ele está expondo?
- Qual seria a sensação de desistir dele?
- Quem eu poderia ser sem ele?
- Quais são os prós e os contras de ser essa pessoa?
- Existem caminhos mais confiáveis para o bem-estar que eu possa seguir?

Também praticaremos usar cada nova decepção como uma chance de se conectar a colapsos passados, para que possamos drenar gradualmente a poça de tristeza acumulada, a mágoa e a vergonha que eles podem ter deixado para trás.

Em vez de ser um problema, cada nova situação problemática se tornará uma oportunidade de nos preocuparmos menos em nos avaliar e mais em avançar em direção a bases mais sustentáveis para o nosso bem-estar, abrindo nosso coração, nos conectando mais profundamente com outras pessoas, abraçando nossa humanidade compartilhada, amando mais e descobrindo o que realmente importa para nós. Será uma nova chance de transformar nossa cabeça, nosso coração e nossos costumes. É isso que significa *a neurose* ser *o adubo* do *bodhi*.

Mais cedo ou mais tarde, é claro, um novo bloco de construção de autoimagem aparecerá, e poderemos ficar presos a ele por um tempo. Mas não devemos ter medo, ele não vai durar muito, e certamente haverá uma oportunidade de aprender com o próximo colapso também.

Este livro foi projetado como um guia passo a passo para essa aventura. No capítulo seguinte, exploraremos as raízes de nossas preocupações com a autoavaliação. Em seguida, aprenderemos habilidades para capturar nossos instintos problemáticos em ação e reexaminar nossas crenças sobre quem somos (Parte II). Depois disso, veremos como reconhecer todos os tipos de loucuras em que podemos embarcar para nos sentirmos melhor conosco, incluindo conquistas desnecessárias, esforços para sermos queridos ou admirados e buscas por superioridade moral, símbolos de *status* e até mesmo um amor romântico (Parte III). O restante do livro oferece técnicas para curarmos as mágoas do passado e nos libertarmos de nosso vício em autoavaliação, substituindo-o por compaixão, por uma perspectiva mais sensata, pela celebração de sermos seres humanos comuns e pela conexão amorosa com o mundo fora de nós mesmos.

Já que todos nós podemos ficar fissurados por diferentes tipos de autoavaliação e usar critérios diferentes para criar nossa autoimagem, alguns tópicos e exercícios provavelmente podem ressoar mais em você do que outros. Sinta-se livre para concentrar sua atenção nos que ressoarem mais em você, voltando mais de uma vez a esses exercícios. (Você provavelmente descobrirá que temas que podem ser menos relevantes para você se aplicam à sua família e aos seus amigos. Apenas tenha cuidado se você optar por contar a eles sobre seus *insights*!) Trate os capítulos seguintes como um canivete suíço ou uma gaveta de utensílios de cozinha; eles fornecem uma coleção de ferramentas para ajudá-lo a lidar com diferentes maneiras pelas quais você pode ficar preso a julgamentos pessoais dolorosos, com cada ferramenta podendo ser mais útil em determinados momentos.

Essa jornada é um pouco contraintuitiva e pode ser desafiadora, mas o esforço vale a pena. Basta pensar em como seria maravilhoso passar um dia sem se preocupar tanto com o quão bem você está indo na vida e com o que os outros pensam sobre você, podendo se preocupar apenas com aproveitar a vida. Que coisa boa! E que alívio!

2
A culpa é de Darwin

> Todos os animais são iguais, mas alguns
> são mais iguais do que outros.
> — George Orwell, *A revolução dos bichos*

QUANDO COMEÇAMOS A PRESTAR atenção às nossas preocupações autoavaliativas, pode ser chocante perceber com que frequência nos julgamos ou fazemos comparações com os outros. É fácil se sentir um miserável egocêntrico, preocupado com autojulgamento, competição e comparações sociais, ou cronicamente inseguro, procurando aprovação ou se sentindo inadequado. A boa notícia é que isso não é nossa culpa. Nossos cérebros, na verdade, evoluíram para fazer isso. Melhor ainda, verificou-se que não precisamos ceder aos nossos instintos mais primitivos. Em vez disso, podemos nos libertar reforçando nossas capacidades de amor, conexão e cooperação, e, como resultado, tornando nossas vidas mais ricas, felizes e significativas.

Vejamos a experiência de Juanita. Ela foi modelo. Desde pequena, as pessoas se sentiam atraídas por ela e por sua aparência. Ela se sentia bem com a atenção, mas, agora que ela estava ficando mais velha, estava conseguindo menos trabalhos e chamando menos atenção. Eventualmente, ela deixou a carreira de modelo de lado.

Foi uma transição dolorosa, mas, no final, uma transição pela qual ela acabou sendo grata. "Eu sempre tive que ser a mulher mais bonita. Se eu engordava alguns quilos, já entrava em crise. Não desisti facilmente. Cada ruga, cada quilo, cada vez que eu não era o centro das atenções doía. Mas agora eu posso finalmente entrar em um lugar e apenas desfrutar da minha conexão com meus amigos ou conhecer pessoas novas. Embora às vezes eu sinta falta da atenção, na verdade estou muito mais feliz."

Natureza humana (e animal)

Uma vez tive a oportunidade de visitar o Parque Nacional Kruger, na África do Sul. Guiado por naturalistas experientes, vi leões, elefantes, girafas, rinocerontes e outras criaturas notáveis em seus habitats naturais. Não demorou muito para que eu percebesse um padrão. Em espécie após espécie, víamos um macho dominante cercado por um grupo de fêmeas reprodutivamente promissoras. Então, em algum lugar ao longe, sempre havia um grupo de machos mais jovens, engajados no equivalente ao que seria jogar futebol para os humanos. Eles estavam sempre intensamente envolvidos em alguma atividade competitiva, aumentando suas habilidades na esperança de um dia destronar o macho dominante e tomar seu lugar. Enquanto isso, as fêmeas competiam pela atenção do rei ou de outros machos com boas perspectivas, fazendo o equivalente ao que seria desfilar na passarela para os humanos.

Os naturalistas apontaram que esses dramas valiam muito. Eles determinariam qual DNA seria passado para a próxima geração. Qualquer um que não se juntasse à competição provavelmente perderia oportunidades de procriação, e isso poderia significar o fim de sua linhagem genética. Com o tempo, por meio da seleção natural, todas essas diferentes espécies evoluíram para se importar muito com posição social e desejabilidade.

Acontece que esses instintos não se restringem a grandes animais. As aves têm suas hierarquias, assim como peixes, répteis e até alguns grilos. E, claro, nós humanos também. Aqueles no topo têm muitos privilégios que estão indisponíveis para aqueles na base, incluindo maior sucesso reprodutivo e mais recursos para cuidar dos filhos. No país vizinho, a Suazilândia, isso estava, inclusive, consagrado na lei; o rei tinha 14 esposas e 36 filhos, todos muito bem cuidados.

Essas hierarquias criam muito estresse, já que os animais estão constantemente disputando posições. Como o conhecido neuroendocrinologista Robert Sapolsky concluiu após passar anos estudando primatas escondido atrás de arbustos na África, "é muito ruim para sua saúde ser um macho de baixo escalão em um grupo de babuínos".

Claro que, sendo os primatas inteligentes, podemos pensar que evoluímos além de tudo isso. No entanto, se observamos a quantidade de homens ricos e poderosos trocando de esposas-troféu toda hora, e de noivas comparando o tamanho de seus anéis de noivado, vemos que não estamos tão longe de nossas raízes de mamífero.

Há outro legado evolucionário poderoso que é relacionado com nossas preocupações com *status*. Na savana africana, ser rejeitado pelo grupo era praticamente uma sentença de morte. Precisávamos um do outro para encontrar comida, caçar e nos proteger do perigo. Além disso, os bebês humanos precisavam dos cuidados de adultos para sobreviverem. Com isso, desenvolvemos uma aversão muito forte à rejeição. Isso transparece hoje em dia em nossas preocupações com popularidade e aceitação, bem como em nossa preocupação em sermos amáveis. Nossos sentimentos de bem-estar podem ser facilmente destruídos se sentimos que outras pessoas não gostam de nós ou não nos querem. Pense em como é ser convidado, ou não, para uma festa. Alguma vez você já se sentou sozinho em casa em um sábado à noite se perguntando se os outros estavam se divertindo sem você? Você não prefere estar na lista de convidados, mesmo que não queira ir?

O primata interno

Os psicólogos evolucionistas passaram as últimas décadas tentando discernir quais aspectos da natureza humana são instintos universais que evoluíram por causa de seu valor de sobrevivência. As descobertas deles lançaram muita luz sobre nossas preocupações com autoavaliação e comparação social.

Esses psicólogos não sugerem que os instintos que eles identificam são de alguma forma *bons*, ou que, só porque ocorrem em outras espécies, transculturalmente, e podem ser medidos em laboratórios, devemos acatá-los sem problema. Em vez disso, eles sugerem que tratemos muitos desses instintos da mesma forma que tentamos tratar nossa atração por doces. Somos atraídos por doces porque, para nossos ancestrais, a gordura e o açúcar estavam associados a nutrientes importantes. Mas, hoje em dia, a maioria de nós com mais de 6 anos percebe que comê-los o dia todo não é um bom caminho para o bem-estar.

Quer saber quais outros instintos universais problemáticos os psicólogos evolucionistas identificaram? A preocupação com a posição social, a dominância, a aceitação pelo grupo e o acesso a parceiros sexuais. Todos esses desempenham um papel exagerado na atividade humana em todas as culturas, levando a muitos conflitos e dor. Surpresa nenhuma para quem lê o jornal ou assiste ao noticiário.

Embora esses instintos apareçam em outras espécies como um comportamento externo, nos seres humanos eles também aparecem regularmente em pensamentos e sentimentos. Na verdade, nossos pensamentos autoavaliativos implacáveis e nossos sentimentos de adequação ou inadequação são, inclusive, estimulados pela preocupação instintiva de nossos cérebros com posição social, dominância, simpatia e sucesso em relacionamentos.

Binh, por exemplo, não era muito forte, tinha um corpo delicado e odiava ser uma das crianças mais fracas de sua sala de aula. Ele sofria *bullying* dos valentões e tinha dificuldades na academia. Mesmo quando se tornou adulto, a primeira coisa que ele pensava em novas situações sociais era quase sempre "Eu sou o cara mais magro aqui?". Quando ele não era, sentia que era mais fácil iniciar uma conversa e mais divertido conhecer novas pessoas.

O que você nota pessoalmente? Os instintos animais causam angústia em sua vida ou na vida de pessoas que você conhece? Quanto mais claramente conseguimos ver nosso primata interior em ação, menos precisamos acreditar, nos identificar e agir de acordo com esses instintos.

Vamos começar com a *dominância*. Você já se pegou querendo ser grande, alto, poderoso ou muito bem-sucedido? Já excluiu alguém, agiu como um valentão ou se aproximou de pessoas bem-sucedidas ou poderosas para ficar no topo? Próximo, *sexo*. Você já se sentiu atraída por homens com traços culturalmente desejáveis, que são mais altos, com ombros largos, uma cintura firme, uma voz profunda e uma mandíbula forte e definida, ou com sinais de riqueza, autoridade, respeito ou autoconfiança? Você já quis ser mais assim? Ou você já se sentiu atraído por mulheres que parecem mais jovens, têm lábios cheios, pele lisa, olhos claros, cabelos brilhantes, uma boa definição muscular ou mais curvas? Você já quis se parecer com alguém assim? Por fim, e quanto a *carisma* ou popularidade? Você já quis muito se sentir desejado ou aceito pelos outros? Você já teve medo da rejeição?

Eu adoro organizar retiros de meditação para psicoterapeutas. Ao viver na natureza, sem as distrações da TV ou da internet, passamos a maior parte do dia em silêncio. A mente torna-se mais sensível, e desenvolvemos uma consciência mais clara sobre pensamentos e sentimentos.

Uma vez, depois de alguns dias juntos, pedi ao grupo para notar com que frequência seu humor mudava à medida que se comparavam uns aos outros. Uma psicóloga corajosa, Elaine, falou: "Desde que cheguei aqui, tenho comparado meu corpo aos corpos de todas as outras mulheres. Comparada a algumas, me sinto bem, a outras, mal. Acho que não sou muito evoluída". Perguntei se mais alguém tinha experimentado algo semelhante. Todas as outras mulheres na sala levantaram a mão, junto com vários homens. Nós realmente *temos* muito em comum com outros primatas.

Embora alarmantes, essas também são excelentes notícias. Significa que não é nossa culpa. Não estamos sozinhos ou loucos. Nós, como todo mundo, nascemos assim. Portanto, em vez de sentir vergonha de nossos instintos competitivos, sexuais ou outros, podemos reconhecê-los pelo que são e aprender a trabalhar com eles criativamente, não deixando que nos dominem. Felizmente, como se vê, nossos cérebros também desenvolveram outros instintos que podem nos ajudar a fazer exatamente isso.

Também somos programados para amar

Muitos dos instintos que os seres vivos desenvolveram não são úteis para eles como indivíduos, mas são muito úteis para suas espécies e sua herança genética. Tomemos como exemplo nosso impulso de cuidar de nossos filhos ou de cuidar de outros membros da família. Fazer isso não necessariamente aumenta nossas chances pessoais de sobrevivência, mas aumenta muito as chances de nossos genes sobreviverem, já que nossos filhos e os filhos de nossos irmãos compartilham nossa composição genética em graus diferentes e previsíveis. Essa observação levou a uma famosa piada do biólogo J. B. S. Haldane, a quem uma vez foi perguntado se ele daria a própria vida pela de seu irmão: "Não, mas eu daria por pelo menos dois irmãos ou duas irmãs, quatro primos, ou oito sobrinhos ou sobrinhas".

Embora não seja exatamente uma resposta reconfortante, essa é realmente a boa notícia da psicologia evolutiva. Nossos cérebros não evoluíram apenas com instintos para competir por recursos escassos, elevar nosso *status* social e espalhar nossos genes por meio de reprodução bem-sucedida. Eles também evoluíram com instintos para cooperar e cuidar de nossos companheiros humanos, algo que podemos fortalecer.

Além de nossa propensão a cuidar de nossas famílias, os psicólogos evolucionistas identificaram um instinto chamado de *altruísmo recíproco*. O ato de compartilhar em sociedades coletoras faz sentido porque todo mundo tem algum grau de parentesco. Todos compartilham genes até certo ponto. No entanto, mesmo entre pessoas geneticamente distantes, somos propensos a compartilhar, na expectativa de que quem recebeu retribuirá no futuro quando tivermos menos. Se eu lhe der alguns dos antílopes que matei hoje, você me dará um pouco da sua gazela na próxima semana. Muitos estudos mostram que nós, junto com muitos outros animais sociais, temos esse senso de justiça biologicamente enraizado, o que nos ajuda a estabelecer relações de cooperação.

Apesar de outras semelhanças, nós humanos diferimos da maioria dos outros animais na quantidade de tempo que cuidamos de nossos jovens. Os bebês chegam sem muitas habilidades de sobrevivência. Isso intensifica nosso instinto parental de cuidar de nossos filhos, bem como dá aos bebês um forte instinto de se voltar aos adultos para receber cuidados e proteção. Esses instintos transparecem ao longo de nossas vidas como desejos poderosos de amar e sermos amados.

Embora nosso desejo de sermos aceitos ou desejados possa nos afligir com preocupações sobre inadequação e rejeição, nossa capacidade de amar também pode nos levar a caminhos para o bem-estar que são muito mais confiáveis do que *status* social ou sucesso em relacionamentos. Na verdade, como veremos mais tarde, o melhor preditor de bem-estar físico e mental é a qualidade de nossas relações de cuidado.

Alimentando o lobo certo

É lógico pensar que, enquanto tivermos nossos instintos competitivos e nossa preocupação biológica com *status*, nossas dificuldades de autoavaliação não desaparecerão. Mas seria possível aproveitarmos nossos instintos de cooperação, nossa capacidade de cuidar dos outros e nosso desejo de fazer parte de um grupo para ao menos amenizá-las? Haveria uma forma de reforçar nossos instintos de amor, cooperação e carinho, e de ficarmos menos presos a nossos instintos de melhorar nossa posição social, de entrar em relacionamentos apenas para ter sucesso reprodutivo ou de defender nossa honra?

Há uma história bem conhecida, frequentemente apresentada como uma lenda dos cherokee (embora suas origens não sejam claras), que sugere um caminho a ser seguido:

Um senhor mais velho estava ensinando seu neto sobre a vida. "Uma luta está acontecendo dentro de mim", disse ele ao menino. "É uma luta terrível entre dois lobos. Um é mau; ele é a raiva, a inveja, a tristeza, o arrependimento, a ganância, a arrogância, a autopiedade, a culpa, o ressentimento, a inferioridade, as mentiras, o falso orgulho, o sentimento de superioridade e o ego." Ele continuou: "O outro é bom; ele é a alegria, a paz, o amor, a esperança, a serenidade, a humildade, a bondade, a benevolência, a empatia, a generosidade, a verdade, a compaixão e a fé. A mesma luta está acontecendo dentro de você e dentro de todas as outras pessoas".

O neto pensou sobre isso por um momento e então perguntou ao avô: "E qual lobo vai ganhar?". O avô respondeu de maneira simples: "Aquele que você alimentar".

Nosso desafio é descobrir como alimentar um lobo mais do que o outro, para encontrarmos satisfação no amor e na conexão com os outros, em vez de buscarmos estímulos positivos imediatos em competições. Uma conexão segura e atenciosa não só é uma sensação boa como também estimula o bem-estar físico e o emocional, porque, em parte, nosso sistema de resposta a ameaças evoluiu para relaxar quando estamos em relacionamentos de confiança, e nos sentirmos seguros dessa forma nos liberta para prosperarmos. Um passo importante que podemos dar agora é perceber que o lobo carinhoso, conectado e amoroso realmente existe dentro de cada um de nós. Desculpe misturar imagens de animais, mas esse lobo é outro aspecto da nossa herança como primatas.

Vamos começar com o nosso instinto de *cooperação*: você já tentou entender as perspectivas de outras pessoas, levar em consideração as necessidades delas, deixá-las assumir a liderança ou apoiá-las mesmo sentindo inveja delas? Em seguida, o instinto de *cuidar*: você já cuidou de uma criança ou de um animal de estimação, de um amigo em necessidade, ou saiu do seu caminho para ajudar alguém em uma situação delicada? Agora, *bondade e compaixão*: você já deu ou compartilhou algo que valoriza apenas para dar alegria a outra pessoa, ou ofereceu seu tempo para ser útil a ela? *Justiça*: você já negociou pensando no bem de ambas as partes, em vez de apenas tentar sair por cima, ou se entregou mesmo que você pudesse se safar de alguma coisa? Por fim, *conexão*: você já se desculpou ou admitiu suas falhas para se reconectar com alguém, perdoou alguém ou procurou pessoas menos populares ou bem-sucedidas apenas para fazê-las se sentirem incluídas?

É provável que você já tenha feito muitas dessas coisas. O lobo amoroso e carinhoso está bem vivo dentro de você. Percebe como é bom quando esses instintos são ativados?

Cultivar o lobo carinhoso foi o que salvou Juanita de ter que ser o centro das atenções. Depois de se sentir repetidamente angustiada com cada nova ruga e cada quilo que ganhava, ela começou a entender que se agarrar à beleza jovem era uma causa perdida. Sua dor a levou a se perguntar: "O que realmente importa? O que devo fazer da minha vida?".

A resposta que veio à mente foi que ela ansiava por mais momentos de conexão amorosa. Ela cansou de lutar para manter os sentimentos de vergonha, inadequação e fracasso afastados sendo o centro das atenções. Com isso, Juanita assumiu o projeto de exercitar seu lobo carinhoso, com sua cabeça, seu coração e seus costumes. Ela tentou deliberadamente prestar atenção aos aspectos nos quais ela não era tão especial, mas, na verdade, bastante comum, muito parecida com todo mundo (mudança de pensamentos). Ela arranjou coragem para sentir mais plenamente a dor das mudanças de seu corpo e usou essa dor para se conectar com mais honestidade a amigos e familiares que também estavam passando por dificuldades (trabalhar com o coração). Ela se esforçou para ser útil quando podia, experimentando as alegrias da generosidade (mudança de hábitos). Isso não quer dizer que envelhecer se tornou um piquenique no parque para ela, mas todas essas mudanças lhe deram o sentimento de estar indo na direção certa.

Binh encontrou um caminho semelhante para se preocupar menos com seu físico. Pensando em sua situação, ele percebeu que seu cérebro, como o de todo mundo, evoluiu para sentir que ser grande e forte é superimportante. (É um instinto poderoso — a palavra para *líder,* na maioria das sociedades coletoras, está conectada a "grande homem".) No entanto, as consequências atuais de seu porte físico estavam sobretudo em sua própria cabeça, já que ele, mesmo assim, tinha um emprego decente, amigos e amor em sua vida. Armado com esse conhecimento, ele foi capaz de revisitar suas memórias em que valentões arrancavam livros de suas mãos e momentos humilhantes na academia, agora tendo a força para sentir a dor, a raiva e o medo que costumavam ser demais para ele. Depois disso, ele desenvolveu uma nova estratégia para conhecer pessoas. Toda vez que ele entrava em algum lugar, em vez de ficar avaliando a todos, ele deliberadamente pensava: "Como eu posso me conectar?", "Será que alguém aqui está tendo um momento difícil como eu costumava ter?" e "Será que posso ser útil para alguém?".

O resto deste livro fornecerá ferramentas para nos desvincularmos de nossas preocupações com comparação social, popularidade e sucesso reprodutivo, mudando nossa cabeça, nosso coração e nossos costumes a fim de que possamos nos conectar com caminhos mais duráveis para o bem-estar. Veremos como nutrir nossos instintos de cuidado não só pode nos ajudar a nos darmos bem uns com os outros mas também pode ser um antídoto poderoso para nossas preocupações competitivas e nossos sentimentos de vergonha, inadequação e dúvida, enquanto, ainda por cima, nos ajuda a curar a dor de rejeições e fracassos passados.

Por enquanto, apenas fique atento ao aspecto carinhoso da natureza humana em si mesmo e nos outros — o lobo amoroso. Ao longo de seu dia, note quando você e outras pessoas agem de forma altruísta, atendendo às necessidades dos outros. Preste atenção às histórias de generosidade, justiça e perdão nos noticiários (elas podem não ser destaque, mas estão lá). O simples ato de ver a decência humana e dedicar um tempo para apreciá-la pode reforçar nossos instintos de cuidado.

Dada a força de nossos instintos competitivos, estimular nosso lobo amoroso, acalmar o competitivo e sair da montanha-russa da autoavaliação exige boas ferramentas. Uma das mais poderosas é a prática de *mindfulness*, que pode nos ajudar a transformar nossas reações habituais, a obter perspectiva sobre nossas preocupações com a comparação social e o autojulgamento, e a estimular nossos esforços para seguir um caminho diferente, no qual perdoamos as coisas, aproveitamos o momento, celebramos nossa ordinariedade e nos conectamos com segurança aos outros. O próximo capítulo mostra como você pode cultivar o *mindfulness* para ir além de seus instintos mais problemáticos e se tornar o melhor primata que você pode ser.

PARTE II
Ferramentas essenciais

3
O poder libertador do *mindfulness*

> Você pode observar muita coisa apenas assistindo.
> — Yogi Berra

A ESSA ALTURA, ESPERO QUE você esteja começando a concordar que, apesar de nossa capacidade de transplantar corações e pousar robôs em Marte, nós humanos continuamos sendo primatas que passam por dificuldades e podem ser motivados por todo tipo de instinto de base biológica que já foi importante para a sobrevivência e a reprodução um dia, mas que agora pode nos prender a preocupações de autoavaliação e nos causar muita dor de cabeça. Embora felizmente também tenhamos outros instintos que nos ajudam a cuidar e a nos dar bem uns com os outros, eles nem sempre estão *on-line*. Dada a nossa biologia, como podemos superar nosso estresse e ainda nos preocupar com ficar em dia com nossas responsabilidades e ser "bons o suficiente"? Como podemos aprender a não apostar nossa felicidade em algo tão pouco confiável quanto pensar bem de nós mesmos e a estimular nossos outros instintos para que possamos encontrar mais paz, amor, conexão e significado nas nossas vidas, nos libertando para aproveitar o momento presente?

Das muitas ferramentas que podem ajudar a nos libertar, algumas das mais poderosas vêm da prática do *mindfulness* (ou atenção plena). Muitas culturas diferentes desenvolveram versões da atenção plena, em parte porque as pessoas em todo o mundo e ao longo da história foram atormentadas pelas mesmas tendências que nos torturam e atrapalham nosso bem-estar atualmente. Essas práticas podem nos ajudar a transformar os três Cs — nossa cabeça, nosso coração e nossos costumes.

As práticas de *mindfulness* podem nos ajudar a notar a loucura de nossos pensamentos autoavaliativos intermináveis: "Eu sou um fracasso, engordei dois quilos";

"Eu gostava do meu trabalho até você conseguir um melhor do que o meu"; "Por que mais pessoas não me deram parabéns no meu aniversário?". A atenção plena fortalece nossa capacidade de acolher emoções, para que possamos lidar bem com nossa tristeza por não termos sido convidados para uma festa, por exemplo, e para que não tenhamos que nos anestesiar visitando a geladeira toda vez que nos sentirmos abatidos. O *mindfulness* também pode nos ajudar a fazer uma pausa para escolher novas maneiras de responder aos fracassos, por exemplo, usando decepções como oportunidades de *insight* sobre como procuramos a felicidade nos lugares errados, bem como utilizando-as para nos conectarmos a outras pessoas que também estão na luta, em vez de apenas buscar algum novo sucesso ou tranquilidade.

As práticas de atenção plena podem até nos ajudar a reconsiderar nosso senso de quem somos, o que, como veremos, pode fortalecer significativamente nossos esforços para escapar da montanha-russa da autoavaliação. Na verdade, em várias das tradições culturais que desenvolveram práticas de atenção plena, o principal objetivo era o de se libertar da autopreocupação. Essas práticas foram projetadas para nos ajudar a experimentar os altos e os baixos da vida menos pessoalmente, sem acreditar que tais altos e baixos nos tornam vencedores ou perdedores, amáveis ou não amáveis, santos ou pecadores, dignos ou inadequados.

Eu fui ao meu primeiro retiro de meditação silenciosa de *mindfulness* quando era jovem porque eu estava deprimido. É uma longa história, envolvendo minha adorável namorada na época faculdade, eu, em Connecticut, e o ex-namorado dela, na Costa Oeste. Tudo que você precisa saber é que ela se mudou para a Califórnia.

Embora essa situação tivesse vários fatores incômodos, o principal foi definitivamente o colapso da minha autoestima: "Como ela pode querer ele mais do que eu?"; "Eu não era bom o suficiente?". O retiro teve um impacto poderoso em mim. Eu assisti a esses pensamentos indo e vindo, cada um seguido por uma onda de dor. Eventualmente, eles começaram a parecer cada vez mais apenas *pensamentos*, em vez de realidades concretas. E, em vez de ficar no fundo do poço da depressão, eu me conectei com a dor, com o desejo, com a vergonha, com a raiva e com o medo subjacentes: "Eu queria que você estivesse em meus braços novamente"; "Eu gostaria de matar você... e ele"; "Como vou viver sem você?". Não foi fácil, mas, no final do retiro, eu definitivamente não estava mais deprimido. Eu tive muitas emoções e notei um monte de pensamentos indo e vindo, mas não me sentia mais tão preso. E também fui inspirado a investigar o papel da minha autoimagem partida no meu coração partido.

O *mindfulness* é uma ferramenta para libertarmos o coração e a mente. Ao longo deste livro, vamos usar o *mindfulness* a fim de apoiar abordagens entrelaçadas para escapar de armadilhas de autoavaliação e sentimentos de inadequação. Este capítulo lhe dará o que você precisa para começar a tornar o *mindfulness* parte de sua vida.

O que exatamente é *mindfulness*?

O *mindfulness* descreve uma atitude em relação ao que quer que esteja ocorrendo na consciência no momento — é a *consciência da experiência presente com uma aceitação gentil*. Embora a maioria de nós saiba como é estar ciente ou prestar atenção, aceitar gentilmente pode parecer estranho. Uma forma de entender isso é trazer à mente a imagem de um filhote de cachorro fofo. Vamos chamá-lo de Margarida. Imagine o rosto dela, seu pelo, seu corpo (feche os olhos e imagine-a por alguns segundos antes de continuar lendo). Que sentimento surge quando você a imagina? É um senso de julgamento crítico e severo? (Se sim, me ligue.) A menos que tenhamos tido a infelicidade de ter sido atacados por um filhote de cachorro no passado, a maioria de nós sente algo semelhante ao som universal da compaixão: "awwwwwn". Mesmo que a Margarida faça xixi e cocô na hora errada, mesmo que ela não escute as instruções, nós pensaremos: "Ela é pequena, só precisa de amor e treinamento". E essa é precisamente a atitude que queremos cultivar em relação ao próprio coração e à mente quando praticamos o *mindfulness*. É a atitude do lobo carinhoso e amoroso de quem falamos no último capítulo.

Isso é importante porque, como você verá adiante, quando tentarmos praticar, a mente *faz* xixi e cocô na hora errada e *não* ouve as instruções. A atitude que teríamos em relação a essa cachorrinha é a que devemos manter nesses momentos em que nossa mente está indisciplinada. Isso pode exigir alguma prática, já que muitos de nós somos muito mais adeptos a nos repreendermos do que a amar e aceitar a nós mesmos.

Podemos estar atentos ao que quer que surja em nossas consciências. Essa atitude não só pode esclarecer como a mente funciona, nos libertando de preocupações automáticas de autoavaliação, mas também pode nos ajudar a curar dores do passado — incluindo aquelas acumuladas de rejeições e fracassos.

Aprendendo a ter atenção plena

Aqui está um pequeno enigma: o que nadar, fazer amor e comer uma refeição *gourmet* têm em comum? Algumas pessoas dizem que são todas experiências sensoriais, o que é verdade. Outras dizem que todas são atividades prazerosas, o que também pode ser verdade, dependendo de com quem estamos fazendo amor e do que achamos da temperatura da água. Mas há outra resposta relevante para a nossa discussão: falar sobre essas atividades é muito diferente de fazê-las. Portanto, antes de continuarmos falando sobre práticas de *mindfulness*, convido você a experimentar uma.

Exercício: atenção plena à respiração

Você pode fazer esse exercício sentado, de pé ou deitado, embora a maioria das pessoas prefira começá-lo sentada. Manter a coluna ereta pode ser bom, já que essa postura nos ajuda a ficar em estado de alerta. Você pode imaginar uma corda amarrada no topo de sua cabeça puxando suavemente para cima, em direção ao teto, permitindo que sua coluna fique reta sem ficar tensa. (Por favor, leia o resto dessas instruções e depois experimente-as, ou então faça esse exercício como uma meditação guiada usando as instruções gravadas em áudio disponíveis [em inglês] na página do livro em *loja.grupoa.com.br*.) O melhor é fazer essa prática por 15 a 20 minutos para realmente sentir seus efeitos.

Comece fechando os olhos e sentindo as sensações em seu corpo. Se tudo estiver indo bem no momento, você começará a notar sua respiração. De fato, ela ocorre por si só. Permita que o corpo fique relativamente imóvel, pois isso vai tornar as experiências sensoriais mais fáceis de serem sentidas.

Tudo o que vamos fazer na primeira parte desse exercício é prestar atenção às sensações da respiração no corpo. Veja se você consegue notar as várias sensações da inspiração e as sensações da expiração.

Para desenvolver alguma continuidade da consciência, tente seguir a respiração em seus ciclos completos, desde o início da inspiração até o final da expiração, e assim por diante.

Nesse momento, não é incomum que pensamentos invadam sua mente. Está tudo bem, eles são nossos amigos. Na verdade, o cérebro evoluiu para ter pensamentos. Apesar de não tentarmos parar esses nossos pensamentos, também não vamos segui-los como normalmente fazemos. Em vez disso, assim que você perceber que sua atenção foi desviada por uma corrente de pensamento narrativo e deixou as sensações de respiração para trás, gentilmente retorne sua atenção à respiração.

> É aqui que entra a imagem do filhote de cachorro. Podemos pensar na prática de *mindfulness* como se fosse um treinamento de filhotinhos. Tentamos aceitar o que quer que surja em nossa consciência com amor e cuidado, enquanto treinamos com suavidade a mente para prestar atenção às sensações (nesse caso, a respiração) que ocorrem no momento presente.
>
> Veja se você consegue cultivar uma atitude de interesse, ou curiosidade, em quaisquer sensações que surjam. Se você sentir algum desconforto, como uma coceira ou uma dor, isso pode, inclusive, ser uma oportunidade especial de prática. Se isso ocorrer, em vez de fazer o que normalmente faríamos, coçar a coceira ou ajustar nossa postura para aliviar a dor, volte um pouco sua atenção para a sensação desagradável, deixando a respiração um pouco de lado. Apenas fique com essas sensações de desconforto físico e veja o que acontece com elas. (Não há necessidade de ser estoico. Se você está muito desconfortável, vá em frente e se coce ou mude de postura. Mas não deixe de pelo menos experimentar essa prática.)
>
> Continue essa prática por 15 a 20 minutos, permitindo que aconteça o que for.

O que aconteceu? Embora todos sejam diferentes, e cada sessão de meditação seja diferente para cada indivíduo, aqui estão algumas observações comuns:

"MINHA MENTE ESTAVA MUITO AGITADA — NÃO CONSEGUI PARAR DE PENSAR"

Um dos nossos mecanismos de sobrevivência mais importantes é a nossa capacidade de pensar. Ela nos permite analisar o passado, traçar estratégias e planejar o futuro. Portanto, não é surpreendente que a mente esteja muito ocupada com pensamentos na maior parte do tempo. Está tudo bem. Em vez de tentar parar nossos pensamentos, na prática da atenção plena, cultivamos o que os cientistas cognitivos chamam de *consciência metacognitiva* — a habilidade de observar os pensamentos apenas como pensamentos. Isso pode ser uma experiência nova, já que, na maioria das vezes, quando estamos vivendo em nosso fluxo de pensamentos, não os vemos como pensamentos de verdade, mas acreditamos que o que se passa em nossa cabeça reflete a realidade e define quem somos.

Quanto mais praticarmos dirigir gentilmente nossa atenção para as sensações do aqui e do agora, mais veremos os pensamentos como conteúdos mentais que vêm e passam, como nuvens no céu. Isso nos ajuda a não acreditar tanto neles, o que pode ser um enorme alívio.

Afinal de contas, o que nos atormenta são principalmente nossos pensamentos. Tire um momento agora para trazer à mente algo que lhe deixa chateado. Se não fosse por esse pensamento, você estaria incomodado aqui e agora? Provavelmente não. A menos que você esteja lendo isso em uma zona de guerra ou tenha acabado de fazer uma cirurgia, é provável que sejam seus pensamentos que estão causando essa angústia. Na verdade, mesmo que você esteja sentindo desconforto físico, a menos que ele seja grave, o pensamento de que ele durará para sempre provavelmente cria mais angústia do que a própria sensação.

Ganhar essa perspectiva sobre os pensamentos pode ser muito útil ao lidar com a angústia da rejeição, a vergonha ou os sentimentos de não ser bom o suficiente, porque aqui, especialmente, são nossos pensamentos, nossa interpretação do que está acontecendo, o que cria nosso sofrimento. Estar atento aos nossos pensamentos também pode nos ajudar a ver o papel de nossos instintos em nossas experiências. Podemos começar a notar quantos de nossos pensamentos refletem as preocupações não mais muito úteis de nosso primata interior.

Quando Aaron começou a praticar o *mindfulness*, ele ficou chocado ao descobrir que sua mente era "como um esgoto". Não apenas os pensamentos não paravam por um minuto como eles também eram principalmente sobre sexo e dominância. "Não consigo parar de pensar em todas as mulheres com as quais sempre quis namorar e em todas as vezes que me senti mal." Demorou um pouco para ele aprender a deixar esses pensamentos aparecerem e passarem, e para perceber que estava apenas sintonizando sua herança evolutiva. Ele não era uma pessoa terrível.

"A COCEIRA (OU A DOR) DESAPARECEU SOZINHA"

Quanto mais praticamos a atenção plena, mais habilidosos nos tornamos em tolerar o desconforto. Ver a dor ir e vir por conta própria, assim como praticar aguentá-la, nos deixa mais confortáveis com o desconforto. Ser capaz de sentir nossas emoções, incluindo as dolorosas, é algo necessário para curar as dores do passado. No meu retiro, fiquei espantado com (1) a intensidade das ondas de dor, raiva, tristeza e saudade que surgiram e (2) o fato de que eu conseguia sentir essas experiências, permitindo que elas surgissem e passassem.

Essa capacidade de *sentir* realmente as emoções abre um caminho para a liberdade, inclusive ajuda a nos livrarmos da montanha-russa da autoavaliação. Você se lembra do exercício do Capítulo 1 em que praticamos observar as sensações físicas de nos sentirmos bem e depois mal conosco? Se, por meio da prática do *mindfulness*, tivermos menos medo das sensações dolorosas de uma decepção ou uma rejeição, nos sentiremos mais livres para arriscar. Não nos sentiremos tão compelidos a manter os altos e afastar os baixos. Você aprenderá a usar o *mindfulness* e outras práticas para trabalhar com emoções difíceis em capítulos posteriores.

"EU NÃO SOU BOM NISSO"

É alguma surpresa que a maioria de nós transforme a prática do *mindfulness*, como tudo em nossas vidas, em uma medida de nossa capacidade ou valor? E que quando a mente está distraída, sonolenta ou inquieta nos damos uma avaliação ruim?

O maior obstáculo para nos beneficiarmos da prática de *mindfulness* é ter a expectativa de que devemos ser capazes de focar a mente à vontade, o que se baseia na noção equivocada de que estamos de alguma forma no comando de nossa consciência. Uma vez que você comece a praticar regularmente, você verá que a mente é, na verdade, bem incontrolável. Como já bem disse o monge budista Bhante Gunaratana:

> Em alguma parte desse processo, você ficará cara a cara com a repentina e chocante revelação de que você é completamente louco. Sua mente é um manicômio sobre rodas berrando e balbuciando enquanto capota colina abaixo, totalmente fora de controle e irremediável. Não tem problema. Você não está mais louco do que era ontem. Sempre foi assim, você apenas nunca percebeu. Você também não é mais louco do que todos ao seu redor.

As primeiras tentativas de Shivani de praticar o *mindfulness* foram difíceis. Como professora e mãe de dois meninos, ela estava sempre cansada e nunca tinha tempo suficiente em seu dia. Quando ela tentava ficar quieta e seguir sua respiração, a mente dela imediatamente ia para sua lista de afazeres. Ela estava perdendo tempo, pois não conseguia fazer uma coisa nem outra. Estressada e exausta, ela, no entanto, persistiu.

Shivani eventualmente descobriu que, quando ela tirava mais tempo para a prática (uma meia hora), sua mente realmente começava a se acalmar. Em vez de apenas passar correndo de um pensamento para o próximo, ela começou a notar sentimentos surgindo e passando, e a notar quando estava tensa no pescoço e nos ombros. Ela viu com que frequência era dura consigo mesma pensando: "Eu simplesmente não estou dando conta do trabalho *nem* das coisas de casa" e "Eu sou uma péssima meditadora". Ela começou a perceber que essa constante pressão sobre si mesma era insana. Ela estava pedalando o mais rápido que podia e precisava se soltar por algum tempo, deixar acontecer e se abrir para sua experiência interior. Quando ela deu início à prática de sair do fluxo de pensamentos e chamar a sua atenção para as sensações do momento, seus pensamentos de autoavaliação foram diminuindo. Em vez de apenas acreditar neles, ela ficou curiosa com essa voz crítica e repreendedora que se tornara sua companheira constante.

Identidades narrativa e experiencial

Os cientistas cognitivos identificam dois tipos de autorreferência, que eles chamam de foco *narrativo* e foco *experiencial*. O foco narrativo cria comparações com os outros, além de altos e baixos autoavaliativos. Ele envolve nossos julgamentos enquanto falamos sobre nós para nós mesmos e enquanto consideramos nossas características duradouras. Quando em foco narrativo, pensamos "sou inteligente" ou "sou burro", "sou forte" ou "sou fraco", corajoso ou tímido, gentil ou malvado, generoso ou ganancioso, atraente ou não. Certamente, você entendeu a ideia. E esses julgamentos mutáveis sobre nós mesmos, que muitas vezes vêm de um *feedback* que recebemos ou imaginamos que recebemos de outras pessoas, criam nossos altos e nossos baixos de autoavaliação.

O foco do experiencial é diferente. Ele é a consciência momento a momento do que está acontecendo na mente e no corpo. Nós observamos esse foco experiencial quando praticamos o *mindfulness*. Nossa atenção vai para a sensação de uma inspiração, depois para um som na rua, depois para uma coceira, de volta para a expiração, para um sentimento de tristeza e de volta para a inspiração. O foco experiencial está centrado nas sensações, incluindo as corporais relacionadas às emoções, bem como na consciência das imagens e dos pensamentos que passam pela mente. No entanto, diferentemente do que acontece no foco narrativo, no experiencial não acreditamos tanto em nossos pensamentos, apenas os observamos ir e vir.

Em um estudo agora clássico, pesquisadores designaram aleatoriamente os participantes do estudo para oito semanas de treinamento de *mindfulness* ou para um grupo-controle que não recebeu treinamento nenhum. Eles ensinaram ambos os grupos a responder a uma lista de adjetivos com foco narrativo (refletir sobre o que o adjetivo significa sobre você como pessoa) ou experiencial (apenas observar as reações momentâneas ao escutar os adjetivos). Em seguida, eles colocaram ambos os grupos de indivíduos em um *scanner* de ressonância magnética funcional para ver o que estava acontecendo em seus cérebros enquanto eles respondiam aos adjetivos com um foco ou outro.

Os resultados indicaram que, quando as pessoas estão envolvidas no foco narrativo, geralmente há a ativação de uma parte do cérebro chamada *córtex pré-frontal medial* (mPFC, na sigla em inglês). Embora tenha muitas funções, o mPFC é particularmente ativo quando estamos pensando em nossos traços, em traços de pessoas como nós e em nossas aspirações futuras. Ele nos ajuda a criar uma narrativa que liga nossas experiências subjetivas ao longo do tempo. Os pesquisadores descobriram que os meditadores, em comparação com o grupo-controle, eram muito mais capazes de reduzir a ativação do mPFC quando passavam para o foco experiencial. Isso significava que a prática de *mindfulness* realmente treinava seus cérebros para serem mais capazes de sair do foco narrativo, de sair da abordagem que nos deixa presos a pensamentos de comparação social e a altos e baixos autoavaliativos. Foi um antídoto eficaz para os nossos instintos programados de nos compararmos com os outros, de nos preocuparmos com domínio ou submissão e de sentirmos desejo ou rejeição.

Desenvolvendo uma prática regular de *mindfulness*

Há uma velha história sobre um turista perdido em Manhattan. Ele está muito agitado pois está atrasado para uma apresentação. Por sorte, ele vê um cara vestido com um *smoking* levando um violino embaixo do braço. Ele corre até o músico e diz: "Por favor, me ajude! Como chego ao Carnegie Hall?". O músico o encara e fica pensativo por um momento, olhando-o de cima a baixo. O turista está claramente ansioso, querendo uma resposta. Por fim, após uma longa pausa, o músico fala: "Prática, muita prática".

Como a maioria das habilidades, as práticas de *mindfulness* estão relacionadas à quantidade. Se praticamos um pouco, desenvolvemos um pouco de atenção plena. Se praticamos mais, desenvolvemos mais. Como o *mindfulness* é uma habilidade valiosa para superarmos nossas preocupações com autoavaliações e para ativarmos o nosso primata interior atencioso, vale a pena dedicar algum tempo para cultivá-lo.

Existem muitas maneiras de praticar. Podemos simplesmente tentar prestar atenção à realidade sensorial ao fazer atividades diárias, como passear com o cachorro, tomar banho ou almoçar. Podemos prestar atenção às sensações de nossos pés entrando em contato com o solo, às gotículas de água caindo sobre nosso corpo ou ao sabor e à textura de nossa comida (isso é chamado de prática *informal*). No entanto, para experimentar mudanças mais profundas em nossa consciência, geralmente é necessário tirar algum tempo do nosso dia para praticar uma meditação mais *formal*, como o treinamento de consciência da respiração descrito anteriormente. Tentar desenvolver uma rotina pode ajudar, praticando todos os dias, ou na maioria dos dias, em horário específico. Também pode ser útil se juntar a um grupo de meditação, ou arranjar um companheiro de meditação, para discutir as diferentes experiências. Algumas pessoas gostam de usar aplicativos como Headspace, Calm ou Insight Timer. Você também pode escutar uma variedade de práticas de *mindfulness* em meu *site* (em inglês), *DrRonSiegel.com*, e pode encontrar sugestões mais detalhadas sobre como estabelecer uma prática de atenção plena em meu livro *The mindfulness solution: everyday practices for everyday problems*. Embora períodos mais longos tenham impacto maior, mesmo 15 minutos de meditação por dia podem nos ajudar a expandirmos nossa consciência.

Aqui está uma aplicação da prática de *mindfulness* que eu pessoalmente acho muito útil para me libertar de preocupações com autoavaliações. Ela envolve abordar as flutuações em nossos sentimentos sobre nós mesmos conscientemente e pode nos ajudar a ser menos suscetíveis aos nossos julgamentos ao longo do dia.

Exercício: andando na montanha-russa da autoavaliação ao estilo *mindfulness*

À medida que você desenvolve sua prática de *mindfulness*, veja se consegue notar toda vez que uma autoavaliação vem à sua mente, seja durante a meditação formal ou durante o resto do dia.

Sempre que um pensamento ou um sentimento de "estou fazendo um bom trabalho", "eles gostam de mim", "isso não foi muito bem", "eles não gostam de mim" ou uma comparação com outra pessoa ocorrer, veja se você consegue notar as sensações corporais que surgem com eles. Tente observar essa sua avaliação interior, os julgamentos bons ou ruins que você está fazendo constantemente ou o pensamento de que você é de alguma forma melhor ou pior do que outra pessoa. Veja se você consegue dirigir uma atitude de *consciência da experiência presente com uma aceitação gentil* para as sensações corporais que acompanham cada pensamento ou sentimento.

Quando os julgamentos negativos aparecem, em vez de se distrair ou tentar fazê-los ir embora, experimente dirigir uma atenção gentil para qualquer dor que venha com eles. Cuide de si mesmo com amor, como cuidaria de um filhotinho de cachorro angustiado.

Embora esse exercício seja útil, também acho que ele é desconcertante, já que muitas vezes percebo julgamentos autoavaliativos ou comparativos acontecendo sem parar. Mas também acho que, ao prestar atenção nas sensações corporais associadas a cada alto e baixo, fico me sentindo menos dominado pelos julgamentos e posso me refugiar no foco experiencial, em vez de no foco narrativo. Quanto mais eu pratico o *mindfulness* com uma atitude amorosa, melhor eu posso aguentar o desconforto das situações problemáticas e mais tenho a confiança de que elas passarão. Claro que alguns dias são mais fáceis do que outros. O jeito é nos esforçarmos para sermos gentis conosco, principalmente quando somos pegos na loucura de nossos dramas e julgamentos autoavaliadores.

Nos próximos capítulos, você aprenderá a usar as práticas de *mindfulness* para ver como construímos nossas histórias sobre nós mesmos, para explorar a incrível variedade de nossas armadilhas de autoavaliação, para desenvolver a coragem de reviver completamente experiências passadas e sentimentos de inadequação, para superar o vício em picos de estímulo de autoestima, para desenvolver uma compaixão gentil por nós mesmos e pelos outros, para nos conectarmos com segurança a outras pessoas e para abraçar nossa ordinariedade profundamente libertadora. Como você verá, essas são ferramentas muito versáteis!

Para o nosso próximo passo nesta jornada, daremos uma olhada em alguns dos *insights* transformadores que vêm com a prática regular de *mindfulness*, inclusive verificando como, ao nos ajudarem a nos basearmos mais no foco experiencial, eles podem transformar a maneira como vemos a nós mesmos. Você pode acabar descobrindo que não é quem você pensa que é.

4
Descobrindo quem realmente somos

> "Quem é você?", perguntou a Lagarta. Esse não era um início encorajador para uma conversa. Alice respondeu, de maneira tímida: "Eu... eu não sei direito no momento, senhor. Eu sei quem eu ERA quando me levantei esta manhã, mas acho que devo ter mudado várias vezes desde então".
> — Lewis Carroll, *Alice no País das Maravilhas*

EMBORA ANGUSTIANTE PARA ALICE, mudar muito pode ser bom para nós. Porque, como veremos, todas as nossas autoavaliações, e as comparações que fazemos com os outros, são baseadas em uma noção não examinada de que *somos* pessoas de alguma forma sólidas, coerentes, estáveis e independentes que podem ser vencedoras ou perdedoras, boas ou más, amáveis ou não e melhores ou piores do que outras pessoas. Uma das vantagens maravilhosas de observarmos a mente com cuidado é perceber que isso é uma ilusão. Observando, podemos ter *insights* que podem nos ajudar a nos libertar do estresse de tentar sempre ser bons o suficiente ou sair ganhando.

Durante um retiro de final de semana de *mindfulness* ao qual Stacey compareceu para lidar com seu estresse, ela teve uma revelação inesperada nesse sentido. "Foi estranho no início. Comecei a pensar menos sobre o quão bem eu estava me saindo na minha vida e mais sobre vivenciar minha consciência como um *processo*, um fluxo de diferentes experiências se desenrolando ao longo do tempo. Isso fez com que eu me preocupasse menos."

Ou considere o seguinte. Conversando após uma sessão de meditação, uma aluna perguntou à sua professora, Trudy Goodman, algo aparentemente simples: "Como foi a sua meditação?". Trudy fez uma pausa por um momento e respondeu: "Bem, uma parte de mim estava tentando focar a respiração. Uma parte estava fantasiando sobre o futuro. E tinha uma parte me julgando por fantasiar. É melhor perguntarmos a todo o comitê!". Se não há um "eu" único lá, então quem é bom ou mau, orgulhoso ou envergonhado, um sucesso ou um fracasso, ou digno ou não de amor?

Conhecendo o comitê

Norman Pierce é psicólogo e pastor. Ele uma vez apontou que, historicamente, o politeísmo, e não o monoteísmo, é a norma. Os antigos gregos e romanos tinham seus panteões de deuses, cada um representando uma faceta diferente de nossa humanidade. As tradições católicas reverenciam vários santos, cada um incorporando uma virtude ou um aspecto diferente de nossa natureza. Os budistas tibetanos têm uma coleção de bodisatvas iluminados que desempenham papéis semelhantes, e os hindus têm milhares de deuses, cada um com uma personalidade diferente.

Por quê? Porque, como Trudy notou, quando olhamos cuidadosamente para nossa experiência, não encontramos um "eu" integrado contínuo, mas muitas partes diferentes continuamente emergindo e imergindo. Em momentos diferentes, um ou outro conjunto de sentimentos, pensamentos ou atitudes comanda o *show*.

Quanto mais de perto olhamos, mais esses múltiplos eus, partes ou estados de ser aparecem. Considere, por exemplo, como vemos o mundo e como nos comportamos quando estamos em diferentes estados de espírito. Minha esposa pode atestar que o Ron Zangado é uma pessoa diferente do Ron Triste, que tem poucas semelhanças com o Ron Assustado, o Ron Arrogante, o Ron Compassivo, ou mesmo com o Ron Faminto ou o Sonolento. Nossas atitudes, nossos pensamentos e nossos comportamentos são, na verdade, tão diferentes nesses diversos estados que praticamente as únicas coisas que os unem são o nome, o tamanho do calçado e o CPF. Quem é o verdadeiro *Ron*? Qual deles é o bom, qual é o mau, qual é o bem-sucedido e qual é o fracassado? Quanto mais pudermos perceber o quão instáveis "nós" somos, menos acreditaremos em nossos julgamentos autoavaliativos.

Muitos de nós temos vergonha de admitir que não somos um eu coerente e estável. Imaginamos que apenas pessoas muito imaturas, ou com sérias falhas de caráter, são instáveis dessa maneira. Embora seja verdade que algumas pessoas, em alguns momentos, se esquecem de seus outros eus ou estados de ser e acabam tomando decisões ruins por causa disso (como se demitir durante uma discussão com o chefe ou trair o cônjuge por um impulso), e que existem distúrbios em que as pessoas esquecem completamente o que fizeram em outro estado de ser (a chamada identidade dissociativa ou transtornos de personalidade múltipla), quase todos nós somos mais instáveis do que gostamos de admitir.

Muitas vezes, esses diferentes eus, partes ou estados estão em conflito. Dizemos coisas como: "Bem, uma parte de mim gostaria de aceitar o emprego, mas temo que seja muito estressante" ou "Uma parte de mim gostaria de sair para jantar, mas acho que devo ficar em casa e terminar meu trabalho". Muitas culturas descrevem essa experiência de diferentes eus usando a linguagem da *posse*, que é o sentimento de quando uma parte ou outra assume o controle. Mesmo que não acreditemos que entidades externas como espíritos possam assumir o controle, todos sabemos como é ser possuído: "Eu não sei o que me deu para dizer *isso*" ou "Nem eu acredito que fiz isso".

Identificar esses múltiplos eus, estados ou partes pode nos ajudar a nos libertar de pensar que somos, ou precisamos ser, apenas de uma forma ou de outra. Isso pode ser particularmente útil para aliviar nossas preocupações autoavaliativas. Ver nossas diferentes partes também pode nos ajudar a não nos identificar com nenhum estado específico. Eu não sou nem meu estado irritado, nem meu estado compassivo. Todas as partes formam um caleidoscópio de experiências em mudança constante que não é nem bom, nem ruim, nem vencedor, nem perdedor, nem digno, nem indigno.

Eu tenho uma pequena sombra que passeia por aí comigo

O psiquiatra Carl Jung notou que tendemos a nos identificar com algumas partes de nós mesmos, que ele chamou de *persona,* e rejeitar outras, que ele chamou de *sombra*. Se, para me sentir bem comigo mesmo, preciso me ver como generoso, inteligente e trabalhador (minha persona), terei dificuldade com minhas partes gananciosas, estúpidas e preguiçosas (minha sombra). Se eu precisar me ver como forte e confiante, vou ter dificuldades com minhas partes vulneráveis e inseguras. Todos nós tendemos a esconder, e podemos bloquear completamente da consciência, as partes de nós mesmos que não se encaixam na imagem que queremos retratar para nós e para os outros. Podemos nos sentir impostores, imaginando que outros em posições e situações semelhantes às nossas não tenham essas partes indesejadas.

Não deve ser surpresa que a lista de partes que evitamos é o inverso dos atributos que usamos como base para nossas autoavaliações positivas. Por exemplo, podemos rejeitar as partes de nós que não são muito brilhantes, criativas ou experientes. Podemos não querer admitir que nos sentimos rejeitados pela "galera popular", que temos sentimentos vulneráveis como tristeza e anseio por amor, ou que temos instintos "primitivos" como raiva ou luxúria. E, claro, ante os meditadores e aqueles em caminhos espiritualizados, nós gostamos particularmente de esconder nossos sentimentos competitivos e nossas preocupações com *status* ou autoimagem.

Enquanto tentarmos nos agarrar a algumas partes ao mesmo tempo que banimos outras, ficaremos estressados, precisando estar sempre atentos para que as partes sombrias não se revelem. Isso pode causar estragos em relacionamentos, uma vez que tendemos a ficar chateados com os outros quando eles destacam ou ativam partes nossas que rejeitamos. Se eu preciso pensar em mim mesmo como justo e generoso, e minha esposa apontar que estou sendo egoísta, provavelmente ficarei chateado e acabarei descontando nela.

Outro resultado de tentar evitar que nossa sombra apareça é manter uma postura que enfatize nossos atributos favoráveis. Com que frequência tentamos fazer com que as pessoas percebam nossos pontos fortes? Quantas vezes damos voltas para fazer os outros pensarem que somos gentis, honestos, inteligentes, trabalhadores, populares ou qualquer que seja o oposto de nossa sombra? Isso acaba tendo o infeliz efeito colateral de ativar os impulsos competitivos de outras pessoas. Quando isso acontece, as pessoas podem sentir a necessidade de provar seus próprios atributos positivos e esconder *suas* sombras. Pode ser cansativo.

O Dr. Richard Schwartz desenvolveu uma forma de psicoterapia chamada sistemas familiares internos (IFS, na sigla em inglês), que ajuda as pessoas a integrarem suas várias partes. Ele ressalta que todos nós temos partes vulneráveis e feridas, as quais chama de *exilados,* que tendemos a manter fora da nossa consciência. Lembro-me de um momento horrível num acampamento de verão, por volta dos meus 12 anos, depois que um garoto gigante e durão se mudou para nossa cabana. Ele logo estava dominando todo mundo, como se fôssemos um grupo de símios. Um dia ele decidiu implicar comigo e declarou triunfantemente que era melhor do que eu em *tudo*. Ele me desafiou a citar uma coisa em que eu era melhor. Mesmo que eu tenha pensado "Eu sou mais esperto do que você, seu gorila", não me atrevi a dizer nada.

Lembro-me de caminhar até o refeitório para jantar me sentindo dolorosamente pequeno, fraco e vulnerável. Com o passar dos anos, essa parte vulnerável foi indo cada vez mais para o exílio. Eu faria quase tudo para evitar que ela aparecesse. Eu me tornei bastante investido no oposto dela, querendo parecer competente e bem-sucedido. Levei muitos anos para ficar mais confortável com a parte exilada, e mesmo assim ainda não estamos completamente em bons termos um com o outro.

Ironicamente, também me sinto bastante desconfortável com minhas partes competitivas que se desenvolveram para proteger as vulneráveis. Eu não me orgulho de todas as vezes que levantei a mão na aula para mostrar que eu sabia a resposta (sim, eu era uma dessas crianças), ou de quando na semana passada, no jantar, eu exagerei ao mostrar *minha* compreensão das tensões do Oriente Médio com muita tenacidade (era importante estar certo). Dizem nas tradições zen que o limite do que podemos aceitar em nós mesmos é o limite da nossa liberdade. Nosso objetivo é ficar mais confortável sendo uma coleção de várias partes, com defeitos e tudo, em vez de alcançar algum estado de perfeição. Paradoxalmente, à medida que aprendemos a aceitar os defeitos, e até mesmo deixá-los aparecer (com cautela), nos tornamos mais felizes e gentis.

Na verdade, aceitar todas as nossas partes é o que nos permite prosperar. Talvez você tenha ouvido uma versão deste popular conto de fadas europeu:

O reino está em apuros. Ou as colheitas estão morrendo, ou as mulheres são inférteis, ou há uma praga. A situação é grave. O rei, desesperado por uma solução, convoca seus três filhos. Dois deles são cavaleiros galantes em corcéis resistentes, exibindo todos os sinais de dominância masculina, enquanto o terceiro é um menino magro, desajeitado e vulnerável considerado um fracasso. O rei então decreta: "Se um de vocês puder restaurar o reino, eu abdicarei do trono e quem conseguir vai se tornar rei". Os irmãos viris galopam determinados para leste e oeste em busca de uma resposta, enquanto o terceiro filho vagueia por aí e acaba caindo em um poço. Preso no fundo do poço, ele encontra um sapo viscoso e feio. Sem nada para fazer e sem saída, o infeliz jovem conta ao sapo sua situação. O sapo acaba revelando ser um mago sábio e compassivo e oferece-lhe um anel de ouro com poderes mágicos, que lhe permitem não só sair do poço, mas também salvar o reino.

Os contos de fadas fazem sucesso porque eles ressoam experiências psicológicas universais. Imagine por um momento que o rei e os dois filhos viris representam nossos pontos fortes, as partes em que confiamos para nos sentirmos bem conosco. Eles são bonitos, fortes e saudáveis. O terceiro filho, o vulnerável, é nossa sombra ou nosso exílio, a parte da qual temos vergonha, a parte que tentamos esconder ou negar. Uma forma de entender a história é assumir que o "reino" (nosso coração e nossa mente) não está indo muito bem porque estamos cortando e negando partes importantes de nós mesmos. Essas são geralmente nossas partes sensíveis, feridas e vulneráveis, embora também possam ser nossas partes assertivas, partes que desenvolvemos para proteger nossas vulnerabilidades ou nossas partes sexuais, o que quer que tenhamos vergonha e tentemos esconder ou suprimir. É aceitando e honrando essas partes separadas que encontramos saúde, totalidade e vitalidade.

Nossa salvação vem de onde menos esperamos, do fundo de um poço. Dessa forma, a aceitação intensa e amorosa que podemos atingir com o *mindfulness* pode nos curar profundamente. Podemos usá-la para nos reconectar com as partes de nós mesmos que foram feridas em fracassos ou rejeições passadas, drenando suavemente a poça de dor que todos carregamos de momentos em que não nos sentimos amados ou bem-sucedidos. A reconexão com essas partes pode nos libertar de preocupações com autoavaliações à medida que nos dedicamos menos a parecer de uma forma ou de outra para nós mesmos ou para qualquer outra pessoa.

Eddie, agora um veterano na faculdade, havia banido seu lado sensível anos atrás. Não sendo muito forte nem muito bom em esportes, ele era regularmente ridicularizado por seus irmãos mais velhos na escola primária. Determinado a enfrentá-los, ele começou aulas de caratê no ensino fundamental, começou a lutar *wrestling* no ensino médio e virou um halterofilista na faculdade. Ninguém ia mexer com ele agora. Mas manter suas vulnerabilidades à distância teve seus custos. A namorada dele reclamava que ela não o conhecia de verdade e ameaçava terminar com ele: "Você nunca me diz o que está te incomodando quando você tem um dia ruim. Tudo o que você faz é jogar *videogame*". Ele ficava extremamente ansioso antes de apresentações na aula, com medo de que sua voz tremesse. Depois de um ataque de azia relacionada ao estresse, seu médico o encaminhou ao centro de aconselhamento da faculdade.

Não foi fácil ser honesto com sua terapeuta, mas Eddie finalmente começou a se abrir, tanto para ela quanto para si mesmo. Ele começou a perceber que por baixo de seu exterior duro havia um garoto jovem e vulnerável, com medo de sofrer *bullying* novamente. Quanto mais confortável ele ficava ao reconhecer essa parte exilada de si mesmo, menos tinha que manter as aparências para si, para sua namorada ou para as outras pessoas. Quando ele abraçou seu lado mais terno, descobriu que podia relaxar, sua azia diminuiu e, para seu grande alívio, sua namorada decidiu continuar com ele.

Cogito ergo sum

Arqueólogos especulam que os humanos não tinham nada como nosso senso atual de consciência até cerca de 40 a 60 mil anos atrás. Foi quando aconteceu a transição do Paleolítico Médio para o Paleolítico Superior, o nosso *big bang cultural*. Os paleontólogos pensam que a nossa tatara-tatara-tatara-tatara... tataravó Lucy e, mais tarde, o *Homo habilis*, o *Homo erectus* e os nossos primos neandertais praticamente viviam no automático. Eles sentiam fome, sede, frio, calor ou excitação sexual e respondiam reflexivamente, como a maioria dos outros animais fazem hoje.

Esse é um tipo de consciência muito diferente da nossa. Como o psicólogo Mark Leary aponta, é "improvável que gatos, vacas ou borboletas pensem conscientemente sobre si mesmos e suas experiências enquanto se sentam silenciosamente, pastam ou voam de flor em flor: 'Eu me pergunto por que meu dono me alimenta com essa ração seca'; 'Será que eu sou melhor do que as outras vacas da manada?'; 'Para qual jardim eu devo voar agora?'".

Nosso grupo, *Homo sapiens sapiens,* entrou em cena há cerca de 200 a 300 mil anos. Mesmo que tenhamos começado a enterrar nossos mortos desde cedo, demorou dezenas de milhares de anos para começarmos a nos comportar (e, presumivelmente, a pensar) como seres humanos modernos. Foi apenas durante o *big bang* cultural que de repente começamos a fazer ferramentas sofisticadas, a nos adornar com colares e pulseiras, a criar arte representacional e a planejar o futuro construindo barcos. Embora seja impossível saber exatamente quando a linguagem como a conhecemos começou, passamos a *agir* como se estivéssemos pensando em nós mesmos durante esse período. Nosso eu narrativo, com todos os seus julgamentos muitas vezes dolorosos, parece ser uma invenção relativamente nova.

Construindo nossa identidade

O filósofo René Descartes cunhou, em 1600, a famosa expressão "Penso, logo existo" (*Cogito ergo sum*). (Se ele estivesse vivo hoje, poderia dizer: "Tenho uma lista de afazeres, logo existo", ou mesmo "Estou no Facebook, no Instagram e no Twitter, logo existo".) Os pensamentos de que sou um americano, um marido, um pai, um psicólogo, um amante da natureza ou um homem velho, sem mencionar os julgamentos sobre se sou bom ou ruim nesses papéis, são todos baseados em palavras. Minha identidade, minha carreira, minha reputação e meus planos são todos solidificados com a linguagem. Essa noção, que na filosofia às vezes é chamada de *construtivismo,* pode ser experimentada diretamente treinando a mente por meio da prática de *mindfulness* para sair do fluxo de pensamento.

É uma busca que vale a pena porque, quanto mais claramente pudermos observar a mente *construindo* em vez de simplesmente perceber a nós mesmos e ao mundo, menos acreditaremos em nossas construções, mais flexíveis nossas atitudes se tornarão e menos propensos estaremos a ter altos e baixos ou a ficar presos em uma ou outra ideia sobre nós mesmos.

Olhando de perto, podemos inclusive ver a mente criando nossa identidade a partir de blocos de construção. Vamos tirar alguns momentos para ver como isso funciona e como pode nos ajudar a nos livrarmos de nossas preocupações sobre nós mesmos.

O projeto de construção começa com o contato sensorial; vemos, ouvimos, cheiramos, provamos e tocamos à medida que nossos órgãos sensoriais se conectam com o mundo. Mas a mente não fica nesse nível por muito tempo. Ela imediatamente organiza essas sensações em percepções. Observe a seguinte forma:

O que essa forma poderia ser? A maioria das pessoas diz "um rosto" ou "uma bola de boliche". O interessante é que, de qualquer forma, a mente está preenchendo muitas informações ausentes com base em suposições e experiências passadas, e está fazendo isso instantaneamente. Não há nenhum nariz ou boca na imagem. E, se se trata de uma bola de boliche, é para um bicho-preguiça, que só tem dois dedos. Como são tão fortemente enviesadas por nossas experiências, crenças e suposições passadas, nossas percepções não são confiáveis. Considere, por exemplo, testemunhas oculares que dizem coisas diferentes em um julgamento. Isso até inspirou um cientista cognitivo a dizer: "Se eu não tivesse acreditado, eu não teria visto". E a escritora Anaïs Nin a observar: "Nós não vemos o mundo como ele é. Nós o vemos como nós somos".

A falta de confiabilidade da percepção é fácil de ser observada mesmo em situações menos carregadas. Considere este desenho:

O que você viu primeiro, o pato ou o coelho?

Fica ainda mais estranho. Imediatamente após organizar as sensações em percepções, nosso cérebro adiciona um tom de sentimento. Vivenciamos nossas percepções como agradáveis, desagradáveis ou neutras, e, quase simultaneamente, a mente forma disposições, impulsos para se agarrar a experiências agradáveis, afastar o desagradável e ignorar o neutro.

São esses gostos e desgostos de percepções, com suas disposições correspondentes, que desempenham um grande papel na construção de nossa identidade, nossa personalidade e nosso senso de "ser". Vemos isso mais claramente em adolescentes. Se perguntarmos a um adolescente "O que você pode me dizer sobre você?", ele vai responder: "Eu realmente gosto de *hip-hop*", "Eu odeio livros", "Eu amo esportes" ou "Eu não gosto de ir a festas". As crianças constroem suas identidades com base no que gostam e não gostam, apoiadas por pensamentos autoavaliativos: "Eu sou muito bom no tênis", "Eu não sei desenhar", "Eu sou ótimo em matemática" ou "Eu sou um péssimo nadador".

Podemos pensar que, como adultos maduros, estamos além disso, mas nós também construímos identidades com base no que gostamos e não gostamos, e em como avaliamos nossas habilidades. Se você dirige um Prius ou um Tesla, eu aposto que posso adivinhar o que você pensa sobre pesticidas, parques nacionais e controle de armamento, sem mencionar em quem você votou na última eleição. Se foi longe academicamente, aposto que consigo adivinhar se ser inteligente é importante para você.

Quanto mais claramente pudermos ver a mente construindo a realidade e nosso senso de nós mesmos dessa maneira, melhores serão nossas chances de não sermos pegos em visões específicas de nós mesmos, dos outros e do mundo ao nosso redor. E, quanto menos formos pegos nesses julgamentos, mais livres ficaremos das preocupações sobre o quão bem estamos indo ou sobre como nos comparamos aos outros.

"E eu, senhor, posso ser atravessado por uma espada"

Há uma famosa história de ensino zen sobre um general sádico cujas tropas estão atacando uma cidade, matando meninos e homens saudáveis, estuprando mulheres, queimando plantações e destruindo casas. Esse general quer realmente acabar com a população, e ele descobre que os moradores da cidade reverenciam um mestre zen. Ele galopa em seu cavalo pela encosta, entrando direto no salão principal do templo. Lá, sentado em sua almofada de meditação, no meio da sala, está o mestre. O general ergue sua espada cheia de sangue acima do mestre zen e diz: "Você não está percebendo que eu poderia atravessá-lo com essa espada sem nem piscar?". O velhinho olha para cima e diz: "Sim, e eu, senhor, posso ser atravessado por uma espada sem piscar um olho". Com isso, o general, envergonhado, decide sair da cidade.

Isso nem sempre vai funcionar como uma estratégia militar. Mas essa história está relacionada a um dos poderes da prática de *mindfulness* discutida anteriormente: o poder de ter a capacidade de tolerar a dor. Vai muito além disso. De alguma forma, esse mestre zen não estava preocupado com seu bem-estar. Ele não estava preso a ideias sobre sua própria importância.

Essa história tem implicações em como lidamos com as emoções, incluindo as associadas a altos e baixos de autoavaliações. Vamos tentar outra pequena prática que ilustra como isso funciona.

Exercício: identificando emoções no corpo*

É melhor fazer esse exercício com os olhos fechados, abrindo-os brevemente para ler cada instrução. Comece com alguns momentos de prática de *mindfulness*, sentando-se ereto e sintonizado às sensações da respiração.

Em seguida, gere um pouco de tristeza. Você pode apenas imaginar se sentir triste, ou talvez seja mais fácil para você evocar um pensamento ou uma imagem triste. Não escolha nada que seja demais. Tente gerar apenas tristeza o suficiente para senti-la claramente. Fique com a sensação por um tempo. Onde exatamente no corpo você percebe as sensações de tristeza? Coloque suavemente as mãos sobre essa área. Como são essas sensações?

Agora gere algum medo ou ansiedade. Você pode ser capaz de encontrar isso já presente em seu corpo ou pode precisar da ajuda de um pensamento ou uma imagem. Novamente, tente sentir apenas um nível moderado. Fique com essa sensação e observe onde você a percebe no seu corpo. Mais uma vez, toque na área em questão. Como são as sensações de medo ou de ansiedade?

Em seguida, gere um pouco de raiva. (Se você é uma pessoa legal que não se irrita facilmente, tente imaginar alguém daquele *outro* partido político, seja ele qual for para você.) Da mesma forma, fique com a sensação por um tempo. Observe onde você a sente, toque a área e observe novamente como é a sensação.

(Não vou pedir que você faça a mesma coisa com o sentimento de luxúria, mas você já deve ter entendido a ideia.)

Podemos ver, a partir dessa prática, que as emoções têm três componentes possíveis: uma sensação corporal, um pensamento e uma imagem. Se pudermos ver as emoções sendo construídas dessa maneira em vez de sermos capturados por nossas narrativas, é menos provável que nos deixemos levar por esses sentimentos.

Veja a raiva, por exemplo. Vamos supor que um amigo com quem fui muito generoso faz algo egoísta que fere meus sentimentos. Vivendo no meu fluxo

---

* Áudio (em inglês) disponível na página do livro em *loja.grupoa.com.br*.

de pensamento habitual, eu pensaria: "Não acredito que você fez isso comigo depois de tudo o que fiz por você". Toda vez que eu pensar isso, a sensação de raiva se intensificará, e toda vez que a sensação se intensificar, ela vai gerar outro pensamento irritado.

Se abordadas conscientemente, com um foco experiencial, as coisas se desdobram de forma diferente. A raiva surge, e as sensações são sentidas no corpo. Os músculos das costas e do pescoço se tensionam, o coração e a respiração aceleram. Com a prática de *mindfulness*, posso tolerá-los, como a outras sensações dolorosas, mais prontamente. Isso acontece tanto porque eu pratiquei estar com outras formas de desconforto físico quanto porque eu tenho um entendimento de que toda a experiência está em um fluxo constante, de modo que essas sensações não vão durar para sempre.

Os pensamentos surgem de qualquer maneira, mas agora eles são tomados como um conteúdo mental que aparece e desaparece. Eu não acredito tanto neles, então eles não me prendem com tanta força nem geram um sentimento tão forte. Imagens também podem surgir na tela da consciência — talvez uma imagem minha decapitando meu ex-amigo (ou algo mais suave) —, mas eu também as deixo ir e vir.

Com o *mindfulness*, toda a experiência parece menos pessoal. Simplesmente não nos identificamos com a raiva da mesma forma. Acabamos notando que todas as experiências na consciência (inclusive esta) são de certa forma impessoais. Elas são o resultado de um cérebro que, como disse o neurocientista Wolf Singer, é como "uma orquestra sem um maestro".

A combinação entre ter maior capacidade de experimentar sensações dolorosas sem se sentir compelido a corrigi-las ou aliviá-las, não acreditar ou se identificar com nossos pensamentos e experimentar conteúdos mentais como eventos impessoais em constante mudança nos ajuda a desenvolver o que os psicólogos chamam de *tolerância ao efeito*: a capacidade de sentir emoções fortes sem ser sobrecarregado ou varrido por elas. Desenvolvemos a capacidade de pausar, respirar e dar espaço a sentimentos sem nos sentirmos obrigados a fazer algo em relação a eles ou evitá-los.

Uma das razões pelas quais Shivani, a ocupada professora com dois filhos sobre a qual falamos no último capítulo, insistiu na prática de *mindfulness* foi que ela lhe permitiu ser menos reativa emocionalmente. Em sua sala de aula ou em casa, quando as coisas corriam mal, geralmente era porque ela tinha dificuldade em controlar suas reações a sentimentos dolorosos. Quando uma criança em sua classe com problemas de atenção interrompia sua aula, ela se sentia humilhada, pensando "Eu devo estar entediando-os" ou "Eu nunca fui boa em educar crianças", e acabava gritando com ela. A mesma coisa acontecia quando o filho mais velho provocava o irmão.

Quanto mais ela praticava a atenção plena, mais Shivani conseguia notar e tolerar sentimentos de humilhação quando eles surgiam, menos ela se encontrava gritando automaticamente e melhor o ambiente se tornava, tanto na escola quanto em casa. Ela se tornou menos autocrítica e mais compassiva com ela mesma, seus alunos e seus filhos.

Ser capaz de tolerar emoções fortes dessa maneira nos permite escolher se devemos ou não expressá-las ou fazer algo em relação a elas. Também nos ajuda a suportar a dor da vergonha, da rejeição, de nos sentir indignos e de outros colapsos de autoavaliação, para que não tenhamos que gastar tanta energia tentando evitar esses sentimentos e possamos usá-los para curar nossas mágoas do passado. Além disso, quanto mais conseguimos nos abrir para o nosso caleidoscópio interno de pensamentos, sentimentos e sensações, menos tentamos controlá-los. Essa atitude de coração aberto e flexível facilita a conexão segura com outras pessoas, o que, como veremos, é outro grande antídoto para as preocupações autoavaliativas.

Indo além do "eu"

Apesar de sua diversidade, as religiões do mundo geralmente concordam com uma coisa: a autopreocupação é um problema. Ela interfere na conexão com Deus, dificulta sermos tocados pelo Espírito Santo e aceitarmos Jesus como nosso salvador, nos distancia de Alá e não nos deixa alcançar o nirvana ou encontrar o caminho natural do Tao. Ela também atrapalha a nossa abertura para nossa própria dor e para o sofrimento dos outros, a ponto de nos pegarmos falando com nós mesmos o dia todo sobre nossos desejos e nossa imagem. Isso bloqueia o nosso desenvolvimento espiritual.

Quase todas as tradições religiosas, portanto, distinguem entre um pequeno e interesseiro senso de "eu" (muitas vezes chamado de "ego") e um "verdadeiro eu" maior que está conectado a, ou é indistinguível de, Deus, Alá, Brahma, Tao, Mãe Terra ou Grande Espírito.

Os estudiosos da religião comparativa apontam que quase todas as tradições têm como inspiração uma experiência transcendente libertadora vivida por um sábio. Essas experiências envolvem sentir-se conectado ao mundo inteiro, perder um senso de identidade pessoal ou individual separada e, como resultado, sentir paz, amor, alegria e admiração. Na verdade, a palavra inglesa *ecstasy* vem do grego e significa algo como "ficar fora de si mesmo".

Mesmo que os estados transcendentes sejam muitas vezes referidos como *místicos*, não há nada necessariamente sobrenatural neles. Embora em muitas tradições culturais eles tenham sido entendidos em termos religiosos ou espirituais, eles também podem ser entendidos simplesmente como ver a realidade com clareza e abrir nosso coração. O que sentimos nesses estados é a interdependência de todas as coisas, experimentando a nós mesmos e ao mundo como um biólogo ou um físico moderno os descreveria: um todo unificado e em constante mudança. Quando entendemos isso experiencialmente, no entanto, essa passa de uma noção intelectual abstrata a uma realização profundamente comovente e inspiradora.

Einstein, que era decididamente secular e científico em sua compreensão do universo, via a transcendência como nosso projeto mais importante:

> Um ser humano é parte de um "todo" chamado por nós de universo... Nós experienciamos nós mesmos, nossos pensamentos e nossos sentimentos como algo separado do resto. Como se fosse uma ilusão de óptica da consciência. Essa ilusão é como se fosse uma prisão para nós, nos restringindo aos nossos desejos pessoais e à afeição por um número reduzido de pessoas mais próximas a nós. Nossa tarefa deve ser nos libertar da prisão, ampliando nosso círculo de compaixão para abraçar todas as criaturas vivas e toda a natureza em sua beleza. O verdadeiro valor de um ser humano é determinado pela medida e pelo sentido em que ele conseguiu obter a liberação do "eu".

As técnicas oferecidas para a autotranscendência diferem de uma tradição para outra, mas todas elas envolvem afastar-se do nosso hábito de pensar apenas em nossos próprios desejos e abrir nosso coração para amar outros seres vivos. Seja por meio de oração, prostração e dança ou pelas práticas de *mindfulness*, de ioga ou dos *koans*, quase todas as religiões do mundo desenvolveram exercícios projetados para promover despertares transcendentes.

Os *insights* que surgem durante essas experiências levam a conclusões notavelmente consistentes sobre como é tolo buscar a felicidade por meio de *status*, de popularidade, de conquistas ou da tentativa de nos sentirmos bem com nós mesmos. Quase todas as tradições sugerem, em vez disso, que se cultive a humildade. Podemos experimentar a autotranscendência com um exercício simples.

Exercício: as alegrias da autotranscendência*

Comece com alguns minutos seguindo a respiração para acalmar um pouco o fluxo de pensamentos e chamar a atenção para o momento presente. Fique apenas sentindo os ritmos da respiração e outras sensações no corpo.

Depois que a mente se acalmar um pouco, imagine por um momento que você é uma pessoa profundamente sábia e compassiva. (Não se preocupe se você não costuma pensar em si mesmo dessa maneira. Todos temos o potencial dentro de nós. Apenas aproveite a fantasia que acabamos de despertar.) Você é capaz de assistir a seus próprios desejos irem e virem enquanto tem um coração aberto e sente compaixão por aqueles que são impulsionados por desejos de realizações, reconhecimento, riqueza, sucesso, justiça, popularidade ou respeito, todas as coisas que podem fazer nossa autoestima amargar, nem que por apenas um instante. Você observa o seu próprio humor e o de outras pessoas tendo altos e baixos com as vitórias e as derrotas da vida, com autoavaliações que mudam constantemente, mas seu mau humor não dura tanto tempo; você entende a transitoriedade dos nossos ganhos e nossas perdas, entende que tudo o que sobe deve descer.

Vendo a natureza fluida do sucesso e do fracasso, você não é dominado por nenhum dos dois. Em vez disso, você vive no momento presente e se sente conectado a outras pessoas e realidades atemporais, como os ciclos da natureza, do nascimento e da morte. E, como você é capaz de ver o mundo como ele é claramente, você sente compaixão por si mesmo e por todos os outros que experimentam regularmente altos e baixos.

Apenas deixe-se aproveitar esse estado de ser sábio, compassivo e de ter o coração aberto por alguns minutos (você pode fechar os olhos para saborear a experiência). À medida que você atravessa o seu dia, veja se consegue se reconectar periodicamente com essa maneira de ver o mundo.

Nas páginas seguintes, veremos técnicas extraídas de tradições antigas e da psicologia moderna para ir além de nossa própria autopreocupação e sentir a li-

---

* Áudio (em inglês) disponível na página do livro em *loja.grupoa.com.br*.

berdade que a autotranscendência pode oferecer. Veremos até como é ter o coração tão aberto e conectado aos outros e ao mundo em geral que não nos sentimos mais como um "eu" separado deles.

A maioria de nós já experienciou acidentalmente esse modo de ser. Você já teve um momento de proximidade com um amigo, uma pessoa amada ou um membro da família em que se sentiu completamente relaxado, seguro e em casa? Você já experimentou um sentimento caloroso e amoroso ao cuidar de um animal de estimação, uma criança ou alguém em necessidade? Você já teve um momento na natureza em que se sentiu absorvido pela beleza dela, ou teve a sensação de estar absorvido por uma música, ou ficou deslumbrado ao entrar em uma catedral? Esses todos são momentos em que não estamos focados em nós mesmos ou em como nos comparamos aos outros. Estamos conectados a algo maior. Quanto mais aprendermos a sair do nosso próprio caminho e abrir nosso coração, mais abriremos a porta para esse tipo de experiência transcendente.

Ironicamente, veremos que, em vez de nos diminuir, transcender nossa habitual autopreocupação nos traz força e satisfação duradouras. Isso nos permite também sermos mais eficazes no mundo e alcançar nossos objetivos mais prontamente. Sentimos mais amor pelos outros e nos sentimos mais em casa em nossa própria pele.

O problema é que muitos de nossos instintos de base biológica nos puxam na direção oposta; eles nos prendem a preocupações competitivas, a desejos e à busca por nos sentirmos bem conosco. Em vez de nos conectar aos outros e ao mundo em geral, eles nos deixam continuamente perguntando: "O que isso diz sobre mim?", "Como isso vai fazer eu me sentir?". Esses impulsos estão tão profundamente conectados a nossos cérebros e tão fortemente reforçados por aqueles ao nosso redor que pode ser desafiador superá-los. Tornar-nos livres, portanto, requer que aprendamos a trabalhar com os instintos que nos prendem à autopreocupação *e* que cultivemos as atitudes autotranscendentes que tornam a vida mais rica e mais conectada. O processo ocorre mais suavemente se pudermos ser gentis conosco com relação à nossa autopreocupação, lembrando que ela é natural.

Julian cresceu em um bairro pobre. Depois de estudar escrita criativa na faculdade, ele se deu bem no mundo corporativo. Ele era brilhante, articulado e trabalhador, com excelentes habilidades sociais. Ele se certificava de que seus esforços fossem sempre notados, de modo que não ficava muito tempo em uma posição até ser promovido.

Mas tudo isso parecia estranhamente vazio. Quando completou 40 anos, ele se perguntou: "Isso é tudo o que há?", "Por que eu me importo tanto em estar sempre na frente?", "Como eu posso me sentir tão solitário e como um impostor se todo mundo pensa que eu sou tão bom?". Depois de alguns exames de consciência, ele percebeu que sentia falta do idealismo de sua juventude, da maneira como a escrita o fazia se sentir vivo, de sua paixão pela justiça social e da alegria de explorar ideias com seus professores e colegas de classe. Ele sentia falta do calor experimentado na infância com sua grande família. Mas ele se sentia preso ao trabalho. O dinheiro, a posição, o ótimo escritório, as viagens, o orgulho dos pais: por que tudo isso importava tanto?

Julian percebeu que tinha que entender qual era a atração dessas coisas se quisesse escapar e encontrar uma forma de se sentir vivo novamente. Havia muitas facetas: "Toda promoção fazia eu me sentir tão bem. Eu não me sentia mais o garoto pobre"; "Quem vai querer namorar comigo se eu não tiver um bom emprego?"; "Os meus pais ficariam de coração partido se eu deixasse de ser um sucesso. Nenhum dos meus irmãos conseguiu chegar aonde eu cheguei". Enquanto ele decidia ficar em seu trabalho, Julian encontrou um modo de se sentir vivo novamente. Ele foi capaz de mudar o foco: em vez de sempre agradar a todos e de constantemente tentar provar coisas a si mesmo, passou a se conectar mais honestamente com seus amigos, se reconectar com a família, se envolver no âmbito político e escrever novamente. As histórias favoritas dele eram aquelas sobre escapar de armadilhas de autoavaliação.

Nos próximos capítulos, faremos um mergulho mais profundo nos tipos de forças que mantiveram Julian tentando sempre subir a escada corporativa e que mantêm quase todos nós presos à tentativa de nos sentir bem com relação a nós mesmos de uma forma ou de outra. Convido você a considerar quais áreas o "ativam", já que todos somos vulneráveis a diferentes preocupações. Nosso objetivo será capturar em flagrante esses instintos enquanto eles tentam guiar nossas vidas. Também veremos o quão loucas e destrutivas são essas forças, para que possamos aprender a levá-las menos a sério. Esta última parte do livro será mais fácil, já que mesmo uma pequena reflexão revelará que a maioria de nós é pelo menos um pouco maluca quando tratamos de nos preocuparmos com nosso *status* e nossa autoimagem.

PARTE III
Pegando a nós mesmos em flagrante

5
O fracasso do sucesso

> Talvez não haja nada pior do que
> chegar ao topo da escada e descobrir
> que estamos na parede errada.
> — Joseph Campbell

UM DOS MEUS PRIMEIROS pacientes era o mais bem-sucedido financeiramente de todos. Ele tinha acabado de vender o seu negócio de petróleo por US$ 30 milhões em dinheiro vivo. Ele não parava de usar esta expressão: "30 milhões em dinheiro vivo". Eu ficava imaginando um carrinho de mão transbordando de dinheiro.

Apesar desse feito formidável, ele estava se sentindo perdido. Tinha passado toda a sua vida adulta construindo o negócio e, agora que o havia vendido, tinha ficado "à deriva", sem senso de significado ou propósito. As relações dele com a família e os amigos estavam péssimas, e ele tinha poucos interesses além do mercado de petróleo.

Como psicólogo recém-formado, pensei: "Isso é ótimo, vamos ir atrás do sentido da vida". Eu já me interessava há muito tempo por jornadas espirituais e desenvolvimento psicológico ao longo da vida, e estava ansioso para explorar o potencial dele.

Como acontece frequentemente quando um terapeuta tem uma ideia clara de aonde a terapia deve ir, nós não estávamos conseguindo nos conectar muito bem. No entanto, por ele estar muito angustiado, continuou vindo às nossas sessões. Então, de repente, na terceira ou na quarta visita, ele parecia transformado. Em vez de ficar fechado e desconectado, ele estava cheio de energia. Quando perguntei a ele o que havia acontecido, ele disse: "Acabei de criar um plano de negócios com o qual eu vou transformar meus US$ 30 milhões em uma empresa de US$ 50 milhões. Se eu conseguir, finalmente vou sentir que atingi o sucesso". Não havia ironia na voz dele. Foi a última vez que eu o vi.

Ver meu paciente tendo problemas com sentimentos de inadequação após vender sua empresa por *apenas* US$ 30 milhões despertou algo em mim pessoalmente. Se US$ 30 milhões não era o suficiente para ele, realizar minhas fantasias de me tornar um profissional reconhecido ou ganhar mais dinheiro poderia também não ser o suficiente para mim.

Mas por que os US$ 30 milhões *não eram* o suficiente para ele? Por que nossas conquistas não nos fazem nos sentirmos bem conosco? Uma razão é a *recalibração narcisista*: nossa propensão, mais cedo ou mais tarde, a dar nossos sucessos por garantidos e precisar de mais e mais para manter nossas autoavaliações satisfatórias.

*I can't get no satisfaction**

A maioria das pessoas se sente orgulhosa de suas conquistas no começo. Ao aprender a andar quando éramos crianças, ou ao fazer nosso primeiro desenho, a maioria de nós se sentiu muito bem e teve muito prazer em se mostrar para qualquer um disposto a assistir. Lembra como foi o sentimento na primeira vez que você fez um gol, andou de bicicleta sem as rodinhas ou foi à lojinha da esquina sozinho? E o sentimento de quando você se formou no ensino fundamental, no ensino médio ou na faculdade? De quando você teve sua primeira namorada ou seu primeiro namorado? Conseguiu seu primeiro emprego ou tirou carteira de motorista? Ou, talvez, de quando você se casou, alugou o primeiro apartamento, comprou o primeiro carro ou a primeira casa, ou teve um filho? A maioria de nós trabalhou duro para atingir esses marcos da vida e se sente muito animada quando os alcança.

O problema é que nós, humanos (como todas as criaturas), nos *habituamos a tudo*. Nós nos acostumamos a ter o que temos, e nossos sentimentos sobre nós mesmos então melhoram ou pioram de acordo com o nosso "novo normal". Eu frequentemente ofereço treinamentos para profissionais da saúde mental, todos

---

* N. de T. Referência à música da banda inglesa Rolling Stones. Literalmente: "Eu não consigo obter nenhuma satisfação".

os quais trabalharam duro para obter seus diplomas. Eu sempre pergunto a eles: "Quem aqui acordou esta manhã se sentindo digno e realizado por ter conseguido um diploma?". Todo mundo ri. Ocasionalmente, um terapeuta recém-formado levanta a mão, olha em volta sem jeito e pergunta: "Por que todo mundo está rindo?". Sempre fico com pena.

Vou dar um exemplo mais próximo: uma das minhas filhas se formou em medicina há vários anos. Quando ela começou seu estágio, mandou para mim e para minha esposa uma foto de seu novo crachá do hospital, com "Drª" escrito antes do nome dela. Naquela noite, eu me encontrei com um amigo psiquiatra e contei a ele sobre a foto. Ele de repente ficou deprimido, pois começou a refletir sobre como seu primeiro crachá hospitalar já não significava mais nada para ele. Fiquei com pena dele também.

Tente perceber isso na sua própria vida. Quais de suas realizações ou seus marcos pessoais já não significam mais muita coisa para você? Você ainda sente orgulho de ter sido escolhido para entrar em um time, de ter se formado no ensino médio, de ter entrado na faculdade, de ter um carro ou uma casa, ou de ter seu emprego atual? Não é que não nos sentiríamos péssimos se perdêssemos qualquer uma dessas coisas. A questão é que não demora muito para começarmos a dar as coisas por garantidas e a precisar de algo mais para nos sentirmos bem conosco.

Correndo na esteira hedônica

Então, por que ainda pensamos que a nossa próxima conquista criará uma mudança duradoura em nossa autoavaliação? Por que achamos que ela vai ser a que vai resolver tudo? É porque nossas emoções reagem a *mudanças* em nossas circunstâncias, e cometemos o erro de pensar que as emoções vão durar para sempre.

Em vez de serem duradouros, descobrimos que os estímulos positivos para a autoimagem são ainda mais propensos ao que os psicólogos chamam de *esteira hedônica*. "Hedônico" vem de "hedonismo", que tem a ver com prazer, e as esteiras são rodas de *hamster*, só que para humanos, aparelhos nos quais corremos e corremos, mas sem nunca chegar a lugar nenhum.

Mesmo que possamos ser criaturas inteligentes, é fácil não notar o quanto as coisas que perseguimos estão sujeitas à esteira hedônica. Você já recebeu um aumento, talvez ao conseguir um novo emprego ou ser promovido? Você se lembra de como foi bom poder comprar coisas que você queria, ser mais seguro financeiramente e talvez até se sentir orgulhoso de sua nova renda? O que aconteceu? Como mostram estudos com ganhadores da loteria, geralmente não demora muito para voltarmos ao nosso nível anterior de felicidade.

O mesmo vale para fama ou má reputação. Uma vez conheci um psiquiatra britânico que viajava com bandas de *rock* famosas. Os músicos rotineiramente entravam em crise pelas muitas drogas, rotinas exaustivas e sexo selvagem. O trabalho do psiquiatra era recompô-los. Perguntei-lhe se havia um fundo de verdade na ideia muito difundida de que as estrelas do *rock* destroem e queimam coisas e se tornam viciadas em drogas ou se suicidam mais frequentemente do que as pessoas comuns. Ele respondeu: "Com certeza. Isso acontece o tempo todo". Esses músicos muitas vezes começam como pessoas normais vindas de contextos humildes. De repente, eles se tornam ricos, todos começam a achar que eles são maravilhosos e milhares de fãs fazem qualquer coisa (incluindo favores sexuais) apenas para obter um pouco da atenção deles.

"No início, as estrelas do *rock* ficam em êxtase com suas novas vidas", explicou ele. Mas em pouco tempo eles se acostumam com a fama, e esse sentimento deixa de afetá-los. Tudo fica tedioso, seja uma refeição *gourmet*, um jatinho particular, um hotel chique, uma multidão de fãs ou uma noite de sexo e drogas. Para piorar as coisas, eles desenvolvem um novo grupo de comparação. Em vez de se compararem com pessoas comuns, eles passam a se comparar com outras estrelas do *rock*. E nem todos podem ser o Mick Jagger.

O dilema da estrela do *rock* destaca outra maneira como a esteira hedônica funciona. Nós não só nos acostumamos com nosso novo nível de sucesso como também desenvolvemos novos padrões de comparação. O primeiro milhão do meu paciente provavelmente o fez se sentir muito bem, mas agora US$ 30 milhões já não eram o suficiente. Meu amigo psiquiatra tinha ficado muito feliz por ter se tornado um médico, mas depois começou a perceber o quanto a mais os cirurgiões ganhavam. Infelizmente, enquanto estivermos procurando conquistas para nos sentirmos bem com relação a nós mesmos, estaremos condenados a sempre precisar de mais e mais apenas para nos sentirmos bons o suficiente.

Este próximo exercício, que funciona com o componente da *cabeça* dos nossos três Cs, pode ajudar nessa questão. Enxergar como sucessos anteriores não foram o suficiente para nos fazer felizes pode ser muito útil para nos ajudar a nos libertarmos de perseguir compulsivamente novos sucessos.

Exercício: encontrando o fracasso do sucesso

Tente preencher o quadro a seguir, seja por escrito ou apenas pensando em uma resposta para cada linha. Na primeira coluna, anote conquistas, sucessos ou marcos pessoais que fizeram você se sentir bem consigo em diferentes momentos de sua vida. Na segunda, avalie a importância deles para você em uma escala de 1 a 5 em que 1 = pouco e 5 = muito. Por fim, na terceira coluna, anote quanto tempo o sentimento positivo atrelado à conquista durou antes de você se encontrar à procura de um novo sucesso para fazê-lo feliz. (Ajuste as faixas etárias para se adequar à situação e faça seu próprio formulário se precisar de mais espaço. Ou utilize a versão editável dos formulários acessando a página do livro em *loja.grupoa.com.br*.)

ENCONTRANDO O FRACASSO DO SUCESSO

Conquista	Importância (1-5)	Duração da satisfação
De 1 a 5 anos		
Dos 6 aos 12 anos		
Dos 13 aos 18 anos		

Conquista	Importância (1-5)	Duração da satisfação
Dos 19 aos 30 anos		
Dos 31 aos 40 anos		
Dos 41 aos 50 anos		
Dos 51 aos 60 anos		

Conquista	Importância (1-5)	Duração da satisfação
Dos 51 aos 60 anos *(Continuação)*		
Dos 61 aos 70 anos		
Dos 71 aos 80 anos*		

* Espero que você já tenha parado de ficar buscando estímulos positivos por meio de conquistas após os 80 anos, mas sinta-se à vontade para continuar o exercício se necessário.
Fonte: *The extraordinary gift of being ordinary*, de Ronald D. Siegel. Copyright © 2022 Ronald D. Siegel. Publicado pela Guilford Press.

O que você notou? Quanto tempo duraram suas maiores conquistas? Você já experimentou a recalibração narcisista, na qual você se acostuma a um determinado sucesso e, em seguida, ele perde o poder de ajudá-lo a se sentir bem consigo?

Você pode ver como eu preenchi o meu quadro nas páginas 70 e 71.

Ao completar meu quadro, fiquei impressionado com o quão pouco durou a satisfação das minhas conquistas. Embora eu certamente aprecie ter bons relacionamentos com minha esposa, com meus filhos e com outras pessoas, me sinta bem em ser um psicólogo e fique feliz quando meu corpo funciona bem, nem que seja um pouco de fracasso já me faz ver que muitas das conquistas que me deixavam

Conquista	Importância (1-5)	Duração da satisfação
De 1 a 5 anos		
Aprender a caminhar	5	3 semanas, talvez?
Aprender a andar de bicicleta	4	Alguns meses?
Aprender a se expressar	5	Ainda feliz com isso 60 anos depois.
Dos 6 aos 12 anos		
Entrar no primeiro ano	3	2 semanas?
Arranjar uma namorada no 5º ano	5	6 semanas, até o desastre.
Quebrar janelas com o pessoal	2	30 minutos, até sermos pegos.
Dos 13 aos 18 anos		
Me enturmar com o pessoal popular	4	2 meses.
Arranjar uma namorada no ensino médio	5	3 anos de altos e baixos de autoestima.
Tirar a carteira de motorista	4	2 meses.
Entrar em uma faculdade boa	3	3 meses.
Dos 19 aos 30 anos		
Arranjar uma namorada na faculdade	5	3 anos de altos e baixos de autoestima.
Me formar na faculdade	3	2 semanas.
Entrar no mestrado	4	2 meses.
Me tornar um psicólogo licenciado	4	2 meses.

Conquista	Importância (1-5)	Duração da satisfação
Dos 31 aos 40 anos		
Me casar	4	2 meses (só para aquela satisfação autoavaliativa; meu apreço pelo relacionamento é outra questão).
Ter filhos	4	Mais de 30 anos de altos e baixos de autoimagem (novamente, o apreço pelos relacionamentos é outra questão).
Estabelecer uma prática profissional	3	Mais de 35 anos de altos e baixos autoavaliativos.
Dos 41 aos 50 anos		
Avanços profissionais	3	2 meses cada.
Me sentir bem pelo sucesso dos meus filhos	3	Mais ou menos uma semana por vez. Renovável.
Resolver necessidades da família	4	Algumas horas, mas renovável.
Dos 51 aos 60 anos		
Escrever livros	4	1 a 2 meses cada.
Fazer apresentações profissionais	3	1 dia, logo depois de cada evento.
Socializar com amigos de longa data	4	Algumas horas para cada vez.
Dos 61 aos 70 anos		
Permanecer relativamente em forma	3	Até algumas horas depois do exercício (se eu não quebrar nada).
Ter um bom casamento	4	Renovável, até a próxima discussão (novamente, meu apreço pelo relacionamento é outra questão).
Me expressar bem	2	Ainda satisfeito!

feliz não funcionam mais. Uma vez que eu me acostumo a um sucesso, ele perde seu poder e não consegue mais evitar que meu coração afunde quando surge uma nova decepção. Eu noto que fico ansiando por novas conquistas para ter aquela sensação boa novamente e afastar a dor, mas elas nem sempre acontecem.

Tudo o que sobe precisa descer

Como se já não fosse ruim o suficiente, o destino ainda é instável. Às vezes, uma estrela do *rock* é popular por alguns anos, mas então aparecem ídolos pop adolescentes e tomam seu lugar. Podemos ter um ótimo emprego ou negócio, mas então as condições mudam e o perdemos. Talvez tenhamos a sorte de ter investimentos, mas os mercados também quebram. Como já mencionei, mesmo medalhistas de ouro não têm boas chances de ganhar as Olimpíadas novamente em 4 ou 8 anos. Não só o sucesso contínuo perde seu poder, mas também temos que nos acostumar a lidar com o declínio, e ver como vamos perdendo a posição que conquistamos é ainda mais doloroso do que se acostumar ao sucesso.

Mas é inevitável. Você percebeu mudanças no seu corpo desde os seus 20 anos? Você acolheu todas elas tranquilamente? Às vezes, quando estou discutindo esse tópico em grupos, pergunto: "Quem aqui vai morrer?". Geralmente cerca de 20% das mãos sobem. Não gostamos de pensar na morte. Nem mesmo em doenças, envelhecimento ou lesões. No entanto, podemos esperar por tudo isso. Desculpe, mas é verdade.

Mesmo que sejamos capazes de manter nossas autoavaliações positivas por um tempo com novas conquistas, e mesmo que tenhamos a sorte de evitar contratempos, eventualmente todos nós nos deterioramos. A maioria de nós acabará atingindo o pico em nossos empregos e em nossas capacidades físicas e mentais. O declínio é inevitável. É uma experiência incômoda visitar uma casa de repouso e ser informado de que o senhorzinho não falando nada com nada na cadeira de rodas já foi um famoso físico nuclear.

Embora ela seja difícil de encarar, quanto mais diretamente pudermos ver essa realidade, melhores serão nossas chances de aproveitar nossas vidas, já que ver como tudo isso funciona nos ajudará a não nos envolvermos tanto na busca de conquistas apenas para nos sentirmos bons o suficiente. Felizmente para todos nós, existem muitos outros caminhos satisfatórios e confiáveis para o bem-estar aos quais podemos direcionar nossas energias.

O que realmente importa?

Se você tem sido um viciado em conquistas, pode estar pensando neste momento: "Mas se eu não tentar ganhar no jogo da vida, o que vou fazer em vez disso?". Embora possa evocar memórias de noites viradas estudando na faculdade, uma forma de responder a isso é perguntar: "O que tudo isso significa?".

Existem várias maneiras de descobrir. Uma é apenas refletir: "O que realmente importa para mim?". Ou, como a poeta Mary Oliver pergunta: "Diga-me, o que você planeja fazer com sua única, fantástica e preciosa vida?". Você pode imaginar como será o seu epitáfio ou obituário e se perguntar: "O que eu gostaria que ele dissesse?". Talvez a resposta seja "Ele era um bom (pai, filho, marido ou amigo)". Ou talvez: "Ela amava aprender e tinha uma curiosidade insaciável"; "Ele queria fazer a diferença no mundo"; "Ela se esforçou para conhecer Deus"; "Ele sabia como se divertir". Pode ser útil considerar suas aspirações em diferentes domínios, como trabalho ou estudo, relacionamentos, crescimento pessoal e lazer.

Outra maneira de descobrir o que realmente importa para você é lembrar os momentos em sua vida que tiveram um significado especial, que você valoriza. Quais foram eles? Um momento íntimo com um amigo? O nascimento de um filho? Um pôr de sol? Tocar piano? Uma experiência meditativa? Existem temas comuns aos momentos mais significativos? Talvez se conectar com os outros, com a natureza ou com a espiritualidade? Expressão artística? Descoberta? Brincadeira?

Questionando sobre o que realmente importa, você pode descobrir que, embora não haja um único eu estável e coerente a ser encontrado, você pode identificar valores e atividades que pareçam significativos para você. Como veremos, eles acabam sendo muito mais gratificantes do que ficar tentando manter nossa autoestima elevada. Além disso, escapar da autopreocupação nos liberta para irmos atrás desses valores e atividades.

Mudando seus propósitos

Convido você a usar suas percepções sobre seus valores e a insustentabilidade de autoavaliações positivas para abordar algumas atividades de forma diferente, trabalhando com o aspecto *costumes* dos três Cs. Isso pode tornar tudo o que você faz mais divertido.

Exercício: escorando-se na parede certa

Reserve alguns minutos para considerar as coisas que você busca a fim de se sentir bem consigo. Essas coisas podem ser qualquer um dos blocos de construção de uma autoimagem positiva que exploramos no Capítulo 1: dinheiro, condicionamento físico, inteligência, honestidade, popularidade, posição no trabalho ou boa aparência. Elas também podem ser itens do quadro que completamos há pouco. Primeiramente, liste (na sua cabeça ou no quadro a seguir) esses interesses.

Ao lado de cada um, anote uma palavra ou uma frase que identifique como ele faz você se sentir bem consigo. Em seguida, reflita sobre como você pode trabalhar em direção ao mesmo objetivo, engajar-se no mesmo projeto, mas com uma meta diferente, com um propósito que não seja se sentir melhor consigo.

Por exemplo, gosto de ministrar oficinas para outros profissionais de saúde mental. Isso é definitivamente verdade, eu sinto um grande estímulo positivo para minha autoestima quando mais pessoas aparecem para me ouvir ou quando alguém me diz que gostou da minha apresentação (eu também sem falta me sinto muito mal quando menos pessoas aparecem ou quando as pessoas não parecem engajadas). Mas eu posso fazer a mesma coisa com um propósito diferente: com o desejo de genuinamente ajudar os participantes a ajudarem seus clientes. Eu me torno um apresentador melhor e gosto muito mais do processo quando eu deliberadamente tento deixar de lado minhas preocupações com autoavaliação e me concentro em ser útil.

Experimente e veja se acontece o mesmo com você. Preencha o quadro a seguir com algumas de suas realizações, os estímulos positivos que você obtém delas e o propósito alternativo com o qual você pode trabalhar (preenchi a primeira linha com meu exemplo). Para mais espaço, utilize a versão editável dos formulários acessando a página do livro em *loja.grupoa.com.br*.

ESCORANDO-SE NA PAREDE CERTA

Conquista	Estímulo autoavaliativo positivo	Propósito alternativo
Fazer uma apresentação em uma conferência.	Sentir que as pessoas gostam de mim e que sou respeitado e inteligente.	Focar as necessidades dos médicos e dos pacientes.

Conquista	Estímulo autoavaliativo positivo	Propósito alternativo

Fonte: *The extraordinary gift of being ordinary*, de Ronald D. Siegel. Copyright © 2022 Ronald D. Siegel. Publicado pela Guilford Press.

Da próxima vez que você estiver tentando conquistar algo, veja se você consegue se concentrar no propósito alternativo. Isso provavelmente vai melhorar seu desempenho e tornar o projeto em questão muito mais agradável.

Uma amiga minha, Amanda, recentemente me contou sobre sua experiência com essa tática. Ela gostava de fazer postagens no Facebook, mas uma questão a incomodava. "Sempre que escrevo, um crítico imaginário aparece no meu ombro. Se o texto parece bom, o crítico sorri. Meu coração bate um pouco mais rápido, meu peito se enche de orgulho e eu penso 'nossa, como sou boa nisso'. Então eu posto o texto." A questão é que a sensação boa não dura. "Não consigo parar de ficar checando para ver se há curtidas ou comentários, e meu humor sobe e desce a cada *feedback* positivo ou negativo que aparece."

Amanda se cansou desses altos e baixos. Um dia ela percebeu que deveria haver uma forma melhor de lidar com isso. Embora ela não conseguisse escapar completamente de seu desejo de que os outros gostassem de seu trabalho, ela poderia concentrar mais deliberadamente sua atenção no que realmente importava para ela. Às vezes, ela só queria brincar com uma ideia divertida; outras, ela estava atrás de uma mudança política ou social, como quando ela escreveu sobre uma situação de racismo que presenciou em um supermercado. Então, ela desligou as notificações em seu telefone e se colocou em um *regime de redes sociais*; ela só verificava as respostas às suas postagens uma vez por dia. Quanto mais ela se concentrava no que realmente queria realizar com os *posts*, menos ela se importava com quantas curtidas recebia, e mais divertido se tornava escrever. A conversa autoavaliativa não desapareceu completamente, mas fazer postagens passou a ser uma atividade mais leve.

Nadando no Lago Wobegon

> Existe uma maneira de descobrir se um homem é honesto: pergunte a ele; se ele disser que sim, você sabe que ele tem algo de errado.
> — Mark Twain

Devido à quase impossibilidade de nos sentirmos bem com relação a nós mesmos consistentemente por meio de conquistas, a maioria de nós tenta outras abordagens. Os psicólogos sociais nos dizem que a mais popular é mentir para nós mesmos e para os outros.

Essa forma particular de enganação é chamada de *superioridade ilusória*, ou de algo mais rebuscado, o *efeito do Lago Wobegon*. Nomeado em homenagem a uma cidade fictícia onde "todas as mulheres são fortes, todos os homens são bonitos e todas as crianças estão acima da média", esse efeito descreve nossa tendência muito comum de superestimar nossas conquistas e capacidades em relação aos outros para nos sentirmos melhor com relação a nós mesmos. A maioria de nós gosta de pensar que está acima da média na maior parte das coisas.

Chega a ser quase inacreditável. Começa na escola:

- Em um amplo estudo, 70% dos alunos do ensino médio se classificaram como acima da média na capacidade de liderança, 85% se classificaram como acima da média na capacidade de se dar bem com os outros e 25% se classificaram no *top* 1%.

Continua na faculdade:

- Estudantes universitários foram convidados a avaliar a si mesmos e a "estudantes universitários médios" em 20 características positivas e 20 negativas. O aluno médio se classificou como melhor do que a média em 38 das 40 características.

Vai até a pós-graduação:

- 87% dos alunos de MBA em Stanford classificaram seu desempenho acadêmico como acima da média.

E chega até os professores:

- 96% dos professores universitários acham que são melhores professores do que seus colegas.

Nossas autoavaliações são igualmente inflacionadas fora da escola:

- Em um estudo, 93% dos motoristas americanos se classificam como acima da média na questão da segurança no trânsito.
- Um estudo com mil americanos pediu para que eles dissessem quem teria maior probabilidade de ir para o céu, eles próprios ou certos indivíduos famosos; 87% pensaram que eles próprios seriam os escolhidos. O segundo lugar ficou com Madre Teresa, que 79% das pessoas acharam que seria mais merecedora (ela pode ter sido boa, mas aparentemente não tão boa quanto nós).

Como se tudo isso não fosse suficiente, há ainda outra área importante em que sempre superestimamos nossas habilidades: a objetividade. A maioria de nós acha que nossa capacidade de nos avaliar com precisão está acima da média!

Minha observação favorita na psicologia social, o efeito Dunning-Kruger, ajuda a prever quando nossas autoavaliações são mais infladas. Pesquisadores descobriram repetidamente que, em todos os tipos de domínios e atividades humanas, a *competência real é inversamente proporcional à competência percebida*. Isso significa que as pessoas que são realmente hábeis tendem a subestimar a própria capacidade, enquanto aquelas que são menos hábeis tendem a superestimar sua capacidade. Que isso seja um aviso para a próxima vez que estivermos pensando como somos talentosos.

Inteligentes demais para o nosso próprio bem

Os cientistas sociais nos dizem que nosso desejo de fazer jus às nossas autoavaliações também pode criar vários outros tipos de distorções. Se, por exemplo, encontramos alguém que seja mais talentoso do que nós em alguma área, assumimos que ele ou ela deve ser extraordinário (porque *não tem como* estarmos abaixo da média). Se pesquisadores nos disserem que fomos melhor do que a média em algum teste, concluímos que somos inteligentes ou habilidosos. No entanto, se nos disserem que fomos mal, supomos que o teste foi injusto ou excessivamente difícil, que as condições do teste foram ruins ou que tivemos azar.

Até a nossa ética está sujeita a distorções. Quando nos comportamos de maneira imoral, tendemos a atribuir isso a condições externas: "Todo mundo faz isso" ou "Eu estava apenas seguindo ordens". Em atividades em grupo, quando o resultado é positivo, superestimamos nossa contribuição; mas quando o resultado é negativo, a subestimamos. (O que explica por que é fácil sentir que nossa contribuição para projetos bem-sucedidos não é reconhecida suficientemente.)

Aqui está uma breve experiência do cientista de dados Seth Stephens-Davidowitz, em que você pode tentar ver essa tendência de enganar a nós mesmos e aos outros. Responda às seguintes perguntas:

1. Você já colou em uma prova?
2. Você já fantasiou matar alguém?
3. Você ficou tentado a mentir nas perguntas 1 e 2?

O PREÇO DA AUTOENGANAÇÃO

Essas tentativas de nos enganar para manter nossa autoimagem intacta são viciantes. Elas nos fazem nos sentirmos bem a curto prazo, mas têm um custo ao longo do tempo. Elas nos roubam a autoavaliação honesta que precisamos para fazer escolhas informadas sobre quando e como enfrentar desafios. Elas também nos mantêm atentos e estressados, porque nossos julgamentos e nossas opiniões distorcidas são constantemente ameaçados por fatos.

Mas talvez o custo mais doloroso de "morar" no Lago Wobegon seja o que acontece quando nossas ilusões se quebram. Muitos de nós mudam da superioridade ilusória para uma autocrítica dura. Em vez de simplesmente concluirmos que somos mais parecidos com as outras pessoas do que supomos, sofremos um colapso, concluímos que somos perdedores ou fracassados e nos sentimos envergonhados, não merecedores. Isso é agravado por mensagens que ouvimos de outros segundo as quais ser comum ou médio não é bom o suficiente: todos nós devemos ser especiais.

Saindo da água

Há um antídoto surpreendente para esses hábitos. Ele envolve perceber que estamos todos no mesmo barco, todos lutando da mesma maneira e todos mentindo para nós mesmos em vários graus, mesmo que desnecessariamente. Podemos apoiar uns aos outros na luta, abraçando a nossa ordinariedade e o fato de todos sermos membros da família humana.

Veremos várias maneiras de fazer isso mais adiante, mas, por enquanto, você pode tentar o experimento de pensamento proposto a seguir. Como este exercício requer o uso da imaginação e a ativação da natureza do seu lobo gentil, ele será mais eficaz se você se preparar com alguns minutos de prática de *mindfulness*. Apenas preste atenção à sua respiração, observe o que está acontecendo em seu corpo e permita que os pensamentos entrem e saiam.

> **Exercício: apenas um dia comum**
>
> Imagine que você acordou um dia e o mundo se transformou magicamente. Hoje, somos todos apenas parte da família humana, e ninguém é superior ou inferior a ninguém. Temos diferentes formas e tamanhos, é claro, e temos habilidades e talentos diferentes, mas nada disso nos faz nos sentirmos melhores ou piores do que os outros. Não há nenhuma vantagem especial em ser de uma forma ou de outra, já que há o suficiente de tudo para todos, todos estão dispostos a compartilhar e todos nós somos amáveis do jeito que somos.
>
> À medida que você segue sua rotina, você vai aproveitando o momento presente sem se comparar aos outros, apenas desfrutando da companhia deles. Quando há tarefas a serem feitas, todas as pessoas participam e são gratas pela ajuda umas das outras.
>
> Como você se sente sendo uma pessoa comum nesse dia comum?

O que você pode fazer hoje, no mundo real, para tornar o seu dia um pouco menos focado na autoavaliação ou na comparação social e mais focado nos objetivos comuns de todos nós? O que você pode fazer para se sentir mais conectado aos outros, mais parte da família humana?

Fazer essa mudança deliberadamente ajudou Julian (o sujeito apresentado no final do último capítulo, que se sentia vazio em seu trabalho corporativo) a se sentir vivo novamente. Além de se concentrar em se conectar mais com a família e os amigos, e em retomar sua escrita, ele se comprometeu a abordar seus relacionamentos com clientes e colegas de trabalho de forma diferente. Ele deliberadamente pensava antes de cada encontro: "Será que temos um objetivo em comum?"; "Tem um jeito de eu compartilhar algo com a outra pessoa?"; "Como posso apoiar meu colega?"; "O que vai ajudar meu cliente a se sentir mais satisfeito?". Muitas vezes, não era muito trabalhoso: ia de enviar um *e-mail* destacando o bom trabalho de alguém até negociar um contrato que abria mão de um pouco de lucro hoje, mas alimentava um relacionamento no longo prazo. Fazer essa mudança não só fez Julian se sentir mais conectado às pessoas no trabalho como também *aumentou* seu sucesso. Os colegas de trabalho queriam incluí-lo em novos projetos, e os clientes o procuravam.

Pessoalmente, eu comecei a amar essa prática de abraçar a ordinariedade e a humanidade compartilhada. Tenho até vergonha de admitir, mas eu era viciado em pensar que era especial desde cedo. Eu aprendia rápido e logo me apeguei à ideia de que era uma das crianças mais inteligentes da turma. (Em outros aspectos, eu era um idiota, mas, de algum jeito, os professores não enxergavam esse lado, e isso realmente irritava meus colegas.) No início, era divertido, algo que eu fazia sem esforço e que fez minhas outras inseguranças desaparecerem. Imaginei que isso fizesse os professores gostarem de mim, mas ninguém fica no topo por muito tempo, então logo comecei a ficar estressado tentando *manter* meu *status*. Na verdade, quando reflito sobre minha vida, percebo que querer ser o garoto mais inteligente foi ridiculamente estressante e, por causa da competitividade, estragou muitas das minhas interações sociais.

Quando reconheço como esse hábito era triste e louco e me concentro em ser gentil e solidário, me juntando aos outros em nossos objetivos comuns, em contrapartida, é maravilhoso. Às vezes, tudo o que preciso é de um momento para mudar o foco e perceber o que temos em comum. Não só eu relaxo, mas todas as minhas interações se tornam muito mais divertidas, eu consigo realmente desfrutar da companhia das outras pessoas e fazemos as coisas com muito mais facilidade. Confie em mim. Considerando como eu era antes, se consegui mudar, qualquer um consegue. Como veremos em breve, há muitas abordagens que funcionam, só precisamos experimentá-las para encontrar as mais adequadas para cada um de nós.

Contudo, à medida que avançamos nesse caminho, enfrentaremos vários obstáculos. Alguns envolvem mensagens que nos puxam para a outra direção, reforçam nossos instintos, escondem nossas inseguranças ou nos fazem pensar que precisamos ser especiais de alguma forma para sermos amados ou aceitos. Alguns são tão antigos quanto a humanidade, enquanto outros são mais recentes. Um dos últimos envolve ver os sucessos e as experiências maravilhosas dos outros cuidadosamente selecionados nas redes sociais. O Facebook e o Instagram são suficientes para despertar sentimentos de inveja, inadequação e alienação em qualquer pessoa. Vamos ver agora como essas influências conspiram para nos prender, se elas já estão nos prendendo e, se estiverem, como podemos escapar das suas garras.

6
Resistindo à selfie-estima

Nonstop you
— Slogan da companhia aérea Lufthansa

O QUE MEMBROS DE GANGUES, adolescentes grávidas, dependentes de drogas, pais abusivos e trabalhadores desempregados têm em comum? De acordo com psicólogos na década de 1980, baixa autoestima. Em resposta a isso, o governador da Califórnia e os membros da legislatura daquela época criaram a Força-Tarefa Californiana de Promoção da Autoestima e da Responsabilidade Pessoal. A ideia era de que se sentir bem consigo poderia ser uma espécie de "vacina social" que impediria todo tipo de problema. Eles pensaram até que isso poderia ajudar a equilibrar o orçamento do Estado, na suposição de que pessoas com maior autoestima ganhariam mais e, portanto, pagariam mais impostos.

O projeto não funcionou exatamente como o esperado. Depois de gastar mais de um quarto de milhão de dólares, a força-tarefa concluiu que as associações entre doenças sociais e autoestima eram mistas, insignificantes ou totalmente ausentes, e não havia evidências científicas de que a baixa autoestima realmente causasse *qualquer* problema social.

No entanto, isso não diminuiu o entusiasmo da força-tarefa. Eles passaram a recomendar e implementar vários tipos de programas para melhora da autoestima. Então, como muitas vezes acontece, uma tendência que começou na Califórnia acabou se espalhando por todo o país e, em menor grau, por todo o mundo.

Infelizmente, como veremos, o resultado prático disso tem sido prender a todos nós cada vez mais profundamente em autopreocupação e em comparação social.

Todo mundo está fazendo

No início da década de 1990, escolas em todos os Estados Unidos passaram a ver a autoestima positiva como um pré-requisito para a aprendizagem. Dizia-se para os pais: "Não tenha medo de dizer aos seus filhos várias vezes como eles são inteligentes e talentosos". As escolas ofereceram cursos chamados "autociência", em que o assunto era o "eu", e distribuíram troféus de participação. Milhares de escolas adotaram a "construção da autoestima" como parte de sua missão. E elas não pararam até hoje. Pesquisando no Google por "autoestima como missão da escola", acabaram de aparecer para mim 2.360.000 resultados.

Infelizmente, o movimento rapidamente se expandiu para além das escolas e também infectou os adultos. Os consultores de gestão diziam aos empreendedores que eles deveriam criar organizações em que "todos se sentissem bem consigo", enquanto dizia-se para os agricultores que havia apenas uma habilidade que determinaria seu sucesso, e não era obter informações sobre "pestes, sementes, raças e rações": era saber como "desenvolver e manter uma autoimagem positiva".

Milhares de livros continuam a promover boa autoestima (uma pesquisa na Amazon acabou de me mostrar mais de 100 mil títulos). Quer se trate de crianças (*Seja um vencedor: um livro de colorir e de atividades para autoestima*), adolescentes (*Autoestima: a jornada do adolescente para a autoestima, Imagem corporal* e *Sendo você por completo*) ou adultos (*Dez dias para a autoestima: o manual do líder*) buscando o topo, estamos todos sendo ensinados a pensar que somos especiais.

Uma coisa boa, mas em exagero

Kim Jong-il, o falecido "querido líder" da Coreia do Norte, aparentemente tinha uma autoestima muito alta. Em sua biografia oficial, ele afirma que nasceu no topo da montanha mais alta do país e que naquele momento uma geleira se abriu e dela saiu um arco-íris duplo. Ele aprendeu a andar com 3 semanas de vida, a falar com 8 semanas e escreveu 1.500 livros enquanto era um estudante universitário. Stalin, Mao, Hitler, Idi Amin e Saddam Hussein também alegaram ser pessoas muito especiais, aparentemente apreciando muito a si mesmos.

Há um debate no campo da psicologia sobre como funciona exatamente a autoestima inflada. Os psicólogos clínicos assumem que pessoas que apresentam imagens exageradas de seu valor ou habilidades estão tentando compensar dúvidas e traumas ocultos, usando estímulos positivos para a autoimagem como uma forma de afastar a dor da rejeição, de críticas, da vergonha ou de fracassos. Isso certamente é o que acontece em minha própria psique quando estou tentando me animar, e é o que eu vejo em muitos dos meus pacientes. Também não é difícil perceber que, quando conseguimos nos conectar de maneira segura e atenciosa com nossas dores subjacentes e nossos sentimentos de inadequação, nossa necessidade de nos enaltecer diminui.

Os psicólogos sociais têm uma visão um pouco diferente. Eles criam testes para revelar os sentimentos internos das pessoas, e os testes sugerem que os narcisistas *realmente acreditam* que são melhores do que todos os outros. Por exemplo, em um teste que revela quais palavras e imagens andam juntas em nossa mente, os sujeitos narcisistas prontamente apertam o botão "eu" em associação com palavras como *bom, maravilhoso, ótimo* e *certo* (porém, eles não associam tão rapidamente o "eu" com palavras como *gentil* ou *compassivo*; mais sobre isso em breve). Como um clínico, no entanto, suspeito que o teste não seja sensível o suficiente. Acho que ele apenas não detecta a insegurança escondida sob o autoengrandecimento dessas pessoas.

Também é possível que existam diferentes tipos de autoavaliação inflada. Algumas pessoas narcisistas podem estar compensando os sentimentos subjacentes de inadequação, enquanto outras estão apenas iludidas. De qualquer forma, em medidas objetivas, verifica-se que as pessoas que se consideram boas demais não são mais inteligentes, mais atraentes ou superiores àquelas com menor autoestima, elas apenas pensam que são.

As consequências dessas ilusões não são bonitas. Ter uma autoestima elevada não necessariamente leva uma pessoa a se tornar um ditador totalitário. No entanto, em crianças, isso torna mais provável que elas sejam desinibidas, dispostas a desconsiderar riscos e propensas a fazer sexo mais cedo, por exemplo. Os valentões também tendem a ser mais seguros de si mesmos e a ter menos ansiedade do que as outras crianças. Não é diferente com adultos com autoestima alta. Em jogos de *videogame* projetados por cientistas políticos para simular conflitos geopolíticos do mundo real, quanto mais confiantes os jogadores eram, mais frequentemente eles perdiam. "Líderes" confiantes demais frequentemente lançavam ataques precipitados que levavam a retaliações devastadoras para ambos os lados (que isso seja um aviso para todos nós quando formos votar). Podemos ser capazes de ver essas tendências em nosso coração e em nossa mente com um pouco de reflexão.

Exercício: os benefícios da humildade

Tire alguns minutos para se lembrar de um momento em que você estava se sentindo muito bem consigo. Talvez um sucesso na escola ou no trabalho, ou um momento em que você entrou em um novo relacionamento. Quando você se sentiu bem-sucedido, notou que se sentia superior aos outros menos afortunados? Sentiu-se crítico a outros que tiveram menos sucesso? Pode dar vergonha notar, mas muitos de nós realmente ficam um pouco mais frios quando chegam ao topo. Um pouco menos conscientes do sofrimento ao nosso redor. Se você se lembra de alguma reação assim, por favor, seja gentil consigo com relação a ela. Somos todos vulneráveis a nos tornarmos insensíveis quando nossa autoestima fica alta demais. Porém, da próxima vez que isso acontecer, veja se você percebe o custo disso.

Em seguida, considere os benefícios da humildade. Lembre-se de um momento em que sua autoavaliação piorou um pouco. Talvez você tenha falhado em algo, tenha tido uma decepção, sofrido uma rejeição ou se sentido envergonhado. Embora possamos certamente nos preocupar com nossa dor e nos afastar dos outros, às vezes nossa decaída permite que nos identifiquemos com mais compaixão com o sofrimento daqueles ao nosso redor. Veja se você pode aproveitar sua próxima decaída como uma oportunidade, uma chance de demonstrar consideração a todas as outras pessoas no mundo que podem estar sofrendo da mesma forma ou se sentindo mal consigo. Imagine entrar em contato com essas pessoas, dar um abraço nelas e dizer a *elas* que *você* sabe como é.

Como espero que você já tenha percebido, minhas próprias autoavaliações sobem e descem com uma notável regularidade. E mesmo que, como todo mundo, eu prefira os altos, percebi que os baixos são mais valiosos. Quando sofro com decepções, eu acordo e percebo o sofrimento ao meu redor de forma mais vívida. Eu penso: "Não acredito que estou me sentindo tão mal por não ter sido incluído no projeto. Deve ser muito difícil para o meu amigo que perdeu o emprego". Ou: "Aqui estou eu com pena de mim mesmo por ter estirado minha panturrilha e não poder correr por algumas semanas. Como todas as pessoas com deficiências ou doenças graves conseguem lidar com isso?". Infelizmente, quando estou experimentando boa sorte, como os estudos sugerem, fico menos sintonizado com o sofrimento ao meu redor. A moral da história? Em vez de ir atrás de um novo estímulo positivo imediatamente, veja se você consegue tirar alguns momentos para receber sua próxima decepção como uma chance de abrir seu coração para todos os outros que também podem estar sofrendo.

Em busca de fama e fortuna

Ok, então talvez aumentar a autoestima não leve ao sucesso ou a nos tornarmos pessoas melhores, mas isso realmente nos faz infelizes? Sim, provavelmente. Há evidências crescentes de que os americanos (pelo menos) se tornaram mais materialistas, egocêntricos e narcisistas (qualidades que pesquisas consistentemente mostram que contribuem para a infelicidade) desde o início da proliferação de programas de aprimoramento da autoestima. Embora a correlação não prove causalidade, em vez de nos tornar mais felizes e produtivos, o movimento de autoestima pode estar, na verdade, nos deixando mais tristes.

Como veremos, as pessoas mais jovens são as mais afetadas por essa ideia. No entanto, seja qual for a sua idade, ao ler as próximas páginas, veja se você percebe alguma forma pela qual você foi influenciado por essa crescente preocupação da sociedade com o "eu" e tente identificar onde e de quem você pode ter recebido a mensagem. Perceber isso pode ajudá-lo a afastar impulsos contraprodutivos quando eles ameaçarem dominar seu coração ou sua mente.

Mais do que nunca, os jovens adultos sonham em ganhar na loteria, se tornar *influencers* e ficar ricos antes dos 30 anos. Eles estão acreditando cada vez mais que o caminho para o bem-estar é a acumulação de estímulos positivos para a autoestima. Em uma das maiores pesquisas de seu tipo, o Pew Center for People and the Press abordou centenas de jovens adultos, perguntando aos *millennials*, que foram criados durante o período em que o movimento pela autoestima se destacou, sobre os objetivos de vida da geração deles. Os resultados e o contraste com a geração anterior (entre parênteses) foram marcantes: 81% (vs. 62%) disseram que queriam ficar ricos, 51% (vs. 29%) queriam se tornar famosos, mas apenas 10% (vs. 33%) disseram que queriam se tornar mais espiritualizados. Os grandes aumentos pertencem à área dos estimulantes de autoestima.

Os resultados também são bem graves do outro lado do Atlântico. Uma pesquisa na Grã-Bretanha perguntou aos adolescentes qual era "a melhor coisa do mundo". Suas três principais respostas foram "ser uma celebridade", "ter boa aparência" e "ser rico".

Um historiador da Universidade de Cornell analisou diários pessoais de mais de cem anos. Na década de 1890, as mulheres jovens normalmente resolviam se interessar mais pelos outros e se abster de se concentrar em si mesmas. Seus objetivos eram contribuir para a sociedade, construir caráter e desenvolver relacionamentos mutuamente gratificantes. Na década de 1990, seus objetivos eram perder peso, encontrar um novo penteado ou comprar roupas, maquiagem e acessórios.

Desculpe, mas essas tendências, causadas ou não pelo movimento em prol da autoestima, não são um bom presságio para o nosso futuro coletivo. Mas há uma boa razão para olhar para elas. Nossa chance de nos libertarmos de mensagens tóxicas que nos prendem a preocupações autoavaliativas é muito maior se pudermos reconhecê-las.

Espelho, espelho meu, existe alguém mais belo do que eu?

Ao mesmo tempo que nossos objetivos passaram a ser riqueza, fama e aparência, nossas opiniões sobre nós mesmos dispararam. É como se fosse o efeito do Lago Wobegon, mas aumentado. Em 1951, apenas 12% das crianças de 14 a 16 anos concordaram com a afirmação "Eu sou uma pessoa importante". Em 1989, 80% o fizeram. Em 2012, 58% dos alunos do ensino médio tinham expectativa de ir para o ensino superior ou o profissionalizante, o dobro de 1976. No entanto, o número real de participantes permaneceu inalterado em 9%. Dois terços dos alunos do ensino médio esperam estar entre os 20% melhores em desempenho no trabalho. Claramente, muitas pessoas ficarão desapontadas.

Em algumas culturas, a adaptação ao grupo é valorizada. Tradições religiosas em todo o mundo apontam para os perigos de pensar em si mesmo como melhor do que os outros. Esse definitivamente não é o caso na maior parte do Ocidente após o movimento pela autoestima. Quantos de nós nos sentimos confortáveis em dizer que "estamos na média" em alguma coisa? Talvez não tenhamos problemas em estar na média em algumas áreas, mas apenas se nos sobressairmos em outras. Essa ideia de que a "média" não é boa o suficiente é um presságio para a desgraça, já que nem todos podemos estar sempre à frente da matilha e, além disso, estamos constantemente mudando nossos padrões à medida que avançamos. Como veremos, isso pode nos roubar a surpreendente alegria de aceitar a nossa ordinariedade.

Como isso aconteceu?

Os psicólogos sociais fizeram um grande esforço tentando explicar as razões pelas quais isso acontece. Além do movimento pelo aumento da autoestima, a ênfase em um individualismo forte, sobretudo nos Estados Unidos, também tem contribuído. "Ser fiel a si mesmo" e "sempre tentar buscar o número um" andam de mãos dadas. Na verdade, a própria ideia de que todos nós temos um "eu genuíno" dentro de nós, esperando para ser descoberto ou atingir todo o seu potencial, está na essência americana.

Isso contrasta significativamente com algumas outras culturas. Desmond Tutu, teólogo sul-africano, diz que, em muitas línguas africanas, você não consegue responder à pergunta "Como você está?" na primeira pessoa do singular. A resposta é "Estamos indo bem" ou "É um momento difícil para nós". Eles estão no caminho certo: acontece que fazer parte de um "nós" é realmente um ótimo antídoto contra se preocupar em ser especial ou até mesmo bom o suficiente (mais sobre isso, também, mais adiante).

Comparando o meu interior com o seu exterior

> Acordei esta manhã depois de outra noite difícil. Me sinto exausto, estou mal da barriga e estou esperando um *feedback* negativo do meu chefe. Minha namorada provavelmente quer terminar comigo. Descobri um monte de novas espinhas apesar do novo creme que estou usando.

Esse não é um *post* típico de redes sociais. Em vez disso, no Facebook e no Instagram, todos que conhecemos estão se divertindo no Caribe, comendo refeições maravilhosas, sendo promovidos, parecendo lindos e festejando sem parar.

As pesquisas do Google nos falam mais sobre os pensamentos e os sentimentos *reais* das pessoas. Você provavelmente sabe que, quando começa a digitar uma frase no Google, ele vai começar a sugerir resultados com as palavras que a maioria das pessoas geralmente digita em seguida. Agora mesmo eu comecei a digitar "É normal querer...?", e o Google sugeriu: (1) ficar sozinho, (2) matar, (3) ficar solteiro, (4) trair e (5) dormir o dia todo. Seguindo a segunda sugestão mais comum, digitei "É normal querer matar...?", e o Google sugeriu: (1) o namorado, (2) o ex, (3) coisas fofas, (4) o irmão e (5) a família.

No Facebook, as frases mais comuns que as pessoas usam para descrever seus maridos são "o melhor", "meu melhor amigo", "incrível" e "tão fofo". Nas pesquisas anônimas do Google, as palavras mais frequentes que as pessoas digitam junto com "meu marido" são "mau", "irritante", "um idiota" e "*gay*".

Mentimos de tantas maneiras nas redes sociais para tentar parecer bem e nos sentir bem conosco que é praticamente impossível catalogar todas elas. A intelectual *Atlantic Magazine* e a não tão intelectual *National Enquirer* têm circulação semelhante e números semelhantes de resultados de pesquisa no Google. No entanto, a *Atlantic Magazine* tem 27 vezes mais curtidas no Facebook. O filme pornográfico mais popular na internet é, aparentemente, *Ótimo corpo, ótimo sexo, ótimo boquete*, com mais de 80 milhões de visualizações. No entanto, ele tem apenas algumas dezenas de curtidas no Facebook, em sua maioria dadas por estrelas de filmes pornô. Tudo isso levou o cientista de dados Seth Stephens-Davidowitz a concluir:

> No mundo do Facebook, o adulto médio parece estar feliz em seu casamento, de férias no Caribe e lendo a *Atlantic Magazine*. No mundo real, muitas pessoas estão com raiva, em filas de supermercado, dando uma espiada na *National Enquirer* e ignorando os telefonemas dos cônjuges, com quem não dormem há anos... No mundo do Facebook, uma namorada posta 26 fotos felizes de sua viagem com o namorado. No mundo real, imediatamente após postar as fotos, ela pesquisa no Google "Por que meu namorado não quer fazer sexo comigo?". E, talvez ao mesmo tempo, o namorado assiste a *Corpo lindo, Sexo maravilhoso, Oral perfeito*.

O resultado de toda essa propaganda voltada ao engrandecimento de si mesmo é que todos nos sentimos inadequados porque comparamos nossa experiência real com as aparências cuidadosamente selecionadas nas redes sociais de outras pessoas. Combinado com o vício em estímulos positivos para a autoestima sempre que recebemos uma curtida ou um novo seguidor, nosso tempo no Facebook ou no Instagram nos prende cada vez mais profundamente ao sentimento de que não somos bons o suficiente, de que somos menos bem-sucedidos do que todos os outros e de que perdemos toda a diversão. Isso naturalmente nos deixa ainda mais desesperados por estímulos positivos.

Ficamos ansiosos tentando conseguir uma *selfie* perfeita para postar nas redes sociais (o que explica por que *selfie* foi a palavra do ano em 2013 e por que minha pesquisa no Google hoje retornou 10.100.000 vídeos sobre "como tirar uma ótima *selfie*"). O aumento da comunicação por meio do Zoom e do FaceTime levou a uma explosão do *transtorno de dismorfia do Zoom*, em que as pessoas procuram procedimentos cosméticos para "corrigir" o que veem como defeitos em seus rostos na tela. E, se você estiver solteiro, pode desfrutar de seus sentimentos sobre si mesmo oscilando o dia todo ao usar o Match, o Tinder ou o Bumble.

Por mais perturbadoras que sejam todas essas reações, elas têm um lado bom. Se você está se sentindo inadequado ao se comparar no Facebook e no Instagram com todo mundo que você conhece, se preocupando com sua imagem no Zoom ou ficando estressado ao visitar *sites* de namoro, você não está sozinho. Não é um sinal de sua inadequação, e sim o resultado natural da tecnologia moderna colidindo com nossa natureza primata mais básica esculpida pela evolução. Estamos todos juntos nessa.

Felizmente, existem antídotos para o vício, intensificado pelas redes sociais, de ficarmos tentando nos sentir melhor com relação a nós mesmos. Exploraremos esses antídotos em breve; por enquanto, você pode apenas tentar estar ciente dos altos e baixos que você experimenta ao usar as redes sociais e, se achar que isso está deixando você infeliz, considere reduzir seu tempo de tela. Além disso, toda vez que você ficar triste porque ninguém gostou do seu *post*, que você ver o sucesso de outra pessoa ou que alguém não deslizar para a direita em um aplicativo de namoro, tente tirar um momento para refletir sobre todas as outras pessoas no mundo usando as redes sociais e experimentando uma dor semelhante neste exato momento. Você pode se sentir menos sozinho.

Autocontrole, não autoestima

Roy Baumeister, indiscutivelmente o maior pesquisador do mundo em autoestima, chegou a esta conclusão em uma revisão de literatura científica: "Depois de todos esses anos, lamento dizer, minha recomendação é a seguinte: esqueça a autoestima e concentre-se mais no autocontrole e na autodisciplina". O movimento pela autoestima parece ter saído pela culatra. Em vez de criar uma cultura de cidadãos satisfeitos e produtivos, nós fomos treinados para esperar que as recompensas venham sem esforço e para nos sentir profundamente desapontados e envergonhados quando nossas conquistas não correspondem às nossas expectativas (muitas vezes, inflacionadas). Ser "normal", "médio" ou, Deus me livre, "comum" parece fracasso em um mundo onde estrelato, fama e riqueza recebem toda a atenção.

O que podemos fazer a respeito da nossa situação? Se estamos envolvidos na criação ou na educação de crianças, devemos pensar duas vezes antes de tentar aumentar a autoestima delas. Isso não significa nunca elogiar as crianças por suas conquistas, mas tentar desenvolver novos hábitos: o de enfatizar valores como trabalhar duro se você quiser alcançar um objetivo, ser atencioso com os outros e perceber que todos nós ganhamos algumas e perdemos outras, e o de entender que todos temos momentos em que a vida vai do jeito que queremos e momentos em que ela não vai. Também significa adotar uma abordagem diferente, consolar a dor das decepções dessas crianças deixando-as saber que também nos sentimos mal quando não temos sucesso ou conseguimos o que queremos. Podemos até tentar alertá-las sobre os aspectos tóxicos das redes sociais, que não apenas nos viciam em estímulos positivos, mas também fazem com que fiquemos comparando nosso "eu" interior com versões ideais falsas de outras pessoas.

Como podemos impedir que essas influências culturais nos influenciem como adultos? Além de reconsiderar a busca por uma autoestima elevada e reavaliar nosso relacionamento com as redes sociais, podemos estar atentos a todas as mensagens que recebemos de que devemos nos esforçar para chegar ao topo. Quanto mais claramente vemos essas mensagens, mais temos a chance de nadar contra a corrente. Você pode tentar este pequeno projeto de mudança de pensamento ao longo dos próximos dias.

Exercício: nadando contra a corrente

Na sua rotina durante a semana, tente notar cada vez que você se vê sendo levado por mensagens que reforçam as preocupações autoavaliativas. Podem ser momentos em que você recebe elogios, como quando uma pessoa lhe diz como você é maravilhoso. Ou podem ser momentos de crítica ou rejeição, como quando uma pessoa não parece aprová-lo ou se interessar por você.

Você pode ouvir as vozes internas dizendo algo como "Eu sou especial, eu mereço mais" ou o oposto, "Eu não sou bom o suficiente". Observe os sentimentos que surgem a cada julgamento.

Observe os momentos em que você se sente à frente da matilha e os momentos em que você sente que não está conseguindo acompanhá-la. Tente estar especialmente atento às suposições que você pode ter sobre como você deve ser competente, bom, agradável ou especial, em quaisquer áreas que sejam importantes para você. Veja se você consegue usar decepções, rejeições, fracassos ou momentos de vergonha para quebrar ilusões sobre como você *deve* ser.

Quanto mais claramente vermos essas forças em ação, menor será a probabilidade de que sejamos influenciados por elas, e quanto menos formos influenciados por elas, mais felizes e gentis seremos, tanto conosco quanto com os outros.

Outra maneira de reagirmos às demandas para estarmos sempre acima da média é nos lembrarmos regularmente de que estamos todos no mesmo barco e abraçarmos nossa humanidade compartilhada. Neste mundo, é bom *não* se sentir tão especial e saber que não estamos sozinhos em nossa dor.

Claro que também há situações em que algo importante depende do sucesso competitivo e precisamos fazer o nosso melhor. Mas há muitas outras vezes em que é ok estar na média ou apenas desfrutar da atividade sem julgamento. Como sua vida seria diferente se você não tivesse que ser especial ou acima da média nesses momentos? Como ela seria se você se sentisse amado e digno assim como você é, e não tivesse que provar isso a si mesmo? Como sua vida seria diferente se você usasse seu tempo e energia para seguir seus interesses e se concentrar no que realmente importa para você? Aqui está um pequeno exercício para experimentarmos a alegria de sermos comuns.

Exercício: escolhendo ser comum

Lembre-se de alguns dos desafios que você enfrentou na última semana. Em quais desses desafios você se sentiu inclinado a tentar ir especialmente bem? Em quais você tentou ser mais agradável, mais inteligente, mais forte, mais generoso, mais esperto, mais engraçado, mais completo, mais atraente ou melhor do que a média? Em quais atividades você se esforçou para viver de acordo com uma imagem interior de como você *deveria* ser?

Qual teria sido a consequência de ser comum ou mediano nessas situações? Você teria ganho menos dinheiro, sido menos apreciado ou perdido de alguma outra forma? Isso teria realmente importado, para além de uma pequena baixa em seus sentimentos sobre si mesmo? Você ficaria preso à autocrítica?

Agora se concentre nas atividades em que, após alguma reflexão, claramente não importa ter sucesso competitivo ou atender a algum padrão. Talvez você possa pensar em passar tempo com os amigos, ajudar alguém

> ou buscar um interesse apenas por diversão. É mais fácil ser mediano, comum ou apenas bom o suficiente nesses aspectos?
> Por fim, você já teve momentos de engajamento simples? Talvez comer um sorvete, assistir a um filme ou sentir a água fria em seu corpo ao nadar? Um momento em que você está simplesmente presente, sem julgamento algum? (Quanto mais confortáveis ficamos com sermos comuns, mais frequentes esses momentos se tornam.)
> Nos próximos dias, se permita notar todas as situações em que pode ser bom ser comum, ser exatamente como você é. Experimente.

Quando Inna escolheu ser comum, ela ficou em casa em um sábado à noite para limpar seu aquário, um *hobby* que lhe trazia conforto e alegria desde que era adolescente. Para Zev, os *hobbies* eram brincar de pega-pega com seus filhos e cuidar de sua saúde saindo para dar uma corrida. Para Cindy, passar uma tarde lendo um romance. Pessoas comuns, livres para gostar de fazer coisas comuns, não provando nada para si mesmas ou para os outros.

Essa abordagem pode ser um ótimo antídoto para a montanha-russa que são as redes sociais. Antoine tinha acabado de fazer 40 anos e estava de volta à vida de solteiro depois de terminar com o namorado um relacionamento de quatro anos. Os sentimentos dele sobre si mesmo estavam mudando descontroladamente. Nos aplicativos de namoro, quando alguém interessante respondia a ele, Antoine logo se enxergava como um garanhão; quando alguém o deixava "no vácuo", ele se sentia como se fosse a mesma criança excluída que era no 8º ano. Quando ele via o ex postar algo legal, queria se deitar em posição fetal e desaparecer.

Os altos eram ótimos, mas os baixos eram horríveis: "O que tem de errado comigo?"; "Por que eu não tenho confiança?"; "Será que algum dia vou me sentir amado de novo?". Ele começou a ver como, por toda a sua vida, fora viciado em se sentir especial, sempre perseguindo a sensação de que era melhor do que os outros nos esportes, no trabalho e em termos de popularidade, praticamente em tudo. E, obviamente, na vida de solteiro, era impossível vencer de forma consistente.

Então Antoine experimentou deixar de lado a fantasia de ser especial, de cumprir algum ideal. Ele experimentou conversar com os amigos e os familiares sobre suas inseguranças e tentou se lembrar deliberadamente de que era apenas mais um ser humano lutando como todos os outros. Ele adquiriu o hábito de se perguntar "O que eu faria agora se não estivesse tentando me autoafirmar?" e então fazer o que ele respondia. As respostas variavam: passear, arrumar o apartamento, fazer o jantar, ligar para um amigo. Embora isso o fizesse se sentir vulnerável, ele também começou a se sentir mais confortável por dentro, com menos medo da próxima rejeição no aplicativo e mais aberto e conectado a amigos, familiares, colegas e até estranhos. Talvez ele não precisasse ser um vencedor para ser feliz.

Vamos experimentar mais formas de descobrir as alegrias de abraçar ativamente nossa ordinariedade nos próximos capítulos. Mas, primeiro, voltaremos nossa atenção para algumas forças sociais mais antigas que podem nos segurar, nos mantendo presos a preocupações autoavaliativas. Essas influências começaram muito antes do movimento pela autoestima e das redes sociais. Elas constituem uma questão especialmente difundida e problemática que foi nomeada pela primeira vez em 1899 e tem raízes profundas não apenas em humanos, mas também em outras espécies (até mesmo pavões a demonstram). Veremos se ela alguma vez já o afetou.

7
Consumo conspícuo e outros sinais de *status*

> Compramos coisas que não precisamos com dinheiro que não temos para impressionar pessoas de quem não gostamos.
> — Will Rogers

COMECEI A SABER MAIS SOBRE veículos de luxo quando eu tinha 8 anos. Ao lado da garagem da nossa casa, no subúrbio de Long Island, meu pai, sempre ansioso para ensinar, me apresentou um deles: "Isto é um Cadillac. Ele é um símbolo de *status*. As pessoas compram um Cadillac para mostrar para as outras que são ricas o suficiente para isso".

Meu pai era incomum. Ele foi professor de economia, portanto enxergava o mundo pelas lentes de um cientista social. Então, pareceu perfeitamente normal para nós dois quando ele seguiu com "Em 1899, Thorstein Veblen escreveu um livro chamado *A teoria da classe do lazer*. Ele foi o primeiro economista a usar a expressão *consumo conspícuo*. Veblen notou que, uma vez que as pessoas têm dinheiro suficiente para atender às suas necessidades materiais, elas começam a comprar coisas apenas para mostrar a outras pessoas que podem comprá-las, a fim de aumentar seu *status* social".

Levei anos para descobrir que não era assim que a maioria dos pais falavam com seus filhos de 8 anos, mas sou grato pelos *insights* do meu pai. Eles são uma inspiração para este livro. Embora eu certamente fique preso a vários outros tipos de comparações sociais, meus sentimentos sobre mim mesmo subam e desçam com bastante regularidade e eu possa me sentir rejeitado ou envergonhado tão rapidamente quanto qualquer um, pelo menos nunca fui capturado pela armadilha do consumo conspícuo. (Embora essa observação possa ser um indicativo de outra armadilha: é fácil ver a loucura dos blocos de construção de autoimagem de outras pessoas e se sentir mais sofisticado e consciente do que elas por *não estar* preso a *eles*.)

O consumo conspícuo está em toda parte. Nossos cérebros estão programados com ele, e estamos cercados por propagandas que atacam nosso senso de quem somos e como queremos ser vistos. Como resultado, milhões de pessoas gastam além de seus meios ou trabalham uma carga horária insustentável compelidas a comprar símbolos de *status* para si mesmas ou para seus entes queridos. Quer se trate de um tênis de marca, de bolsas de grife, de roupas que são tendência, do iPhone mais recente ou de carros de luxo (Cadillacs já não contam mais, agora você precisa de um Jaguar, um Porsche ou uma Lamborghini), o consumo conspícuo está em toda parte.

Acho especialmente engraçadas as categorias inventadas pelas companhias aéreas para capitalizar nossas preocupações com o *status*. Um dia, eu estava esperando para embarcar em um avião e os primeiros a serem chamados foram os passageiros da primeira classe. Ok, eles pagaram muito mais pelas passagens, então tudo bem eles embarcarem primeiro. Em seguida, eles convidaram os passageiros Executive Platinum Plus para embarcar, seguidos pelo bom e velho Platinum, depois Gold, Silver e, por fim, eu, um dos oito proletários restantes que puderam se esgueirar para dentro do avião no final. Sim, as chances de conseguir um lugar para a bagagem de mão são maiores se você embarcar antes, mas, além disso, eles estavam vendendo *status*, um sentimento de privilégio para clientes fiéis. Os passageiros de alto escalão puderam até *escolher* o lado do portão de embarque em que eles fariam fila. Graças a Deus, apesar de minha posição humilde, eu tinha um cartão de débito Preferred Rewards Platinum Honors do meu banco, então eu ainda pude mostrar meu rosto em público.

É de se esperar

Uma vez fui de classe executiva para a Ásia e, apesar do meu preparo, eu realmente me senti especial por algumas horas, ao mesmo tempo que me sentia ridículo por estar me sentindo especial. Falando em voar, o que me confortou foi descobrir que não apenas o consumo conspícuo é universalmente humano como até mesmo os pássaros ficam presos nele.

Já se perguntou por que pavões machos têm aquelas penas enormes e coloridas na cauda? Cultivar aquelas penas requer muitos recursos biológicos, dificulta o movimento das aves e atrai predadores. Então por que esse aspecto passou pelo filtro evolutivo? Como aquelas penas gigantes conseguiram contribuir para a sobrevivência do pavão?

Acontece que as penas são, na verdade, uma forma de consumo conspícuo. Elas sinalizam para as pavoas: "Eu sou tão extraordinariamente forte e saudável que posso me dar ao luxo de colocar todos esses recursos em minhas penas e, mesmo assim, sobreviver".

O picanço-de-dorso-cinzento, um pássaro que vive no deserto de Negev, em Israel, é ainda mais parecido conosco. Antes da época de reprodução, os machos coletam presas comestíveis, como caracóis, e objetos úteis, como penas e pedaços de pano (de 90 a 120 itens no total). Eles, então, penduram tudo em espinhos e galhos em seus territórios para mostrar sua "fortuna". As fêmeas analisam as coleções e escolhem os machos com os objetos mais impressionantes, evitando os machos sem recursos (não surpreende que esteja tão difícil namorar hoje em dia).

Por que fazemos isso?

Tal como acontece com os pavões e os picanços, o nosso desejo de comunicar a posição social por meio de exposições materiais foi concebido para nos ajudar a transmitir o nosso DNA. Os machos se exibem, e as fêmeas gravitam em direção a exibições para melhorar as perspectivas reprodutivas. Portanto, não é de surpreender que, historicamente, os pescadores contem histórias sobre peixes que eles pescaram, os fazendeiros se gabem do tamanho de seus vegetais e os caçadores se vangloriem dos grandes animais que mataram. (Infelizmente, por nossa preocupação com essas coisas, a igualdade de gênero ainda não nos libertou completamente. Em um estudo recente com mais de 3 mil pessoas de 36 países, as mulheres ainda atribuíram um valor mais alto a boas perspectivas financeiras na escolha de um parceiro, enquanto os homens atribuíram um valor mais alto à aparência, independentemente de viverem ou não em uma sociedade mais igualitária de gênero, em que as mulheres têm maior renda do que em sociedades menos igualitárias.)

Pelo menos os pescadores, os fazendeiros e os caçadores estavam mostrando que conseguiam fornecer recursos necessários. Mas muitos dos nossos símbolos de *status* contemporâneos, como as penas do pavão, sinalizam nosso *status* ou nossa destreza precisamente porque são inúteis, dispensáveis ou raros. Coisas que apenas pessoas ricas ou poderosas teriam recursos para adquirir.

Meu amigo Gustavo cresceu em uma família da classe trabalhadora, estava acima do peso quando criança e por anos sentiu que ele simplesmente não estava conseguindo viver. Quando finalmente começou a ganhar dinheiro, perto dos 30 anos, ele comprou roupas caras, um carro esportivo, começou a frequentar bares da moda e até fez amizade com uma celebridade ou duas. Nada disso aliviou os sentimentos de inadequação dele por muito tempo. "Eu continuava querendo comprar coisas mais chiques e viajar para lugares mais legais. Não foi até eu perceber que estava gastando um terço do meu salário em juros de cartão de crédito que eu vi que tinha que parar com isso. Eu me senti um idiota."

Gustavo teve sorte quando chegou aos 40. Ele começou a namorar uma mulher que era envolvente, centrada psicologicamente e inclinada à espiritualidade. Com o incentivo dela, ele começou a meditar e a entrar mais em contato com suas emoções. Não foi nada bonito no início. "Eu tinha tanta tristeza e vergonha acumulados de quando eu era criança. Eu me sentia envergonhado por ser pobre e, como se já não fosse ruim o suficiente, gordo." Quando ele parou de tentar desfazer sua dor com símbolos de *status*, começou a gostar de estar mais plenamente presente. "Pela primeira vez na minha vida, eu conseguia apreciar as coisas simples. Os pássaros do lado de fora da janela, as noites com os amigos, cozinhar em casa em vez de sair para jantar em algum lugar chique." Ele vendeu o carro esportivo e colocou suas finanças em dia. "Sinto-me um idiota por ter caído na armadilha do consumidor. Mas estou tão feliz por ter escapado." Ele e a namorada acabaram se casando, se demitiram e agora viajam pelo mundo ensinando meditação e vivendo frugalmente, enquanto se abstêm de fazer postagens em redes sociais que fariam os amigos deles que trabalham em cubículos ficarem com inveja.

Isso não quer dizer que todos nós precisamos embarcar na simplicidade voluntária para sermos felizes. É possível florescer em muitos níveis diferentes de consumo, mas, ricos ou pobres, examinar nossa relação com o que compramos e o modo como escolhemos viver pode nos ajudar a agir sem estar tão focados em tentar fazer com que os outros gostem de nós ou em melhorar nossa autoimagem.

As muitas faces do consumo conspícuo

Do outro lado da moeda, alguns de nós, desconfortáveis com a natureza hierárquica do consumo conspícuo e cautelosos com a influência dos profissionais de marketing, se exibem de outras maneiras. Usamos roupas mais velhas e confortáveis sem nomes de marcas chiques, dirigimos carros decididamente não luxuosos e não queremos ser vistos comendo em um restaurante chique ou hospedados em um hotel caro (essa foi minha adaptação, nada surpreendente dado como fui educado). Mas esses atos de *frugalidade conspícua* também nos prendem à comparação social; apenas viramos a escala e nos sentimos superiores às pessoas que ostentam logotipos corporativos.

Você pode querer tentar este pequeno exercício para se tornar mais consciente de ambos os lados do jogo do consumo conspícuo.

Exercício: reconhecendo o consumo e a frugalidade conspícuos

Tire um momento para refletir sobre seus hábitos de consumo. Você já pensou sobre como os outros poderiam vê-lo se você tivesse uma roupa, um carro, uma casa, um apartamento ou outra posse em especial? Que papel esses pensamentos desempenharam em suas escolhas? Você já considerou o que os outros poderiam pensar se você comesse em determinado restaurante, ficasse em determinado hotel ou saísse de férias para algum lugar em especial? Você já se preocupou que as pessoas pudessem pensar que você não tem classe o suficiente? Que é extravagante demais? Muito pão-duro? Como suas decisões de consumo fazem você se sentir com relação a si mesmo?

Você já se sentiu confortável, ou mesmo orgulhoso, exibindo uma posse ou uma atividade para uma pessoa, mas sentiu vergonha dela na frente de outra?

Em seguida, vamos examinar as escolhas que tiveram o maior impacto emocional. Na primeira coluna a seguir, faça uma lista de coisas que você adquiriu ou fez que secretamente (ou não) fizeram você se sentir bem consigo porque aumentaram seu *status*, seu privilégio, sua virtude ou seu talento de alguma forma. (Se precisar de mais espaço, utilize a versão editável dos formulários acessando a página do livro em *loja.grupoa.com.br*.)

Na segunda coluna, anote o sentimento associado ao ato e, na terceira, o critério de autoestima envolvido (o atributo que importa para você).

Ato de consumo conspícuo	Sentimento	Área da autoestima afetada
1.		
2.		
3.		

A seguir, liste todas as escolhas que você possa ter feito para provar aos outros o quanto você *não se importa* em se exibir ou o quão livre de preocupações com *status* você é (como ao dirigir um carro velho ou ao comer no bar da esquina). Novamente, na segunda coluna, anote o sentimento e, na terceira, o critério de autoestima que sua escolha envolve.

Ato de frugalidade conspícua	Sentimento	Área da autoestima afetada
1.		
2.		
3.		

Talvez algumas de suas escolhas não estejam realmente ligadas a preocupações com o *status*. Também vale a pena examiná-las, sobretudo porque elas podem nos mostrar um caminho para a liberdade. Quando você gasta dinheiro motivado por outros interesses? Quais são as coisas que você compra ou faz principalmente porque você gosta da beleza estética delas, da sua utilidade ou de como elas enriquecem sua vida? Observe essas escolhas e os sentimentos que elas trazem à tona.

Compras que não afetam a autoestima	Sentimentos gerados
1.	
2.	
3.	

Fonte: *The extraordinary gift of being ordinary*, de Ronald D. Siegel. Copyright © 2022 Ronald D. Siegel. Publicado pela Guilford Press.

Pessoalmente, esse exercício faz com que eu me sinta mais humilde. Notei que, apesar da tutela inicial do meu pai, muitas das minhas decisões de gastos estão ligadas a preocupações com autoavaliação e se encaixam nas duas primeiras listas, embora a frugalidade conspícua seja mais a minha praia. Eu até descobri que sou capaz de me sentir bem e mal comigo mesmo simultaneamente, tanto por parecer alguém de classe alta quanto por parecer alguém de classe baixa (sentindo-me legal e sofisticado por viajar para algum lugar enquanto me sentia envergonhado por ser tão privilegiado). Quanto mais claramente vejo meu consumo e minha frugalidade conspícuos, menos poder eles têm sobre mim, e mais livre eu fico para me concentrar em outras razões mais sensatas para comprar (ou não comprar) coisas.

Sinalização de classe

Os psicólogos sociais nos dizem que fazemos julgamentos sobre a classe social de outras pessoas dentro de poucos minutos depois de conhecê-las. Os critérios mudam com o tempo, mas nossa sinalização continua. Há cem anos, pessoas brancas e abastadas valorizavam a pele não bronzeada para mostrar que não precisavam trabalhar nos campos; hoje, elas vão a salas de bronzeamento, arriscando desenvolver um melanoma só para mostrar que têm tempo livre para se bronzear. Ter músculos grandes antes significava que você era um trabalhador; agora isso significa que você tem tempo, recursos e disciplina para se exercitar.

Como a classe social se relaciona com a sua autoimagem e com as comparações sociais que você faz?

> **Exercício: autobiografia da minha classe social**
>
> Tente se lembrar da primeira vez que você tomou conhecimento de sua classe econômica ou social, quando notou pela primeira vez que outras pessoas tinham mais ou menos do que você ou sua família. (Minha memória mais antiga sobre isso é de quando minha mãe voltou a trabalhar como professora e meus pais contrataram uma babá para cuidar de mim. Ela andava de ônibus, enquanto nós tínhamos um carro. Eu me sentia desconfortável com isso.)
>
> Agora, permita-se refletir sobre os estágios mais recentes de sua vida e os momentos em que as distinções de classe social trouxeram algum sentimento a você. Veja se você consegue se lembrar de alguns dos momentos que mais lhe marcaram, considerando se você se sentiu acima ou abaixo dos outros, se você se sentiu mais ou menos privilegiado e quais foram suas emoções em cada circunstância. (Já me senti desconfortável em ambas as posições. Culpado e com medo da inveja na posição mais alta e com medo de ser desprezado na posição mais baixa.)
>
> Agora, lembre-se de sinais que você pode ter enviado para esconder ou distorcer sua classe social (talvez tentando não revelar sua posição ou tentando agir como se estivesse em casa quando, na verdade, estava se sentindo deslocado).

Embora não possamos acabar com as diferenças de classe, estar atentos aos nossos julgamentos e ver como eles influenciam nossa autoimagem pode relevar um pouco as coisas, tornando o convívio com diferentes pessoas mais fácil.

A alternativa, que é ficar preso a preocupações com a classe social, causa muito sofrimento desnecessário. Em minha carreira como psicólogo, vi muitos pacientes que cresceram em famílias economicamente desfavorecidas e, por meio da educação ou do sucesso nos negócios, acabaram cercados por pessoas mais ricas. Fiquei impressionado com o quão duradouro e doloroso era o sentimento deles de que não se encaixavam ou de que eram piores do que os outros.

Os pais de Joe tinham o ensino médio completo, valorizavam o trabalho duro e economizaram para mandá-lo para uma escola paroquial. Ele tinha um talento acadêmico especial, trabalhou duro e, eventualmente, tornou-se um administrador de faculdades.

O problema era que, embora amasse tudo isso no mundo das ideias, ele se sentia deslocado socialmente. A maioria dos professores, colegas administradores e alunos era de origem mais privilegiada, e ele estava sempre percebendo referências que não entendia e maneirismos que os diferenciavam. Ele sentia uma pontada de vergonha a cada vez, imaginando que eles o desprezariam se soubessem de onde ele veio, como se ele fosse um impostor.

Depois de anos tentando se encaixar, Joe finalmente disse a um colega: "Sabe, meu pai era carpinteiro e ninguém mais na minha família foi para a faculdade. Muitas vezes, me sinto mais confortável com os caras da manutenção do que com vocês na administração". Por fim, ao dizer isso em voz alta, ele mudou a sua maneira de pensar. "Que se dane, eu gosto do meu velho bairro. Você pode vestir o que quiser e falar o que quiser. Ninguém se importa com qual é o seu trabalho, você sempre é bem-vindo nos churrascos só por ser um vizinho." Mesmo que ele ainda possa se sentir um pouco deslocado, Joe tem se sentido mais confortável em seu trabalho desde então, não se sentindo "menor" do que os outros.

A maioria dos meus pacientes que, como Joe, conseguiram se libertar dos problemas com essa questão começaram reconhecendo onde estava o desconforto. "Eu sempre odiei escrever; tenho medo de usar a palavra errada." "Eu odeio quando as pessoas falam sobre algum livro ou peça dos quais eu nunca ouvi falar." Eles também frequentemente se sentem melhor quando se tornam mais abertos sobre suas origens. "Eu nunca escutei essa palavra na minha vida." "Sim, acho que meus pais nunca foram a um teatro."

Claro que se sentir confortável com nossas origens ou nossa identidade é mais difícil quando estamos expostos a comentários pejorativos ou microagressões. Eles podem envolver classe social, raça, etnia, gênero, nacionalidade e orientação sexual. A lista é longa, mas é importante destacar estes exemplos. "Sabe, eu me sinto diminuído quando você fala sobre pessoas da classe trabalhadora dessa maneira." "Essa observação me deixa desconfortável." Não é que não sejamos diferentes uns dos outros, é que a crença e a insinuação de que uma classe ou um grupo é *melhor* do que outro podem nos deixar desconfortáveis. Conectar-se com outras pessoas que compartilham uma ou mais de nossas identidades e explorar juntos as mensagens que recebemos sobre essas identidades pode ajudar a nos libertar de suposições sobre superioridade ou inferioridade entre diferentes grupos.

"Que você fique muito ocupado"

Alguns anos atrás, um antropólogo da Tailândia estava escrevendo para um colega americano. Ele terminou a sua carta com a frase: "Que você fique muito ocupado". Confuso, o americano ligou para o colega para perguntar o que ele queria dizer. O professor tailandês explicou: "Tenho a impressão de que, em sua cultura, estar ocupado é um sinal de *status*. Pacientes esperam o médico, advogados esperam o juiz, vice-presidentes esperam o CEO. Eu estava apenas sendo legal, desejando a você um *status* alto".

Isso nos leva a outra área maluca da sinalização de *status*. Na vida moderna, reclamar sobre estar ocupado se tornou uma forma clássica de "se fazer" de humilde. "Tudo certo?" "Tudo. Mas, entre todas as entrevistas de TV e reuniões com líderes mundiais, eu simplesmente não tenho tempo suficiente para minha família."

Eu caio nessa armadilha regularmente. Com medo de perder alguma oportunidade, eu agendo compromissos profissionais demais. Isso funciona muito bem para evitar colapsos de autoavaliação, mas só temporariamente. Quando estou estressado tentando terminar de cumprir minha lista de afazeres e não tenho tempo para cuidar das tarefas diárias, me sinto importante. No entanto, como todo autoengrandecimento, a sensação boa não dura muito tempo. Mais cedo ou mais tarde surge uma decepção que me derruba, e percebo que toda a minha ocupação realmente me impediu de ter tempo suficiente com a família e os amigos.

Confira isso em sua própria experiência. Você se sente importante porque está ocupado? Porque outras pessoas precisam ou esperam coisas de você? Porque você não tem tempo suficiente para tarefas comuns e passatempos? Você se sente menos significativo, ou menos importante, quando tem tempo ocioso? Estar atento a esses padrões pode tornar mais fácil ocasionalmente dizer "não" a novos compromissos e permitir que tenhamos oportunidades de, nesse novo espaço em nossas rotinas, cultivar gratidão pelas pequenas coisas, fazer conexões mais ricas e estar abertos a novas experiências.

Plumagens humanas

Por que roupas entram e saem de moda com tanta frequência? Como podemos dizer na hora de que época é um filme nos baseando apenas no que os atores estão vestindo? E por que gastamos tanto tempo e dinheiro procurando a roupa certa para uma ocasião ou outra?

Embora precisemos de roupas para nos protegermos do clima, nossas escolhas em vestuário claramente vão além disso. Elas têm muito a ver com a forma como desejamos ser vistos pelos outros. Atraímos parceiros sexuais, impressionamos potenciais clientes, fregueses ou empregadores e podemos até tentar evitar perseguições (se formos membros de um grupo marginalizado) com nossa escolha de roupas.

Não acompanhar as últimas modas também pode sinalizar que não somos descolados, maneiros ou populares. Você já se sentiu mal por estar desatualizado? Já se sentiu inseguro em suas escolhas de moda? Preocupado com a forma como os outros vão julgá-lo? Preocupado se você está bem-vestido ou malvestido demais para uma ocasião? Legiões de consultores de moda primeiro dizem como vamos passar vergonha, para só depois nos ajudar a evitar constrangimentos.

Depois, há também os criadores de tendências. Veja os *hipsters*, por exemplo. Eles gostam de viver em bairros degradados, comer comidas estranhas e usar roupas que os outros acham nojentas, o que na superfície não parece ser um caminho para um *status* social mais alto. O psicólogo Steven Pinker oferece alguns *insights* sobre isso:

> Os criadores de tendências são membros das classes mais altas que adotam os estilos das classes mais baixas para se diferenciar das classes médias, que preferem morrer do que se vestir ao estilo da classe mais baixa, porque são elas que correm um risco real de serem confundidas com a população de menor renda. Eventualmente, a moda vai das classes mais altas para as mais baixas, fazendo com que os *hipsters* tenham que ir atrás de uma nova forma de transgressão.

O ponto principal é que nenhum de nós está imune a essas preocupações. As roupas que usamos, os lugares em que moramos, os alimentos que comemos: praticamente tudo o que fazemos tem aspectos de sinalização de *status*. Duvido que seja possível transcender isso completamente. Enquanto monges e freiras têm alguma liberdade por usarem roupas padronizadas, e algumas escolas dão um tempo às crianças (financeira e psicologicamente) ao exigirem uniformes, as situações de sinalização de classe estão em todos os lugares. Onde e quando você se envolve nelas? Aqui está um exercício que pode ajudá-lo a enxergar.

> **Exercício: olhando para além das roupas um do outro**
>
> Da próxima vez que você sair em público, fique atento a todas as maneiras como você reage aos sinais de *status* de outras pessoas. Observe quando você faz julgamentos com base na aparência de alguém, sejam eles positivos ("Eles são seguros", "Eles são como eu", "Eles são respeitáveis", "Eles são importantes") ou negativos ("Eles são perigosos", "Eles são um 'deles'", "Eles são nojentos"). Seja gentil consigo. Como temos visto, esses tipos de julgamentos são muito humanos (e até mesmo aviários).
>
> Assim que você notar o julgamento, tire um momento para refletir que essa outra pessoa é filho ou filha de alguém, tem esperanças e sonhos, sucessos e fracassos, e alegrias e tristezas, assim como você. É um ser humano comum, vulnerável, fazendo o melhor que pode.

Você pode tentar se lembrar de nossa humanidade compartilhada sempre que se pegar julgando a si mesmo ou aos outros com base nas aparências. É um ótimo antídoto contra "se vestir para o sucesso" ou tentar encontrar a coisa certa para vestir.

Outra abordagem é arriscar propositalmente ser julgado de modo negativo em razão da aparência para ver se isso realmente importa para você (isso não é uma boa ideia antes de uma entrevista de emprego ou uma data importante, mas pode ser esclarecedor em situações que não são relevantes).

Quando Pete estava no ensino médio, ele desenvolveu um caso grave de acne. Outras crianças o chamavam de "cara de *pizza*", e ele começou a se retrair e ficar deprimido. Em sua adolescência, Pete respondeu a isso vestindo as roupas da moda e se arrumando impecavelmente. Agora, na meia-idade, sem acne há muito tempo, Pete estava estressado, gastando muito de seu precioso tempo livre comprando roupas, cuidando delas e se arrumando na frente do espelho todas as manhãs para parecer o melhor possível. Ele então tomava o café da manhã, mal cumprimentando sua esposa e seus filhos antes de sair correndo para o trabalho. A sua filha adolescente reclamava que era ela que tinha que esperar *ele* se arrumar antes dos eventos escolares. Tinha algo de errado nessa situação.

Então Pete decidiu tentar um experimento. Nos dias de folga, ele começou a deliberadamente sair sem fazer a barba, sem pentear o cabelo e vestindo roupas velhas. No início, isso o deixou ansioso. O que as outras pessoas pensariam? Mas, depois de um tempo, ele notou que isso não importava de verdade. Eles o deixaram entrar no supermercado e na ferragem do mesmo jeito. As outras pessoas estavam todas pensando em si mesmas, e a aparência de Pete não importava para elas. Isso o ajudou a se tornar menos exigente e a ter mais tempo para se conectar com a família. Ele pôde finalmente começar a reclamar de esperar que a filha se arrumasse em vez de o contrário acontecer.

A divisão cresce

No final do século XIX, o industrialista J. P. Morgan disse que nunca investiria em uma empresa em que os diretores recebessem mais de seis vezes o salário médio dos funcionários. Em 1982, os CEOs nos Estados Unidos recebiam em média 42 vezes a renda média dos trabalhadores. Mais recentemente, o CEO da JPMorgan Chase chegou a ganhar 395 *vezes* o salário do funcionário médio da empresa.

O que isso tem a ver com nossas lutas com a autoimagem, com a comparação social, com o consumo conspícuo e com os símbolos de *status*? Acontece que, quando as diferenças de renda são maiores, as distâncias sociais se tornam maiores, e a estratificação social desempenha um papel maior em nossas vidas. Quando há mais desigualdade, também nos sentimos menos conectados um ao outro, temos um menor sentimento de humanidade compartilhada e uma maior necessidade de sinalizar onde estamos na hierarquia. É isso que torna os símbolos de *status* tão mais importantes.

As coisas podem ser diferentes em culturas menos individualistas. Alguns anos atrás, eu estava em uma estação de trem em Kyoto, Japão. Eu estava prestes a subir na escada rolante quando apareceu um homem em um uniforme branco, muito bem arrumado, com um *kit* de ferramentas branco combinando. Ele tirou de lá vários pincéis, panos e produtos de limpeza, e começou a limpar o corrimão da escada rolante. Eu nunca tinha visto um limpador profissional de corrimão de escada rolante antes.

Embora seja impossível saber o que os outros estão pensando ou sentindo, ainda mais quando as pessoas são de uma cultura diferente, esse homem se comportou como se esse trabalho o fizesse se sentir honrado e como se ele estivesse dedicado a fazê-lo bem. De alguma forma, fazer a parte dele para manter a estação de trem limpa importava.

Poderíamos aprender algo com essa atitude (pelo menos como me pareceu ser)? Este pequeno exercício pode nos ajudar a ver como mudar nossos pensamentos (nossa cabeça) pode mudar nosso coração.

> **Exercício: trabalhando com dignidade**
>
> Da próxima vez que você estiver fazendo um trabalho que não seja particularmente chique e começar a ficar ressentido porque realizá-lo faz com que você se sinta menos do que os outros, experimente isto. Seja limpando um banheiro, preenchendo papéis, preenchendo formulários ou o que quer que traga à tona o sentimento, comece apenas ficando atento a ele. Dirija sua atenção para as sensações da tarefa. Se a tarefa for lavar a louça, observe as sensações de mexer na água com sabão. Se for levar o lixo, leve sua atenção para as sensações corporais de se agachar e de carregar.
>
> Em seguida, faça uma pausa para refletir sobre o propósito desse trabalho, considere como ele, à sua maneira, mesmo que sutilmente, está contribuindo para o bem maior. Veja se você consegue mudar seu foco do que o trabalho diz sobre seu valor ou seu *status* para como seu trabalho e sua função no momento podem estar beneficiando sua família, sua comunidade ou o mundo todo.

Dalia tinha sentimentos mistos ao se voluntariar na Associação de Pais e Professores. Ela queria apoiar a escola de seus filhos e gostava de se sentir parte da comunidade, mas odiava fazer certas pequenas tarefas: "Eu não me formei na faculdade para ficar preenchendo envelopes"; "Eu não deveria estar gastando meu tempo limpando panelas". Ela se via pensando que outras mães que tinham empregos importantes no mundo do trabalho não eram obrigadas a fazer essas coisas. Mas então ela se lembrava de que essa era uma escolha dela e de que ela tinha sorte de ter os recursos para estar lá para seus filhos.

Então Dalia tentou se envolver mais plenamente com as tarefas em mãos. Ela notava as preocupações com a autoimagem chegando, mas se lembrava do que mais importava para ela e escolhia levar seus valores em consideração. "Eu praticava levar minha atenção para as panelas e lavá-las com todo o coração." Ela sempre se lembrava: "Nem tudo gira em torno de mim. O objetivo é apoiar meus filhos e o resto da comunidade. Não tem problema nenhum não parecer especial". Essa abordagem foi muito melhor.

Resistindo

Não é surpresa que, quando a desigualdade econômica aumenta, nossa preocupação com o sucesso material também aumente. Vídeos de compras em que pessoas mostram suas compras da última ida ao *shopping* são um grande sucesso no YouTube e no Instagram. Em uma pesquisa com jovens americanos de 18 a 23 anos, 91% indicaram que não tinham ou tinham apenas pequenos problemas com o consumismo em massa. Em outro estudo, 93% das meninas adolescentes relataram que fazer compras era sua atividade favorita. E isso não vale só para os jovens. Nos Estados Unidos, muitas pessoas ricas compram McMansões e dirigem SUVs gigantes, prontas para passar por cima de qualquer um no caminho para o *shopping*.

Se quisermos ser mais felizes e saudáveis, precisamos lutar contra essas tendências. Estudos mostram que, quando nos concentramos em valores materiais, temos mais conflitos com os outros, nos envolvemos mais em comparações sociais e somos menos propensos a nos motivar com a alegria intrínseca de nossas atividades. Temos menos compaixão pelos outros, menos saúde física e menos emoções positivas, como alegria, entusiasmo, gratidão e paz de espírito. Ficamos mais ansiosos e deprimidos, temos mais dores de cabeça e problemas de estômago, sentimos menos vitalidade, bebemos mais álcool, fumamos mais cigarros e assistimos mais à TV.

Você não estaria lendo este livro se não soubesse por experiência própria que se sentir "menos" do que os outros é doloroso. Um estudo fascinante confirma isso: pessoas foram convidadas a imaginar estar em uma sociedade mais pobre na qual seriam mais pobres do que são hoje, mas estando entre os indivíduos mais ricos. Cinquenta por cento dos sujeitos disseram que trocariam até metade de sua renda por uma situação melhor do que a dos outros. E há a história russa sobre o homem cujo vizinho tem uma cabra. Ele encontra um gênio que lhe oferece um desejo. Depois de pensar por um momento, ele diz: "Mate a cabra do meu vizinho". Precisamos de ajuda!

Darwin para o resgate

Cerca de 6 a 7 milhões de anos atrás, nossa árvore evolutiva se dividiu e levou a duas espécies de macaco: chimpanzés e bonobos. Estamos próximos de ambos geneticamente. Tropas de chimpanzés são lideradas por um macho dominante, com base no tamanho, na força e na capacidade dele de formar alianças. Seguindo o padrão discutido no Capítulo 2, a dominância confere acesso a recursos escassos. Segundo os primatologistas Frans de Waal e Frans Lanting:

> Os chimpanzés passam por rituais elaborados nos quais um indivíduo comunica seu *status* ao outro. Particularmente entre homens adultos, um macho literalmente rastejará na poeira, proferindo grunhidos ofegantes, enquanto o outro permanece em pé (em dois pés) realizando uma leve exibição de intimidação para deixar claro quem está acima de quem.

Bonobos, no entanto, são diferentes. Eles têm menos conflitos entre grupos vizinhos, as mulheres são pelo menos tão importantes quanto os homens, e as hierarquias de dominância se destacam muito menos.

Os bonobos também gostam de sexo. Eles se envolvem em muita atividade sexual, incluindo masturbação mútua, em todas as combinações de idades e sexos. Eles usam o sexo não apenas para reprodução, mas para aliviar as tensões em situações que poderiam causar conflitos. Como de Waal aponta, "o sexo é a cola da sociedade dos bonobos". Eles são particularmente entusiastas de atividade sexual durante a alimentação, pois isso aparentemente os ajuda a evitar conflitos. Não é surpresa que os bonobos sejam muito melhores em tarefas cooperativas do que os chimpanzés.

Como seria de se esperar, os cientistas têm estado muito interessados nas diferenças genéticas entre chimpanzés e bonobos. Acontece que muitas das diferenças comportamentais entre eles parecem estar relacionadas a determinada seção do DNA que é importante na regulação dos comportamentos social, sexual e parental.

A boa notícia é que os humanos, na verdade, têm os padrões dos bonobos, e não os dos chimpanzés. Se ao menos pudéssemos cultivar nossos impulsos cooperativos em vez de nossos impulsos de busca de *status*, isto é, alimentar nosso lobo interior gentil, poderíamos nos tornar menos preocupados com a sinalização de *status*, nos dar melhor e nos sentir menos estressados, exaustos e infelizes. Podemos até ajudar a salvar nosso planeta no processo, uma vez que o consumo conspícuo da busca por *status* desperdiça recursos preciosos e aumenta nosso impacto de carbono.

Como podemos cultivar nossa natureza bonobo? Visitamos várias abordagens neste capítulo. Outra maneira de relaxar nossos julgamentos de *status*, incluindo aqueles sinalizados por meio do consumo conspícuo, é baseada em uma observação de Ram Dass, pesquisador de psicologia em Harvard que se tornou um professor espiritual bem reconhecido.

Exercício: somos como árvores

Quando andamos na floresta, vemos todos os tipos de árvores. Algumas são altas, outras pequenas, outras curvadas e outras retas. Algumas estão apodrecendo no solo e algumas estão apenas começando a crescer. Entendemos que cada árvore é do jeito que é por causa de vários fatores: a luz que recebe, a idade dela, o lugar onde a semente dela pousou. Nós apreciamos a árvore e a floresta do jeito que elas são, sem muitos julgamentos comparativos.

No entanto, assim que nos aproximamos dos humanos, perdemos essa perspectiva. Entramos no "Você é muito isso", "Eu sou muito aquilo", "Você é melhor", "Eu sou melhor". Nós nos comparamos com os outros, julgando tanto a nós mesmos quanto aos outros como bons ou maus, superiores ou inferiores.

Comece fechando os olhos por alguns instantes e prestando atenção na sua respiração. Depois que a sua mente tiver se acalmado um pouco, lembre-se de um momento em que você passeou em uma floresta. Lembre-se das vistas, dos sons e dos cheiros. Note sua aceitação da diversidade da vida vegetal e animal. Sinta sua serenidade de espírito sem julgamentos.

Em seguida, tire um momento para considerar como todos podemos ser muito parecidos com as árvores. Fomos todos trazidos aqui pela maré da evolução. A aleatoriedade de nosso nascimento, nossa genética, nossas influências culturais, nossa boa e nossa má sorte na vida moldaram cada um de nós para ser quem somos. Nessa perspectiva, a maneira como somos, e o que fazemos, não é crédito nem culpa de ninguém.

Veja se você consegue renovar essa atitude ao encontrar outras pessoas ao longo do dia. Quando os julgamentos surgirem em sua mente, basta perguntar a si mesmo: "Como essa pessoa deve ter se tornado quem ela é?", "Eu julgaria uma árvore na floresta da mesma forma?".

Podemos encontrar liberdade da tirania da comparação social quando notamos que estamos sinalizando *status* e julgando os outros e deliberadamente mudamos nosso foco para perceber nossas semelhanças. Como todos nós ficamos presos a diferentes tipos de comparações, o ato de ficarmos atentos aos nossos julgamentos pode nos ajudar a enxergar e lidar com os que mais nos envolvem. E, aproveitando nossa capacidade de compaixão, podemos, como os bonobos felizes, substituir a competição pela conexão.

Contudo, abandonar nossos julgamentos pode ser difícil, em parte porque é muito fácil se viciar em se sentir bem consigo mesmo, inclusive em se sentir superior aos outros. Nós naturalmente temos desejo pelos nossos altos porque eles são muito mais agradáveis do que os nossos baixos. Felizmente, como veremos no próximo capítulo, existem métodos comprovados para superar vícios que podem nos ajudar a nos libertar até mesmo desse.

8
Tratando nosso vício em autoestima

> Parar de fumar é fácil; já fiz isso centenas de vezes.
> — Mark Twain

VOCÊ JÁ VIU uma lesma do mar? Algumas são muito bonitas. Ao menos tanto quanto caracóis gigantes sem a casca podem ser. Mas elas não são muito inteligentes. Elas só têm cerca de 20 mil células nervosas, contra os cerca de 100 bilhões dos humanos. No entanto, elas ainda são inteligentes o suficiente para se viciarem.

A capacidade de um organismo para o vício é baseada no mais básico dos princípios de aprendizagem. Tudo começa por gostar mais de uma experiência do que de outra. Até as bactérias apresentam isso; elas se movem na direção de nutrientes e se afastam do que é tóxico para elas. No entanto, para desenvolver um vício, precisamos de outra faculdade mental: a memória. Para criar um hábito, precisamos ser capazes de lembrar: "Da última vez que fiz isso, me senti bem [ou mal]". Então, para que um hábito seja um vício, e não igual a qualquer outro comportamento aprendido anteriormente, precisamos de mais um elemento: ele tem que fazer a pessoa se sentir bem a curto prazo, mas mal a longo prazo.

Como vimos em uma área após a outra, os aumentos de autoestima se encaixam perfeitamente no padrão do vício, quer se trate de curtir algo nas redes sociais, comprar aquele carro novo, ver nosso time vencendo, se apaixonar ou pensar que somos santos. Nós nos sentimos ótimos, mas por pouco tempo. Logo nos habituamos ao nosso novo *status* e acabamos descendo um degrau ou ficando exaustos ao tentar nos segurar onde estamos. Qual é a solução? Encontrar outro estímulo positivo, é claro! *Ad infinitum*.

Felizmente, como acontece com outros vícios, há uma saída. Você já tem trabalhado no primeiro passo: tornar-se consciente de todas as maneiras pelas quais você pode se prender a tentativas de se sentir bem e evitar se sentir mal consigo mesmo. Espero que os capítulos anteriores também lhe tenham dado ao menos um vislumbre de como pode ser bom se libertar desses sentimentos. O próximo passo é usar o que sabemos sobre vícios para nos livrarmos ainda mais do nosso hábito de autojulgamento.

Aprendendo a nos comportar

Um princípio básico da aprendizagem animal é conhecido há mais de cem anos: se um comportamento for seguido por uma experiência agradável, um animal tenderá a repeti-lo; se ele for seguido por uma experiência desagradável, será evitado.

Como um *Homo sapiens sapiens* ("que sabe que sabe" ou "um sábio humano") cognitivamente sofisticado, você poderia pensar que isso não se aplica a nós, mas você estaria errado. Podemos ser condicionados por meio da aprendizagem animal a fazer quase qualquer coisa, muitas vezes sem nem saber (acontece que não somos tão *sapiens*, no final das contas).

Ficando viciados

Você se lembra do exercício do Capítulo 1 em que eu o convido a recordar um estímulo positivo de autoavaliação e, em seguida, um colapso a fim de perceber os sentimentos que cada um causa no seu corpo? O estímulo positivo certamente provoca um sentimento muito melhor do que o do colapso. Essa situação, em que um sentimento é muito melhor do que o outro, é o ambiente perfeito para que um vício seja desenvolvido.

Os cientistas têm tentado descobrir como isso funciona na neurobiologia há décadas. Desde a década de 1950, James Olds e Peter Milner, da Universidade McGill, já colocavam eletrodos nas regiões septais do cérebro de ratos para essa pesquisa. Eles criaram um experimento no qual os ratos poderiam enviar um pouco de eletricidade para essa região pressionando uma alavanca. Os ratos rapidamente aprenderam a fazer isso, e com entusiasmo, com a frequência de 2 mil vezes por hora, presumivelmente porque fazia eles se sentirem muito bem. Eles desejavam tanto essa autoestimulação que pressionavam a alavanca em vez até de comer, e tiveram que ser desconectados do dispositivo para que não morressem de fome.

Pesquisadores descobriram mais tarde que o neurotransmissor *dopamina* é liberado em um centro de recompensa relacionado, o núcleo *accumbens*, em resposta a vários tipos de comportamentos viciantes, desde o amor romântico até o uso de drogas como anfetaminas, cocaína e morfina. A área também é ativada por reforços positivos, como comida, água, sexo e, o que mais nos interessa aqui, *estímulos positivos para a autoestima*.

Querendo estar "por dentro"

Qualquer coisa na qual confiamos para nos sentirmos bem conosco pode se tornar uma armadilha para um vício. Porém, talvez nosso estímulo positivo mais potente, e aquele que provavelmente nos vicia mais do que qualquer outro, seja ser amado, admirado ou respeitado. Nosso desejo de que os outros pensem bem de nós está em nossa biologia. Somos animais sociais. Ficar sozinho era uma sentença de morte nos tempos pré-históricos, e, quando somos crianças pequenas, precisamos dos cuidados de adultos para sobreviver. Nosso desejo poderoso e universal de ser amados deriva dessas necessidades básicas. Além disso, mais recursos, bem como oportunidades de sucesso reprodutivo, geralmente estão mais disponíveis para indivíduos mais populares. Nossa vontade de sermos vistos positivamente pelos outros, bem como de nos sentirmos amados, é profunda e começa cedo.

Psicólogos dizem que já aos 4 anos as crianças podem identificar de forma confiável seus colegas mais populares. Na escola, muitos de nós nos sentávamos em um refeitório organizado pela popularidade das crianças e mal falávamos, tampouco namorávamos, com alguém de fora do nosso grupinho. Como uma criança formulou recentemente, "Se você é popular, se todos estão falando de você, você pode sair com quem quiser. Você pode ser amigo de qualquer um. Você só, tipo, se sente bem".

Segundo os psicólogos sociais, há dois caminhos para a popularidade. Um envolve o *status*: ser conhecido, portar-se bem, ter poder e ser bem-dotado em qualquer dimensão que seja importante para o grupo. Para crianças mais novas, isso pode significar ser fisicamente forte, ter um talento atlético, ser bonito, engraçado, corajoso, inteligente ou rico (ter uma piscina ou uma bicicleta maneira pode fazer maravilhas). Para os adolescentes, esses marcadores não desaparecem, mas acrescentamos ser *sexy*, ousado, ter conquistas sexuais, namorar uma menina ou um menino de alto *status* ou ocupar uma posição de liderança (como capitão do time de futebol).

A outra maneira de ser popular é sendo *carismático*. Isso envolve ser gentil, confiável e agradável. Crianças (e adultos) agradáveis fazem perguntas aos outros, têm senso de humor, se comportam de forma justa, são, em geral, felizes, educadas e pacientes, e são boas em compartilhar. Para complementar nosso tema "a adolescência pode ser um inferno", pontuamos que a simpatia é muito mais importante para as crianças mais novas do que para os adolescentes, para quem o *status* passa a ser mais importante.

No entanto, pesquisadores dizem que as pessoas que buscam recompensas externas como fama, poder, riqueza e beleza enquanto buscam popularidade têm mais ansiedade, depressão e descontentamento ou sofrimento no longo prazo. Aqueles que buscam relacionamentos íntimos e atenciosos, que almejam o crescimento pessoal e que gostam de ajudar os outros, recompensas intrínsecas e qualidades associadas à simpatia, tendem a ser mais felizes e fisicamente mais saudáveis. Há uma mensagem importante aqui: existe uma forma de ficar "por dentro" sem estar "acima". Chama-se conexão genuína e é uma das dádivas de ser comum.

Popularidade amplificada

Ser selecionado para uma peça teatral da escola ou para o time do colégio, sair com o grupinho popular e ter um namorado ou namorada atraente são coisas que definitivamente fazem a pessoa se sentir bem. Não conseguir um papel na peça, não entrar no time e levar um fora são todas coisas horríveis. Não é surpresa que mesmo um pouco de sucesso social ou popularidade possa nos deixar viciados.

Agora, depois de séculos nos viciando em popularidade pelos meios convencionais, nós humanos temos acesso a um caminho superpoderoso, concentrado, de curta duração e extremamente viciante para nos sentirmos populares, um caminho que, sem falta, nos torna infelizes no longo prazo. Esse caminho se chama *redes sociais*.

Você deve conhecer a história: no início dos anos 2000, um estudante de Harvard escreveu o *software* para um *site* chamado Facemash. Usando fotos de alunos de graduação disponíveis no sistema da universidade, ele postava pares de fotos e pedia aos usuários que escolhessem a pessoa "mais atraente". O *site* teve mais de 450 visitantes e 22 mil visualizações de fotos em suas primeiras quatro horas *on-line*. Levou alguns dias para a administração de Harvard conseguir derrubar o *site* e juntar acusações para expulsar o criador dele, Mark Zuckerberg. Assim nasceu o Facebook.

Embora as redes sociais possam realmente nos ajudar a nos conectarmos uns com os outros, seu atributo mais viciante é seu efeito sobre nossos sentimentos relativos a nós mesmos. Cerca de 3,6 bilhões de pessoas passam horas curtindo postagens de outras pessoas no Facebook, no Instagram e no YouTube. Zuckerberg reconheceu logo no início que as pessoas rapidamente se viciariam em receber curtidas e que isso poderia ser transformado em um negócio multibilionário.

Já que é tão fácil replicar a experiência das redes sociais em laboratório, houve uma explosão de pesquisas sobre a atividade cerebral dos usuários dessas redes. Por exemplo, em 2016, psicólogos da UCLA examinaram cérebros de adolescentes enquanto eles assistiam a um *feed* simulado do Instagram. Ele consistia em fotos que os sujeitos haviam submetido junto com fotos de "pares", que foram, na verdade, fornecidas pelos pesquisadores, com números aleatórios de curtidas anexados.

Como os cérebros dos adolescentes reagiram às fotos deles que estavam sendo curtidas? Com a ativação do núcleo *accumbens* (o mesmo centro de recompensa ativado por cocaína ou sexo) e de uma área que é ativada quando estamos pensando em nós mesmos em relação aos outros. Como uma criança disse quando questionada sobre por que uma presença (bem-sucedida) nas redes sociais é tão importante: "É como ser famoso... É legal. Todo mundo conhece você, e você é, tipo, a pessoa mais importante da escola".

De que modo isso, como outros vícios, nos faz infelizes a longo prazo? Passar tempo tentando fazer com que pessoas que talvez nunca encontremos na vida real curtam imagens cheias de Photoshop de nossas vidas de fato nos dá um estímulo positivo, como se estivéssemos comendo açúcar. Mas também pode nos deixar solitários, nos roubando oportunidades de conexão genuína com pessoas reais e a chance de amar e ser amados.

Recuperando-nos do vício em autoavaliação

Programas de recuperação de vício bem-sucedidos geralmente começam com o *reconhecimento do problema*. Isso muitas vezes não é fácil. Alcoolistas que socializam com outros alcoolistas podem não considerar seu consumo de álcool excessivo, e os viciados em política (como eu) podem pensar que passar as noites assistindo a notícias na TV a cabo é apenas ficar bem informado. Da mesma forma, aqueles de nós que são viciados em estímulos positivos de autoavaliação (ou seja, *praticamente todo mundo*) podem não enxergar o sofrimento que eles nos causam. Somos como peixes na água. Afinal, todos os outros estão verificando seus telefones o dia inteiro (96 vezes por dia, para o americano médio).

Toda vez que recebemos uma notificação de uma postagem, de uma mensagem ou de um *e-mail*, de repente ficamos um pouco ligados. Será que vão ser notícias que farão eu me sentir bem comigo mesmo ou outra decepção? As redes sociais simplesmente não seriam tão envolventes se não nos proporcionassem a chance de acumular curtidas, amigos e seguidores. O problema é que cada vez que recebemos atenção positiva nos tornamos muito mais viciados em estímulos positivos. O "esguicho" de dopamina que ativa nosso núcleo *accumbens* nos faz desejar mais do mesmo estímulo.

Reconhecendo nosso vício

Como podemos ver nossos vícios com mais clareza? Os exercícios dos capítulos anteriores podem ajudar. *O que importa para mim?* e *Andando na montanha-russa da autoavaliação*, no Capítulo 1, juntamente ao convite para examinar seu primata interno no Capítulo 2, podem nos ajudar a ver os detalhes e a abrangência de nossas preocupações autoavaliativas. Praticar o *mindfulness* e direcioná-lo para nossos autojulgamentos, como em *Andando na montanha-russa da autoavaliação ao estilo* mindfulness, no Capítulo 3, pode refinar nossa atenção para esses autojulgamentos, enquanto *Identificando emoções no corpo*, no Capítulo 4, pode nos ajudar a sintonizar os sentimentos associados aos nossos altos e baixos. Se você ainda não experimentou esses exercícios, talvez queira voltar e ver o que você descobre. Explorar o esvaecimento do sucesso, as mensagens sem noção que recebemos de nossa cultura e a atratividade do consumo conspícuo (Capítulos 5 a 7) pode nos ajudar a enxergar nossos vícios específicos com mais clareza. Precisamos ter a cabeça limpa e o coração aberto para desenvolver hábitos úteis.

Isso também ajuda a entender como os hábitos viciantes se desenvolvem. A repetição desempenha um papel. Há uma boa metáfora para esse processo que se alinha bem com a neurobiologia moderna. Vem de uma lição que Buda deu há 2.500 anos:

> Imagine um motorista de carruagem atravessando uma planície empoeirada. Na primeira viagem, a carruagem cria marcas na sujeira. Isso faz com que seja um pouco mais provável que, da próxima vez, a carruagem siga o mesmo caminho. Se isso acontecer, as marcas se aprofundarão e começarão a se tornar uma rota. Isso faz com que seja ainda mais provável que a carruagem siga o mesmo curso em viagens subsequentes.

A formação de hábitos funciona como a metáfora da carruagem, mas com algumas reviravoltas importantes, cada uma das quais nos predispõe a ficarmos viciados em estímulos positivos de autoavaliação. Primeiro, se um comportamento é recebido com prazer ou alívio da dor, as marcas se aprofundam rapidamente (e nos sentir bem com relação a nós mesmos é um sentimento muito bom). Em segundo lugar, se herdamos instintos que nos predispõem ao comportamento, as marcas se aprofundarão mesmo com pouca prática (e estamos biologicamente inclinados a querer elevar nosso *status* e ser apreciados). Por fim, recompensas intermitentes e imprevisíveis, como prêmios de máquinas caça-níqueis, tornam as marcas especialmente duráveis (e os estímulos positivos para a autoestima tendem a ser intermitentes).

Embora, portanto, seja um desafio deixar de lado esses estímulos positivos, a boa notícia é que, como de outros vícios, é possível se libertar.

Trabalhando com gatilhos

Tratamentos eficazes contra vícios, desde fumar cigarros até jogar jogos de azar, usam as mesmas abordagens básicas. Depois de reconhecer o problema, o próximo passo é identificar os gatilhos que levam ao comportamento problemático e ver se podemos limitar nossa exposição a eles.

Como isso pode ser aplicado ao vício em autoavaliações positivas? Depende de nossos gatilhos específicos. Às vezes, queremos um estímulo positivo imediatamente após sofrer uma decepção, nos sentir rejeitados ou envergonhados, ou falhar em alguma coisa. Não há como evitar esses momentos, mas não precisamos nos expor deliberadamente a oportunidades de autojulgamento.

> **Exercício: limitando a exposição aos gatilhos de autoavaliação**
>
> Vimos como as redes sociais fazem nossa mente ficar se comparando e como muitas vezes sentimos nossa autoestima aumentando ou diminuindo cada vez que entramos na internet. Quando nossos neurônios esguicham dopamina, nos sentimos muito bem, mas só momentaneamente. Para evitar que as marcas do vício se aprofundem, podemos tentar limitar nosso acesso ao Facebook, ao Instagram ou a *sites* de namoro a uma vez por dia e verificar mensagens e *e-mails* apenas uma vez a cada hora, e não a cada poucos segundos. Você enviou um convite virtual para uma festa? Veja se você

consegue verificar se há respostas só quando você realmente precisar saber quantas pessoas vão comparecer.

Podemos tentar o mesmo para outras armadilhas. Se sua avaliação sobre si mesmo sobe e desce toda vez que você sobe na balança, você pode tentar limitar suas pesagens a uma vez por semana. Você fica se olhando no espelho para verificar o seu cabelo ou sua roupa o dia inteiro? Tente fazer isso apenas pela manhã. Se você tem um negócio, tente abster-se de monitorar os números de vendas a cada hora.

Como ocorre com outros vícios, às vezes decidimos limitar nossa verificação, mas nos encontramos realizando-a de qualquer maneira. É muito tentador. Afinal, o aumento da autoestima pode apagar imediatamente, apesar de temporariamente, a dor das frustrações. Já perdi a conta do número de vezes que me senti derrotado ou inadequado até que alguma vitória, afirmação ou sinal de afeto apareceu e levou minha dor embora. Buscar estímulos positivos para a autoestima é uma tempestade tão perfeita de instinto programado e comportamento aprendido que muitas vezes precisamos de ajuda para tolerar os nossos desejos em vez de ceder a eles.

Alan Marlatt, um especialista em vícios da Universidade de Washington, em Seattle, inventou uma ótima prática para isso, chamada de surfar o impulso. Ele observou que, sempre que temos um impulso de fazer alguma ação, sentimos isso no corpo como um conjunto de sensações. As sensações de um impulso são, na verdade, distintas das que ele desencadeia. Então, por exemplo, podemos primeiro sentir fome na barriga e, em seguida, sentir o desejo de ir para a geladeira como uma tensão física, talvez no peito, nos ombros ou em outra área. Todos nós sentimos impulsos de maneiras diferentes, mas eles geralmente têm um componente sensorial e físico.

Surfar o impulso envolve concentrar conscientemente nossa atenção nos lugares de nosso corpo em que sentimos esse impulso de fazer algo. Acabamos descobrindo que impulsos são como ondas. Eles crescem, atingem um pico e depois diminuem. Quanto mais conscientemente conseguirmos observar isso, mais liberdade conseguiremos desenvolver para escolher se devemos ou não fazer algo com relação a esse impulso.

Você pode experimentar surfar um impulso sempre que sentir o impulso de verificar seu celular para ver se há novas mensagens e e-mails ou algo de novo nas redes sociais, ou para monitorar os números de vendas ou fazer qualquer outra coisa em busca de um estímulo positivo de autoavaliação. É um ótimo exercício para mudança de hábitos.

Exercício: surfando impulsos*

Feche os olhos e conecte-se com sua respiração. Ao respirar, observe as sensações no seu corpo, verificando onde pode haver tensão ou desconforto e onde há conforto ou relaxamento.

Em seguida, lembre-se de uma situação recente em que você queria verificar seu celular, seu *tablet* ou seu computador em busca de algo para fazer você se sentir melhor consigo mesmo. Talvez você estivesse preocupado em ficar por fora das últimas notícias, talvez você estivesse se perguntando como um projeto estava indo ou se seu time estava ganhando, ou talvez você tivesse sentido que precisava responder a uma mensagem ou a um *e-mail* imediatamente para permanecer nas boas graças de alguém.

Fique com esse desejo de verificar e pare logo antes de a sensação aumentar, logo antes de pegar o dispositivo. Fique com essa onda de desejo. Sinta-a no seu corpo. Tente se equilibrar "no limite" desse desejo. Respire e relaxe gentilmente nessa experiência.

Esteja ciente da sensação física. Coloque a mão sobre a área em que você a sente. Você percebe alguma tensão, pressão ou outra sensação? Medo? Quanto espaço a sensação ocupa? Respire junto com o impulso. Deixe sua respiração confortá-lo. Se o impulso começar a parecer muito intenso, apenas dirija sua atenção de volta à respiração por alguns ciclos.

Observe que, se você ficar com o desejo de verificar o seu dispositivo, esse desejo pode aumentar de intensidade. Veja se você consegue ficar com a onda em vez de combatê-la ou fazer algo com relação a ela. Apenas surfe gentilmente a onda de sua experiência.

Use sua respiração como a prancha de surfe para se manter firme. Saiba que as ondas vão ir e vir, subir e cair. Você não pode controlar as ondas, mas pode aprender a surfar. Veja se você consegue controlar o impulso de verificar seu dispositivo.

Por fim, reflita por um momento sobre como você realmente gostaria de usar seu tempo em vez de verificar seu telefone, seu *tablet* ou seu computador para se sentir melhor consigo mesmo.

Veja se você consegue praticar esse exercício ao longo do dia, não apenas para limitar o tempo de tela, mas também para se sentir menos compelido a fazer coisas para se sentir bem consigo mesmo em geral.

Megan era uma designer gráfica de 32 anos que ficava enlouquecida com os encontros que arranjava na internet. Ela havia terminado com a namorada nove

---

* Adaptado de *Reclaim your brain*, de Susan Pollak. Áudio (em inglês) disponível na página do livro em *loja.grupoa.com.br*.

meses antes e se sentia pronta para namorar novamente, mas não gostava de bares, trabalhava principalmente em casa e não frequentava lugares onde poderia conhecer outras mulheres naturalmente. Ela experimentou o Match.com. Que montanha-russa! Toda vez que uma mulher interessante fazia contato, o humor dela ia às alturas. Cheia de confiança e otimismo, ela pensava: "Isso é ótimo. Eu sou divertida. Eu sou atraente. Tenho certeza de que estarei em um relacionamento novamente em breve". Mas quando as coisas ficavam calmas, ou uma dessas mulheres parava de responder, Megan se frustrava. "Meu tempo já passou. Eu nunca vou ter uma família própria. Estou muito gorda." O humor dela às vezes ia de bom a ruim várias vezes ao dia, e ela se sentia pressionada a continuar verificando o *site*. Ela estava desesperada por boas notícias, mas, como com uma máquina caça-níqueis, as recompensas eram intermitentes.

Levou muito tempo e esforço, mas Megan eventualmente usou o exercício de surfar os impulsos para conseguir lidar com o desejo regular de verificar o Match, permitindo que a maioria dos impulsos surgissem e fossem embora sem ser atendidos. Ela decidiu responder às mensagens apenas uma vez por dia, depois do trabalho, antes de ir para a academia. Treinar na academia ajudava Megan a colocar os sentimentos bons ou ruins em perspectiva e também a se concentrar no sentimento positivo de cuidar de si mesma, em vez de ficar totalmente dependente dos impulsos das redes sociais.

Embora limitar a exposição a gatilhos possa ajudar com qualquer vício, essa abordagem tem limitações. No campo da autoavaliação, a menos que você seja um eremita em uma ilha deserta, os gatilhos estão *por toda parte*. Toda vez que entramos em contato com outra pessoa, ou encaramos alguma tarefa, a mente começa a fazer julgamentos. Felizmente, existem outras abordagens para o tratamento de vícios que também podemos usar.

Fazendo amizade com a dor

Interromper a sequência do vício em qualquer parte do ciclo, desde o estímulo até o reforço, pode ajudar. Muitos de nós notamos que somos especialmente motivados a buscar estímulos positivos de autoavaliação quando acabamos de sofrer uma decepção: um amigo parecia distante, nosso filho aprontou novamente ou nos sentimos culpados por não retornar uma ligação. Se pudermos nos adaptar a *sentir o desconforto* dessas decepções, fortalecendo nossa capacidade de lidar com a dor, então não ficaremos tão desesperados por um estímulo positivo para escapar do sentimento doloroso.

Você se lembra do exercício de direcionar nossa atenção para uma coceira ou uma dor durante a prática de *mindfulness* no Capítulo 3? Como levar nossa atenção para o desconforto, ficar com ele e perceber que ele muda ao longo do tempo deixa-o mais fácil de ser tolerado? Podemos fazer o mesmo com as sensações corporais quando nos sentimos mal com relação a nós mesmos. Convido você a experimentar isso como uma prática de meditação. Isso pode lhe ajudar a se fortalecer para lidar com sua próxima decepção. Experimente se dar 15 a 20 minutos.

Exercício: abraçando uma autoestima ferida*

Encontre uma postura alerta e digna, com a coluna mais ou menos ereta, e gentilmente dirija sua atenção para as sensações da inspiração e da expiração. Tente acompanhar as sensações da respiração em ciclos completos. Permita que os pensamentos surjam e passem, gentil e amorosamente dirigindo sua atenção de volta à respiração sempre que ela se desvia.

Em seguida, permita-se recordar um momento recente em que você tenha se sentido mal consigo mesmo, talvez um momento de fracasso, vergonha ou rejeição. É melhor começar com algo moderado e não muito avassalador. Observe como a decepção se expressa em seu corpo. Coloque a mão sobre a área de desconforto de uma forma carinhosa e amorosa.

Agora apenas respire enquanto sente essas sensações físicas. Não estamos tentando fazê-las ir embora, mas aumentando nossa capacidade de *simplesmente sentir* essas sensações. Tente abordar as sensações com gentileza, com uma atitude de "Está tudo bem, querido. Todos temos nossos baixos".

Se você notar respostas de aversão surgindo, como "Eu odeio isso", "Quando isso vai acabar?" ou "Este é um exercício idiota", apenas permita que esses pensamentos entrem e saiam, reconduzindo suavemente sua atenção às sensações corporais da decepção.

Se o desconforto desaparecer, tente aumentá-lo um pouco. Talvez você precise se lembrar de outra decepção. Talvez você precise apenas se lembrar da primeira, mas com mais detalhes. A ideia é manter o desconforto durante todo o exercício para que você possa desenvolver confiança em sua capacidade de estar com ele ao mesmo tempo em que é gentil consigo mesmo.

---

* Áudio (em inglês) disponível na página do livro em *loja.grupoa.com.br*.

Muitas pessoas descobrem, quando experimentam esse exercício, que, inicialmente, têm uma forte resposta de aversão à dor emocional, afinal somos programados para querermos sair por cima em comparações sociais, para querermos ser amados e, em geral, nos sentir bem conosco. Você pode ter o impulso de buscar um novo estímulo positivo para fazer a sensação desaparecer. Mas, se você praticar esse exercício regularmente, verá que a dor de uma decepção é, como outras emoções, um conjunto de sensações físicas acompanhadas de pensamentos e/ou de imagens. Surpreendentemente, quando nos abrimos para as sensações sem resistência, elas tendem a se transformar e podemos até precisar de algum esforço para aumentar sua intensidade novamente.

Isabella estava em seu primeiro emprego de verdade depois da faculdade, como corretora de imóveis comerciais. Ela havia passado por todos os testes, mas ficava cheia de dúvidas sempre que um negócio não era fechado: "Eu não devia ter pressionado tanto o cliente"; "Eu devia saber que o proprietário não iria aceitar aquela reforma". Mas ela era resiliente e, alguns minutos depois de os negócios darem errado, já voltava a trabalhar em seu próximo projeto. Porém, tudo isso a mantinha muito estressada, fazendo com que ela se sentisse desesperada pelo próximo sucesso.

Então, Isabella tentou ver se, antes de se jogar de volta no trabalho, ela conseguia tolerar ficar com seus sentimentos de fracasso por um tempo. No começo foi difícil. "Eu tinha medo de desistir se não voltasse ao trabalho. E eu realmente queria que a sensação ruim no meu estômago parasse." Mas, quando ela decidiu tirar alguns minutos para permanecer com suas mágoas, ser gentil consigo mesma e lembrar a si que todos nós temos muitos fracassos e decepções na vida, ela começou a conseguir relaxar um pouco. Na verdade, ela descobriu que, tomando um pouco de tempo para lamentar sua perda, voltava ao trabalho com uma mente mais limpa e uma atitude menos desesperada. Refletir sobre a dor também a ajudou a ver quais blocos de autoestima a prendiam. "Acho que sempre quis ser a criança mais bem-sucedida da turma. Queria que todos pensassem que sou uma grande trabalhadora."

Quanto mais corajosos pudermos ser ao sentir a dor da vergonha, do fracasso ou da rejeição, e quanto mais gentis pudermos ser conosco no processo, menos obrigados nos tornaremos a criar outro estímulo positivo para apagar nossa dor. Nos próximos capítulos, exploraremos outros exercícios que podem nos ajudar nisso, incluindo diferentes maneiras de amar a nós mesmos quando estamos sofrendo, e maneiras de usar as feridas e as decepções de hoje para curar as dores do passado.

Prazeres não tóxicos

Libertar-se do nosso vício em autoestima requer que nos esforcemos para usar os três Cs, trabalhando com nossa cabeça, nosso coração e nossos costumes. Já falamos sobre reduzir a exposição a gatilhos, aprender a tolerar decepções e surfar em nossos impulsos de atender a nossos desejos como maneiras de nos libertarmos dos vícios. Outra abordagem útil é "aprofundar as marcas positivas na planície empoeirada", para praticar alternativas, com consequências mais positivas, aos nossos comportamentos viciantes.

Se você tem o hábito de medicar as decepções do dia com álcool, você pode experimentar dar um passeio no parque, fazer ioga, meditar ou visitar um amigo. Se o seu "veneno" são os doces, você pode experimentar desenvolver o hábito de comer frutas. Se você está lutando contra os cigarros, você pode experimentar mascar chiclete. Se você se sentir obrigado a verificar se recebeu curtidas no Facebook ou no Instagram, ligue para um amigo ou vá passear com a sua família. Isso é o que Megan fazia quando ia à academia depois de verificar as novidades no Match. Certamente, um caminho mais sustentável para o bem-estar do que esperar por um novo encontro em potencial para fazê-la se sentir melhor.

Por que não nos voltamos naturalmente para esses tipos de prazer em primeiro lugar? Por que tantas vezes optamos pelo comportamento mais viciante? Aqui, novamente, aparecem nossas predisposições biológicas.

Parece haver pelo menos dois tipos de felicidade. Uma delas é a felicidade da excitação, a onda de dopamina inundando o núcleo *accumbens*, a adrenalina fluindo pelas nossas veias. Essa é a felicidade que vem de drogas recreativas, álcool, amor romântico, aventuras selvagens, sexo e estímulos autoavaliativos de todos os tipos. Pode ser muito divertida e pode não ter quaisquer desvantagens. É baseada no prazer e é chamada de *hedonia* pelos psicólogos.

A outra forma de felicidade, a *eudaimonia*, envolve uma satisfação mais profunda com a vida. É um estado de bem-estar, significação e gratificação, em vez de uma sensação de prazer imediato. Nós experimentamos a eudaimonia quando seguramos a mão de um amigo doente, apreciamos uma flor ou ficamos deslumbrados ao entrar em uma igreja ou um templo; não se trata de um pico de emoção, mas de um momento profundamente significativo. É a felicidade que vem de abraçar nossa ordinariedade.

Muitas alternativas não tóxicas ao comportamento viciante promovem essa última forma de felicidade. Elas levam ao contentamento mais do que à emoção e vêm de fazer o que é mais importante para nós com base nos nossos valores. Curiosamente, Buda (que parece ter sido um dos primeiros especialistas em tratamento de vícios) falou sobre essas duas formas de felicidade. Ele disse: "O que os outros chamam de felicidade é o que os Nobres [Despertados] declaram ser o sofrimento. O que os outros chamam de sofrimento é o que os Nobres descobriram ser a felicidade". Ele sugeriu, com base em sua experiência pessoal com a atenção plena e as práticas relacionadas, que a paz e o contentamento que vêm de estar presente, engajando-se plenamente em experiências do aqui e do agora, sejam elas agradáveis ou desagradáveis, acabam sendo mais gratificantes no longo prazo do que a busca por prazer.

Como a felicidade hedônica é relativamente fácil de se encontrar (está sempre disponível na geladeira ou em nossos dispositivos) e é tão viciante, é muito fácil ser envolvido por ela. Isso não quer dizer que há algo de errado com fazer sexo, tomar sorvete, beber, ganhar na loteria ou tirar um A no colégio. Não há necessidade de se tornar um eremita. É só que, se não estivermos atentos, perseguir a felicidade hedônica com a exclusão de outros tipos de felicidade pode nos deixar menos satisfeitos a longo prazo, assim como podemos querer desenvolver hábitos substitutos para cerveja, doces ou cigarros se eles se tornaram problemáticos. Essa felicidade também é um bom substituto dos estímulos positivos para a autoestima.

Um tipo particularmente eficaz é saborear o momento presente. Na medida em que pudermos usar nossa prática de *mindfulness* para sair do fluxo de pensamentos e desenvolver alguma consciência de resolução mais alta, tenderemos a nos envolver mais plenamente no aqui e no agora, sentindo gratificação e realização sem precisar pensar muito em nós mesmos. Isso pode envolver tudo, desde desfrutar o sabor de uma maçã até a comunhão com a natureza ou com Deus (desconfiando sempre do julgamento "Veja como sou espiritual", que é apenas outro esguicho de dopamina).

Além disso, há a magia transformadora da conexão humana, talvez nosso antídoto mais poderoso para a busca viciante por autoestima. Relacionamentos com conexão forte geram bem-estar físico e mental de modo confiável, ao mesmo tempo que diminuem drasticamente nossas preocupações com a comparação social e a popularidade. Eles são uma alternativa rica, gratificante e significativa à autopreocupação, uma alternativa disponível para pessoas comuns. E a boa notícia é que eles não são tão difíceis de cultivar.

PARTE IV
Libertação

ENCONTRANDO CAMINHOS CONFIÁVEIS
PARA A FELICIDADE

9
Faça conexões, não cause impressões

> Você faz mais amigos em dois meses se mostrando interessado em outras pessoas do que em dois anos tentando fazer com que as outras pessoas se interessem por você.
> — Dale Carnegie

QUANDO FOI A ÚLTIMA vez que você realmente perdeu o controle? Que ficou tão chateado que parou de pensar racionalmente? É provável que isso tenha acontecido em um relacionamento, quando alguém disse ou fez algo que fez você se sentir magoado, com raiva ou com medo.

Quando foi a última vez que você se sentiu realmente seguro, amado, confortável e realizado, não se preocupando com a aparência, com ser uma boa pessoa, com ser um sucesso ou um fracasso ou com ser amado ou não? É provável que isso *também* tenha acontecido em um relacionamento, em um momento de conexão profunda com alguém.

É em relacionamentos que mais temos nossa autoestima afetada e que nossas tentativas de manter nossa autoimagem ficam mais loucas. Porém, eles também podem nos salvar da montanha-russa da autoavaliação e ser o nosso caminho para uma vida com significado. Tudo depende dos tipos de relacionamentos que buscamos.

Programados para amar

Nossa necessidade de nos conectar é profunda. Fundamentalmente, todos queremos nos sentir amados e seguros. Antigamente, era muito perigoso ser expulso de uma tribo na savana africana, por exemplo. Além disso, quando bebês, se não nos conectamos aos nossos cuidadores, dos quais dependemos, estamos fritos. Enquanto os psicólogos costumavam se concentrar mais em como promover autonomia e independência, a ciência agora aponta claramente para conexões sociais seguras como o mais importante para o bem-estar ao longo da vida. Essas conexões são o ingrediente essencial do sucesso na criação dos filhos, bem como o molho secreto na terapia, gerando melhores resultados do que qualquer outra abordagem. Conexões sociais seguras são tão centrais para o nosso bem-estar que nosso sistema nervoso evoluiu para fazer com que elas nos ajudassem ainda mais a acalmar nossa resposta ao estresse.

A vida é muitas vezes difícil, mas, como diz o provérbio turco: "Nenhuma estrada é longa demais com boa companhia". Como podemos desenvolver os tipos de relacionamentos que nos fazem nos sentirmos confortáveis e contentes, que nos ajudam a dar sentido à vida e que tornam nossa jornada mais fácil? Como podemos transformar os relacionamentos que nos deixam loucos? Vamos começar vendo o que estimula essa loucura.

Romance: o combustível explosivo da autoestima

Você se lembra da primeira vez que experimentou um amor apaixonado e romântico? Lembra-se do primeiro toque ou beijo? Lembra-se de sentir a ansiedade pelo próximo telefonema, mensagem de texto ou encontro?

Qual é o combustível dessa magia? Como, apesar de vivermos em um mundo tão diverso e complicado, em que podemos gostar ou odiar diferentes tipos de coisas na maioria das pessoas, quando se trata de romance, uma pessoa pode, de repente, ser perfeita? Como tudo nessa pessoa — cabelos, mãos, pés, risada, sorrisos e personalidade — se torna tão maravilhoso?

Mesmo que o entusiasmo romântico sem dúvida tenha ajudado nossos ancestrais a acasalar, o que era importante para a sobrevivência de nossa espécie, um elemento poderoso no amor romântico intenso é como ele impacta nossas autoavaliações. Funciona da seguinte maneira: se considerarmos alguém valioso e desejável (uma pessoa atraente, legal, inteligente, *sexy*, rica, confiável, gentil, engraçada ou de alguma outra forma especial) e essa pessoa também *nos* quiser, então *nós* devemos ser especiais como essa pessoa. Todos os nossos traumas emocionais e nossas inseguranças desenvolvidas a partir da infância de repente desaparecem. Não somos mais a criança perdedora sendo escolhida por último para o time na educação física, sentada sozinha no refeitório ou sozinha em casa em uma noite de sábado. Se a outra pessoa é maravilhosa e acha que somos maravilhosos, nossos problemas de autoavaliação acabaram.

Isso funcionou muito bem para Joey. Ele teve uma infância boa, teve sucesso na escola e tinha pais amorosos. No entanto, por volta da puberdade, ficou claro que algo estava errado. Todas as outras crianças estavam tendo um surto de crescimento, e ele não estava. Em pouco tempo, ele se tornou o garoto mais baixo de sua turma. Seus pais o levaram a médicos que lhes disseram: "Algumas crianças só não crescem muito".

Os sentimentos de Joey sobre si mesmo desmoronaram. Ele se escondeu no quarto. Quando estava perto de outras crianças, ele se sentia um nanico. Ele tinha interesse em várias meninas, mas sempre pensava: "De jeito nenhum ela vai gostar de mim".

Quando cresceu, Joey comprou carros e roupas caras, começou a beber vinhos chiques, viajou pelo mundo e, por fim, aprendeu a falar várias línguas fluentemente. Mas ele sempre se sentiu baixo. Pelo menos até conhecer Melanie. Ela era linda, engraçada e extrovertida. Inacreditavelmente, apesar de ser mais alta, ela se apaixonou por ele. Que mudança. "Foi a primeira vez desde que eu era criança que eu realmente me senti legal e confiante."

Newton estava certo

Por que esse tipo de solução romântica para nossos problemas com a autoavaliação não dura? Por que temos tantos altos e baixos? Os problemas geralmente começam no momento em que algo interrompe uma de nossas idealizações. Talvez tenhamos ficado magoados por a pessoa não nos mandar mensagens o suficiente, por não ter planejado algo legal para o nosso aniversário ou por não rir das nossas piadas. Talvez a pessoa tenha apertado a pasta de dente pelo meio ou não abaixado o assento do vaso sanitário. Então começamos a nos perguntar: "Será que essa pessoa não é tão maravilhosa, afinal?".

Quando começamos a pensar que a pessoa pode não ser tão maravilhosa assim, só o desejo não resolve mais todos os nossos problemas. Se um mero mortal (ou alguém pior) gosta de nós, bem, isso não causa um impacto muito grande na nossa autoimagem.

Será pior ainda se nós mantivermos a pessoa idealizada, mas ela não gostar mais de nós. Passamos de "Eu sou ótimo porque estou com um parceiro fantástico" para "Eu sou um rejeitado".

Existem inúmeros outros padrões românticos frágeis relacionados à autoestima em que também podemos cair, como ficar infelizes para deixar nossos parceiros felizes em uma tentativa de mantê-los, ou ser dominadores ou controladores para tentar impedir que nossos parceiros nos abandonem.

Você já percebeu como uma interação negativa de cinco minutos com a pessoa amada pode arruinar o seu dia inteiro? Não é preciso muito para a maioria de nós, mesmo em relacionamentos românticos mais estáveis, passarmos de "Você é maravilhoso, e estar com você faz eu me sentir ótimo" para "Você é terrível, e estar com você me faz infeliz". Quando nossos relacionamentos são baseados em sustentar nossos sentimentos positivos sobre *nós mesmos*, não conseguimos ver nossos parceiros claramente. Em vez disso, nos relacionamos com projeções, imagens do nosso companheiro que podem mudar em um piscar de olhos.

Foi o que aconteceu com Joey e Melanie. Depois que eles namoraram por cerca de um ano, ele começou a pensar que, embora ela fosse atraente, engraçada e extrovertida, não era "inteligente o suficiente". Ele havia crescido em uma família que rotulava todos como inteligentes ou não, e começou a se preocupar que ela se enquadrasse na segunda opção. Afinal, ela assistia a *reality shows*. Conforme as dúvidas sobre Melanie cresciam, as inseguranças de Joey voltavam. Ele começou a se sentir baixo novamente e não conseguia nem pensar na ideia de voltar para o mundo dos solteiros.

Viciados nos baratos

Como já vimos, qualquer coisa que nos mova rápida e poderosamente da dor para o prazer é uma candidata ao vício. Portanto, não é surpresa que as pessoas em todos os lugares fiquem obcecadas com a pessoa amada, pensando nela constantemente. Ficamos muito excitados antes de vê-la e entramos em abstinência quando nos separamos. Fazemos coisas tolas e imprudentes com frequência para tentar manter esses relacionamentos. E estamos sujeitos a recaídas: anos depois de terminar um relacionamento louco, podemos nos encontrar procurando nosso antigo amor no Facebook, arruinando nossa vida no processo.

Quando os cérebros de pessoas apaixonadas foram digitalizados enquanto elas olhavam para fotos de seus amados, uma região do cérebro relacionada à recompensa, produtora de dopamina e conectada ao núcleo *accumbens* (o centro ativado por curtidas nas redes sociais e por drogas como a cocaína) aumentou seu nível de ativação. Quanto mais atraente o parceiro, maior foi a ativação para essa parte do cérebro.

Então somos biologicamente predispostos a nos viciar em romances. Isso faz todo o sentido, uma vez que o romance toca em duas de nossas necessidades básicas: a de nos sentirmos bem conosco (elevando nosso *status* dentro do grupo de primatas) e a de nos sentirmos desejados (para que não sejamos abandonados no deserto). Felizmente, como acontece com outros vícios, há uma saída. Podemos desenvolver um tipo diferente e mais estável de amor, que é na verdade um antídoto poderoso para as preocupações de autoavaliação e os julgamentos comparativos que nos viciam em romance.

Indo além do Cupido

Depois de terminar com Melanie, Joey passou por uma série de relacionamentos tumultuados e dolorosos. Eles seguiram um padrão previsível. Ele se sentia solitário e inadequado apesar de namorar várias mulheres, cada uma das quais tinha algum defeito que acabava com o amor. "Ela não é sofisticada o suficiente." "Não tem química." "Eu só não sinto muita atração sexual por ela." Então ele encontrava alguém que parecia ótimo de verdade, e os sentimentos dele oscilavam de acordo com sua percepção dos sentimentos dela. Ele ficava melancolicamente esperando por uma mensagem e se sentia no topo do mundo quando finalmente a recebia, apenas para afundar novamente no dia seguinte se não recebesse mais uma.

Depois de vários anos de altos e baixos, ele conheceu Kim. Ela não era particularmente deslumbrante ou brilhante, o que a princípio o afastou. Mas havia algo sedutor nela. Kim era excepcionalmente honesta e introspectiva, e exigia o mesmo dele. Ele começou a se abrir como nunca tinha feito antes e sentiu uma conexão que não se baseava em pensar que ele, ou ela, era especial. "É estranho, mas ela gosta mais de mim quando admito que estou triste ou ansioso." "Passamos horas olhando nos olhos um do outro, apenas sendo honestos." E a maior surpresa de todas: "Temos uma ótima vida sexual, mas há algo de diferente nela. É como se nos fundíssemos e eu parasse de pensar em mim. Brincamos, experimentamos e fazemos muito carinho um no outro."

As muitas formas do amor

Joey não foi a primeira pessoa a descobrir esse tipo diferente de amor. Os gregos antigos chamavam o amor apaixonado e viciante, o tipo que ativa os centros de recompensa no nosso cérebro, que parece uma montanha-russa e que é tão intimamente entrelaçado com nossa autoestima, de *eros*. Eles tinham um deus com o mesmo nome, o filho de Afrodite, a deusa do amor sexual e da beleza. Eros (ou Cupido, como os romanos o chamavam) era um deus travesso e, naquela época, como agora, ele causava todo tipo de problema para deuses e mortais, imprevisivelmente atirando suas flechas em corações desavisados.

Acontece que, quando as pessoas estão envolvidas em relacionamentos amorosos românticos apaixonados, elas mostram maior ativação de uma região cerebral associada ao pensamento autoavaliativo, chamada de *córtex cingulado posterior* (CCP). Então o *eros* é um tipo de amor muito focado em si mesmo, o que faz sentido, dado que está tão ligado à nossa autoapreciação. Pensamos muito no nosso parceiro romântico, mas, como em outros vícios, há um subtexto muitas vezes não dito, até invisível: *o que você pode fazer por mim?*

Os outros tipos de amor descritos pelos gregos são todos caminhos para uma conexão segura. Eles incluem o afeto entre pais e filhos, o amor à amizade e a *ágape*, o amor altruísta estendido a todas as pessoas que nas tradições cristãs se tornou tanto o amor a Deus quanto o amor de Deus por nós. São esses tipos de amor que são ativados, em diferentes graus, em relacionamentos que não estão tão ligados à nossa autoestima.

Estudos têm mostrado que tanto mães cuidando de seus filhos quanto pessoas que amam outra pessoa sem serem obcecadas têm menor ativação do CCP ao pensar em seus filhos ou seus parceiros. Quando as pessoas praticam a meditação da bondade amorosa, na qual geram sentimentos amorosos desejando bem aos outros, as conexões neurais de recompensa ativadas pelo amor romântico apaixonado ficam menos ativas. Parece que nós, como Joey, podemos aprender a amar de maneiras menos viciantes, menos focadas em nós mesmos, mais gratificantes e menos propensas a causar comportamentos malucos.

Não estou dizendo que romance ou sexo não devem ou não podem ser divertidos ou emocionantes. É só que, se pudermos moderar nossas preocupações de autoavaliação, nossas relações podem ser mais sustentáveis e com conexões mais fortes. Que papéis as preocupações de autoestima desempenharam em seus relacionamentos íntimos? Você já conseguiu encontrar caminhos para conexões mais profundas e seguras?

Exercício: separando o amor da autoavaliação

Tire alguns momentos primeiro para fechar os olhos, prestar atenção em sua respiração e trazer a si mesmo para o momento presente.

PAIXÃO PRECOCE

Agora pense em um dos seus primeiros e mais apaixonados relacionamentos amorosos (sim, *esse* vai funcionar). Tente se lembrar de como seus sentimentos sobre si mesmo mudaram quando a pessoa amada mostrou interesse em você. Quais eram os alicerces da sua autoestima na época? Quais eram suas maiores inseguranças? O que aconteceu com essas inseguranças quando seu parceiro demonstrou afeto?

Em seguida, tente se lembrar de como era o sentimento de quando seu amado estava com raiva, indiferente ou rejeitando você. O que acontecia com seus sentimentos sobre si mesmo? O que acontecia com suas inseguranças?

OUTRO AMOR

Agora veja se você consegue se lembrar de um relacionamento íntimo no qual as preocupações autoavaliativas desempenharam um papel menor. Lembre-se de como você se sentiu em relação a essa pessoa e com ela. O que o atraiu para o relacionamento? O que o afastou? Como você se sentia com relação a si mesmo durante o relacionamento? Como você se sentia com relação a si mesmo quando aquele parceiro estava com raiva, indiferente ou rejeitando você? O que fez dessa relação diferente?

AMOR HOJE

Você está envolvido em um relacionamento amoroso agora? Suas preocupações autoavaliativas desempenham um papel nele? O pensamento de estar junto com essa pessoa faz você se sentir especial? Pensar que seu parceiro não é tão bom faz você sentir que poderia conseguir alguém melhor?

Nutrindo conexões íntimas

Lamento dar a notícia, mas, se as preocupações com autoestima estão desempenhando um papel central em seu relacionamento atual, todos os envolvidos vão acabar decepcionados.

Mas isso não significa necessariamente que você está com a pessoa errada. Não vamos acabar com nossas preocupações autoavaliativas. Elas estão na nossa biologia. E, do mesmo jeito, não gostaríamos de viver uma vida com um parceiro que não nos valoriza e respeita em geral. Porém, pode ser muito libertador cultivar deliberadamente os aspectos de nosso relacionamento que criam uma conexão segura em vez de aumentar nossos egos.

Embora o caminho de cada casal para a conexão seja diferente, existem algumas maneiras confiáveis de trabalhar com nossa cabeça, nosso coração e nossos costumes que nos tornam mais propensos a nos conectar de formas duradouras e satisfatórias.

Arrisque demonstrar honestidade e vulnerabilidade

Em relacionamentos amorosos e seguros, nos sentimos vistos, ouvidos e conhecidos por nossos parceiros. Tentar manter as aparências, esconder nossa vergonha ou nos esforçar para parecer fortes são fatores que atrapalham. Joey ficou chocado com o fato de que Kim realmente *gostava* de ouvir sobre seus medos e seus anseios, e ela se sentia amada e cuidada quando Joey ouvia os dela.

Reserve tempo para conversar. Arrisque contar ao seu parceiro a verdade sobre o seu dia, especialmente o que tocou seu coração, e o convide a fazer o mesmo. "Fiquei magoado que meu chefe não gostou da minha ideia." "Estou preocupado com minha irmã." "O pôr do sol voltando para casa estava lindo." Tente notar quando o seu impulso for de se comprimir, se tensionar, recuar ou guardar pensamentos e sentimentos para si mesmo, e veja se você, em vez disso, consegue se abrir e arriscar ser honesto. Tente notar quais medos podem estar impedindo você de compartilhar seus sentimentos.

Renda-se

Seja ao fazer amor ou apenas ao dar as mãos, a conexão profunda envolve se render ao momento e um ao outro. Podemos facilitar essa rendição dirigindo nossa atenção ao momento presente (a prática de *mindfulness* pode ajudar) e nos lembrando de não ficar carregando nossas preocupações. Isso era novo e especialmente poderoso para Joey. "Eu costumava sempre manter a guarda levantada, manter uma parte de mim separada, me conter. Mas isso não acontece com a Kim. Ao me sentir tão próximo de alguém, às vezes fico com medo de estar perdendo o controle ou desaparecendo, mas quando eu apenas me rendo é ótimo."

Do que o meu parceiro precisa?

Uma alternativa poderosa a ficar nos preocupando com o que nosso relacionamento diz sobre nós é nos concentrar em ajudar nosso parceiro a atender às necessidades dele. Se você está em um relacionamento, tire um momento agora para pensar em três coisas que você faz que sempre deixam seu parceiro louco (provavelmente, não vai demorar muito para você chegar a uma lista). Para mim, com minha esposa, essas coisas incluem: (1) soar arrogante, (2) não fazer contato visual quando ela está me dizendo algo importante e (3) criticar um membro da família dela. Em seguida, pense em três coisas que você faz que os aproximam. Algumas possibilidades para mim são: (1) prestar atenção de verdade ao que ela está falando, (2) arrumar a cama e (3) começar a fazer o jantar antes de ela sair do trabalho. Apenas decidir dispensar a primeira lista e fazer mais da segunda pode contribuir muito para fortalecer uma conexão.

É útil lembrar aqui que às vezes o que nosso parceiro precisa não é o que nós precisamos. Por exemplo, nosso parceiro pode precisar de algum espaço quando se sentir magoado, enquanto nós podemos querer nos reconectar imediatamente. Uma pessoa pode recorrer ao sexo para se conectar, enquanto outra pode precisar se sentir conectada para fazer sexo. Parte de se conectar com segurança é perguntar aos nossos parceiros o que *os* ajuda a se sentirem mais próximos de nós e agir de acordo com a resposta. Isso fará com que seu parceiro se sinta reconhecido, ouvido e amado. E, se seu parceiro não for bom em perguntar o que você quer ou precisa, arrisque dizer a ele de qualquer maneira.

Faça da conexão o objetivo

Sinto até um arrepio ao pensar no número de vezes que estive preocupado com algo, falei com a minha esposa em um tom inadequado e prejudiquei nossa conexão por isso. "Você cancelou a assinatura do jornal?" "O que o médico disse?"

"Você pegou o recibo?" Em cada ocasião, eu estava focado em algum objetivo externo e estava alheio ao tom da minha voz. Muitas vezes, havia uma ameaça autoavaliativa estimulando minha ansiedade. Eu não queria me sentir estúpido, desleixado ou tolo por não estar no controle de uma coisa ou de outra.

Felizmente, minha esposa tem sido uma boa professora. Ela apontou que é muito menos eficiente falar de maneira rude e depois ter que lidar com a mágoa dela do que apenas falar de maneira gentil em primeiro lugar.

Tente notar, quando estiver focado em realizar alguma tarefa, o que está acontecendo em seu relacionamento. Seu tom está ajudando a reunir vocês dois como uma equipe, ou você está deixando seu parceiro alheio à sua busca por um objetivo? Uma dor de autoestima está deixando-o mal-humorado? Compartilhar sua dor pode aproximá-los. Só o fato de lembrarmos a nós mesmos que temos pelo menos dois objetivos (realizar a tarefa e permanecer conectados) pode ajudar muito na construção dessa conexão.

Pratique o *mindfulness* relacional

Uma técnica para se manter em sintonia em um relacionamento é a prática do *mindfulness* relacional ou interpessoal. Estabelecer primeiramente uma prática de *mindfulness* individual como base pode ajudar nessa técnica, para que você consiga observar mais cuidadosamente o que está acontecendo entre você e seu parceiro em suas interações.

Exercício: três objetos de atenção

Lembre-se de que a intenção é a de se conectar da melhor maneira possível com seu parceiro. Durante sua interação, tente estar consciente de três campos. Você provavelmente terá dificuldade de prestar atenção a todos os três simultaneamente, então apenas alterne sua atenção entre eles.

1. Observe os pensamentos, os sentimentos e as sensações que ocorrem em seu próprio corpo e sua mente. Use seu corpo como uma fonte de informação, observando uma possível tensão ou constrição nele, ou um relaxamento e uma abertura. Quando uma tensão surgir, respire deliberadamente nas áreas tensas, fazendo-as se abrirem.
2. Olhe para seu parceiro cuidadosamente, observando a expressão facial, a postura corporal e os gestos dele. Veja se você consegue sentir o que ele

está sentindo a cada momento. Observe como seu próprio corpo reage às mudanças na linguagem corporal, nas palavras e na postura do seu parceiro.
3. Observe o quão conectados vocês se sentem e como isso muda continuamente. Esta é a sensação que eu *sinto* por você e você *sente* por mim. Pode ser difícil descrever, mas há momentos em que nos sentimos mais como um "nós", e momentos em que nos sentimos mais como um "eu". Quando estamos conectados, geralmente nos sentimos confortáveis, seguros e próximos, em vez de cautelosos, defensivos ou distantes.

À medida que você tenta permanecer atento durante suas interações, observe o que faz você se sentir mais próximo ou mais distante do seu parceiro. Você provavelmente vai notar que, quando sua mente muda para o modo de avaliação (de julgar a si mesmo ou ao seu parceiro), você se sente mais desconectado. No entanto, quando você está apenas tentando ser honesto e humildemente presente, entendendo o outro e sendo compreendido por ele, você se sente mais próximo.

Nutrindo conexões mundo afora

Toda interação que temos com outras pessoas pode ser uma oportunidade ou para ativarmos nossas preocupações autoavaliativas, ou para nos conectarmos. Considere as relações com colegas de trabalho, por exemplo. Com que frequência as competições sobre quem teve a melhor ideia, quem trabalhou mais em um projeto ou quem é o favorito do chefe prejudicam a união da equipe? Como um colega meu brincou comigo após se sentir frustrado: "A reunião durou quase 2 horas. Tudo o que precisava ser dito foi dito nos primeiros 20 minutos, mas nem todos falaram".

Embora grande parte da população mundial lute para manter a si e suas famílias vivas, o resto de nós regularmente se sente desfavorecido com base em comparações de *status* com colegas, apesar de viver melhor do que os aristocratas e os monarcas de antigamente. Imagine o que um rei ou uma rainha daria há 200 anos para ter aquecimento central, ar-condicionado ou antibióticos. E a variedade de alimentos em um supermercado moderno, mesmo fora de estação, teria os deixado loucos. Mas nada disso nos impede de nos sentirmos desfavorecidos quando um colega de trabalho recebe um aumento maior ou nosso chefe parece alheio às nossas contribuições.

Preocupações semelhantes estragam amizades e relações familiares. "Você sempre foi o favorito do papai." "Ele sempre conseguiu o que queria." "Ninguém nunca pensou em mim primeiro." Às vezes, somos capazes de nos sentir parte de um "nós" que nos permite celebrar as realizações dos outros, mas muitas vezes o sucesso do outro faz com que nos sintamos diminuídos. Seja no trabalho ou em casa, essas preocupações sempre atrapalham o sentimento de conexão.

Como podemos mudar nosso foco de nos relacionarmos competitivamente para, em vez disso, nos conectarmos?

> **Exercício: conectando-se em vez de competir**
>
> Comece com alguns momentos de prática de *mindfulness* para se sintonizar com sua experiência interior. Em seguida, lembre-se de um momento em que você se sentiu competitivo em uma relação familiar, de amizade ou de trabalho. Quem era seu rival? O que ele fez para sua competitividade aflorar?
>
> Em seguida, lembre-se de uma situação em que você estava perdendo a competição com essa pessoa. O que você sente em seu corpo? O sentimento lembra você de outros momentos da sua vida? Você já teve que lidar com a mesma emoção anteriormente? Apenas fique com a sensação por um tempo.
>
> Tire um momento para refletir sobre qual qualidade, habilidade ou atributo seu é invalidado ao perder para essa pessoa. Quão importante para você é estar no páreo ou à frente nessa área? Quem você seria se não fosse tão bom nessa área? Pode ser aceitável que o seu rival seja melhor ou esteja mais à frente?
>
> Supondo que você consiga sobreviver não sendo o melhor, considere como você pode se juntar à outra pessoa com um objetivo em comum. O que importa para vocês dois? Existe uma forma de estar no mesmo time?

Kitty era uma professora do 4º ano que ficava louca com Aiysha, que dava aula do outro lado do corredor. Aiysha sempre ficava até tarde na escola, desenvolvendo novos projetos para as crianças e redecorando o quadro de avisos fora de sua sala de aula. Embora Kitty fosse uma professora perfeitamente boa, muito querida por pais, alunos e administradores, a dedicação exagerada de Aiysha a fazia se sentir incompetente. Estar com Aiysha fazia Kitty se sentir como quando era criança e saía com sua irmã mais velha e os amigos dela: menor do que os outros em todos os sentidos. Qual foi o problema autoavaliativo que Aiysha ativou? Não tem segredo nenhum. Kitty queria se sentir uma boa professora, mas as façanhas de Aiysha a faziam sentir que ela não era boa o suficiente. Ela queria ficar até tarde todos os dias para acompanhar? De jeito nenhum. Haveria uma forma de, em vez disso, se conectar com Aiysha para simultaneamente sair da armadilha da autoavaliação e desfrutar do apoio de um relacionamento conectado? Bingo!

Aiysha claramente estava ocupada com todos os seus projetos e, como ambas davam aula para o 4º ano, Kitty se ofereceu para trabalhar com ela em alguns deles. Elas planejaram um passeio em uma empresa de tecnologia e, em seguida, montaram um *site* do 4º ano juntas. Isso envolveu algum trabalho extra, mas valeu a pena. Sentir-se conectada a ela como amiga e colega tornou mais fácil para Kitty aceitar as conquistas intermináveis de Aiysha e se sentir bem com as suas próprias.

Alguns dos apoios para a conexão que funcionam em relacionamentos íntimos também ajudam com amigos, familiares e colegas de trabalho. Arriscar ser honestos e vulneráveis se sentimos que a outra pessoa basicamente tem boa vontade pode ser especialmente poderoso. Depois que Kitty e Aiysha começaram a trabalhar juntas, Kitty disse a ela o quão incompetente ela se sentia. Aiysha compartilhou seus próprios sentimentos sobre ter uma irmã que era uma advogada muito bem-sucedida. Elas, no final das contas, tinham muito em comum.

Dar atenção às necessidades do outro também pode ajudar muito. Se seu chefe parece estar excepcionalmente crítico ou tenso, em vez de ficar pensando sobre o que você pode ter feito de errado, tente descobrir quais pressões ele pode estar enfrentando e ver se você realmente pode fazer algo com relação a elas, ou ao menos apoiá-lo com algum humor gentil ou ato de bondade. Reconhecer quando algo não tem a ver conosco pode mudar tudo.

Manter-se consciente do relacionamento, não apenas da tarefa em questão, também pode ser útil. O exercício *Três objetos de atenção*, nas páginas 138 e 139, pode ser usado em qualquer contexto. Tente ser consciente do que está acontecendo dentro de você e dentro da outra pessoa, e tente especialmente sentir o que está acontecendo com seu senso de conexão, o que parece aproximá-los ou afastá-los.

Mudar nosso foco dessa maneira é muito útil quando nos sentimos ansiosos antes de situações importantes para nós, como uma entrevista de emprego, um primeiro encontro ou um primeiro jantar com os sogros. Em vez de mobilizar suas energias para causar uma boa impressão, concentre-se em fazer uma conexão. Como disse a poeta Maya Angelou: "As pessoas esquecerão o que você disse, as pessoas esquecerão o que você fez, mas elas nunca vão esquecer como você as fez se sentirem".

Superando obstáculos à conexão

Como se sentir incompetente ou deprimido pode ser doloroso, a maioria de nós tem reações de proteção automáticas que atrapalham conexões seguras com os outros. Vejamos alguns exemplos de reações e como podemos superá-las.

Afastar as pessoas com sua raiva

> Antes de embarcar em uma jornada de vingança,
> cave duas covas.
> — Confúcio

Os outros animais ficam com raiva por uma boa razão. Eles respondem com agressividade quando eles próprios, seus filhos ou seus parentes são fisicamente atacados; quando competem por comida ou por um companheiro; ou quando outro animal invade seu território. Nós, em contrapartida, ficamos com raiva principalmente quando nossa autoimagem é ameaçada, quando nos sentimos criticados, envergonhados, desagradáveis, pouco atraentes ou incompetentes. Defendemos nossa imagem mental de nós mesmos com o mesmo vigor que usaríamos para nos defendermos fisicamente, se não mais.

Tom foi criado por um pai ambicioso que administrava a maior empresa da cidade. Ele estava sempre obrigando Tom a ficar em forma para jogar beisebol: "Segure o taco mais alto", "Use mais o pulso quando arremessar a bola". As observações de apoio foram poucas e distantes.

Quando Tom tinha 15 anos, ele e sua família se mudaram e ele começou a sofrer *bullying* em sua nova escola. Os valentões atiravam bolas de papel nele quando o professor não estava olhando e derrubavam os livros das suas mãos no corredor. No momento em que ele entrou na faculdade, Tom estava determinado a nunca mais ser menosprezado, não importava o custo.

Infelizmente, anos depois, a determinação dele saiu pela culatra. Sempre indo atrás de injustiças no trabalho, ele perdeu mais de uma posição por *ter* que se defender. "Se você não vai me respeitar, vá se ferrar, vou embora daqui." A cada emprego que Tom perdia, ele se sentia mais fracassado.

Por que muitos de nós partimos para a agressividade apesar das consequências obviamente problemáticas? Uma razão é que responder a desprezo com raiva pode dar uma sensação muito boa. Em um momento de indignação justa, tudo é tão claro: eu sou grande, você é terrível, e tudo está bem com o mundo. Nas tradições budistas, a raiva é descrita como sedutora, tendo *um fruto doce, mas uma raiz envenenada*. Mais cedo ou mais tarde, acabamos descobrindo que guardar ressentimento é como colocar fogo em nós mesmos e esperar que a outra pessoa sofra com a fumaça. Pagamos um preço muito mais alto do que o nosso inimigo. E um dos maiores custos possíveis é o rompimento de relacionamentos.

Nos próximos capítulos, veremos maneiras de liberar nossa raiva e cultivar o perdão. Todas elas envolvem reconhecer a dor ou o medo sob nossa raiva e considerar o que fez a outra pessoa agir como ela agiu. Para Tom, foi preciso perder vários empregos e se sentir preso em sua carreira para encontrar outra estratégia.

O trabalho seguinte dele foi em um negócio administrado pelo próprio fundador, já na casa dos 60 anos. Um dia, seu chefe, que geralmente era um cara legal, o acusou de cometer um erro em uma ordem. Quando Tom começou a ficar com raiva da situação, não querendo perder mais um emprego, ele fez uma pausa e se perguntou: "Por que isso está me afetando?", "Do que isso me lembra?". Era como se ele estivesse no colégio novamente. Então ele deu um passo para trás e se perguntou: "Por que ele está me pressionando tanto assim?". Não demorou muito para ele perceber que as vendas estavam caindo, que eles estavam perdendo para a concorrência *on-line* e que seu chefe não queria que a empresa falisse. O *insight* ajudou. Tom viu seu chefe como o cara decente, embora assustado, que ele era. "Desculpe, entendo por que você não quer erros agora" foi tudo o que precisou para que Tom se reconectasse com ele. Quando conseguimos enxergar que o comportamento das outras pessoas não tem a ver conosco, não temos que responder com nossa dor acumulada.

Distanciar-se com críticas

Outra manobra defensiva que sempre atrapalha conexões seguras é julgar as outras pessoas criticamente. Uma vez tive uma paciente, Suzanna, que estudava a Bíblia. Um dia, ela percebeu algo. "'Fazer aos outros o que você gostaria que eles fizessem a você' não é apenas uma injunção bíblica, é uma lei da natureza." Suzanna notou que, quanto mais ela julgava os outros, mais severamente julgava a si mesma. "Depois de ficar irritada com todos por seus relatórios desleixados, fico paranoica tentando não cometer erros em minha própria escrita." Mesmo que ela pudesse sentir um estímulo positivo momentâneo pensando em si mesma como superior aos outros, em pouco tempo essa atitude crítica também se voltava contra ela. Suzanna observou que a própria Bíblia aponta para este perigo: "Não julgueis para não ser julgado" (inclusive por si mesmo!). Só o fato de estar mais ciente desse processo já ajudou. Quando a voz crítica dela aparecia, ela logo começava a pensar "Lá vou eu de novo" e não a levava tão a sério. Enxergar a todos nós como seres imperfeitos, comuns e que passam por dificuldades fez com que fosse muito mais fácil para ela ser gentil consigo mesma e se conectar com seus colegas de trabalho.

O topo é solitário

Há uma famosa história da dinastia Tang:

> Um poderoso primeiro-ministro chinês pediu a um mestre da meditação a perspectiva budista sobre o egocentrismo. O mestre olhou e disse: "Que tipo de pergunta estúpida é essa?". O ministro, de repente zangado e defensivo, retrucou: "Como você se atreve a falar comigo assim?!". "Isso, vossa excelência, é o egocentrismo", respondeu o mestre.

Por que o egocentrismo é assim? Quando estamos com pessoas que se acham melhores do que nós, geralmente começamos a nos sentir incompetentes ou competitivos, ou sentimos que o relacionamento não será gratificante. Inclusive, uma forma de identificar indivíduos egocêntricos é perceber se a pessoa causa sentimentos competitivos naqueles ao seu redor, fazendo com que todos se sintam desconectados. Também é difícil negociar com pessoas convencidas. Elas tendem a exigir que tudo seja como elas querem, porque ceder pode manchar suas imagens. Pesquisas sugerem que pessoas com autoestima elevada (que se classificam como muito boas) são na verdade *mais* propensas a se tornarem agressivas quando ameaçadas simbolicamente do que pessoas com autoestima média ou baixa. E sabemos como a raiva faz bem para nossas conexões.

Outra maneira pela qual o convencimento pode estragar uma conexão envolve colocar os outros para baixo para parecer melhor. O *mansplaining* é um exemplo muito prevalente disso. Você já viu uma discussão entre um homem e uma mulher em que o cara "explica" algo para a mulher de uma forma que praticamente diz: "Sua bobinha, não acredito que você não sabe como isso funciona"? É um matador de conexões infalível.

Aos 29 anos, Maggie estava no auge. Ela tinha conseguido US$ 2 milhões em capital de risco para sua nova *startup* e contratou uma equipe de pessoas talentosas para fazê-la decolar. Quase todos que a ouviam falar ficavam impressionados, ela era inteligente, carismática e exalava confiança.

O problema começou quando os engenheiros disseram a ela que o processo da empresa não funcionava tão bem na prática quanto na teoria. Ela disse a eles para não deixarem os resultados piorarem e os pressionou a se esforçarem mais. "Apenas faça funcionar, ou encontrarei outra pessoa que o faça."

Foi só quando a *startup* acabou dando errado que ela viu como sua arrogância tinha piorado as coisas. Passar de uma superestrela para um fracasso foi excruciante. Quando ela saiu para tomar uma cerveja com o diretor financeiro, uma das poucas pessoas no trabalho que ela não havia afastado completamente, ela ouviu a verdade: "Desculpe, Maggie, mas perto do fim você realmente se tornou uma idiota. Ninguém queria estar perto de você, e isso matou a motivação de todos".

Essa foi outra pílula difícil de engolir. Mas, quando ela finalmente se recuperou e se juntou a outra empresa, sua atitude foi diferente. Ela passou a jogar pela equipe em vez de ficar tentando ser a maioral. Não só ela se deu melhor com todos como sua autoimagem deixou de estar em jogo. "Não importa o que aconteça, todos nós vamos ganhar ou perder juntos."

O fundo do poço é solitário

Embora o egocentrismo seja uma receita para o desastre em nossas relações, seu oposto, o sentimento de não ser bom o suficiente, também não é positivo para nós. Ele também pode nos afastar dos outros. Se temos uma opinião ruim de nós mesmos, tendemos a esperar a rejeição, o que sempre atrapalha a criação de conexões. Podemos agir de forma estranha, nos esforçar demais para sermos simpáticos ou interessantes, ou hesitar em falar com as pessoas. "Ela nunca se interessaria por mim." "Eu tenho vergonha de ligar para ela, faz tanto tempo desde que nos falamos pela última vez." "Eu soei tão estúpido." "Nós nunca realmente fomos amigos." Eu já perdi a conta do número de oportunidades de conexão que não aproveitei porque tive medo de que a outra pessoa não se interessasse por mim e eu me sentisse rejeitado.

Esse sentimento também pode levar a escolhas ruins dentro de relações. Alguma vez você já continuou a namorar ou sair com uma pessoa que você não gostava tanto assim porque tinha medo de que não encontraria outra pessoa? Você já contratou alguém menos qualificado para um cargo porque teve medo de que o candidato mais qualificado poderia ser muito melhor do que você?

E quando nos associamos a algum grupo? Às vezes, queremos fazer parte de um clube, ou mesmo de uma gangue, para nos sentirmos melhor com relação a nós mesmos, ainda que não gostemos muito dos outros membros. O preconceito, juntamente às injustiças que dele decorrem, muitas vezes envolve compensar sentimentos de incapacidade com a fantasia de ser superior a toda uma raça, gênero, faixa etária, nacionalidade ou classe econômica.

Pensar em nós mesmos como melhores ou piores do que os outros nos priva da conexão social segura, que é um dos melhores antídotos para preocupações sobre superioridade ou inferioridade. É bom lembrar disso quando nos encontramos acreditando em qualquer um desses julgamentos.

Eu tenho uma pequena sombra

No Capítulo 4, abordamos a ideia de que todos temos sombras ou partes exiladas, aspectos de nossas personalidades que não gostamos de reconhecer, tentamos esconder e desejamos que desapareçam. Em vez de desaparecer apenas porque não gostamos delas, no entanto, nossas sombras sempre aparecem no modo como vemos os outros, principalmente indivíduos ou grupos que desprezamos, certamente atrapalhando uma possível conexão.

Por exemplo, muitos de nós ficamos desconfortáveis com, ou mesmo alheios a, nossa sexualidade, nossa ganância, nossa agressividade e outros impulsos menos nobres. É comum projetarmos essas características nos outros, retratando grupos externos como animais ladrões, violentos e lascivos que querem atacar "nossas" mulheres ou seduzir "nossos" homens. Vemos isso em como os nazistas descreviam os judeus, como os supremacistas brancos retratam os afro-americanos e como nacionalistas retratam imigrantes, para citar apenas alguns dos inúmeros exemplos.

Muitos de nós fazem o mesmo em contextos mais pessoais. Podemos julgar pessoas com excesso de peso, ou aquelas com vícios óbvios, como "gulosas" ou indisciplinadas, uma vez que a maioria de nós tem dificuldade em aceitar suas próprias lutas com o autocontrole e pode gostar de se sentir superior. Essas projeções não apenas nos isolam de inúmeras oportunidades de conexão como também perpetuam a injustiça social. Podemos começar a enfrentar essas visões sendo honestos conosco sobre nossa sombra.

Exercício: acolhendo nossa sombra

Comece trazendo à mente um grupo ou um tipo de pessoa que você menospreza (não se preocupe, você não terá que admitir isso para ninguém). Liste a seguir alguns dos atributos ou dos comportamentos dele que você menospreza especialmente (se você precisar de espaço extra, utilize a versão editável dos formulários acessando a página do livro em *loja.grupoa.com.br*). Em seguida, veja se você consegue se lembrar de momentos em que você exibiu essas características ou esses comportamentos.

Características ou comportamentos	Momentos em que os manifestei

Fonte: *The extraordinary gift of being ordinary*, de Ronald D. Siegel. Copyright © 2022 Ronald D. Siegel. Publicado pela Guilford Press.

Outro dia eu estava conversando com Steve, um ex-vizinho que cresceu na Nova Inglaterra e recentemente se mudou para o Sul para começar em um novo emprego. Ele começou a reclamar de como seus novos vizinhos eram egoístas e ignorantes, desinteressados em proteger o meio ambiente. Ele estava irritado principalmente com os caçadores de patos, por serem cruéis, exploradores e não respeitarem a natureza.

Como Steve geralmente era um cara decente, e eu sentia que sua raiva estava atrapalhando sua adaptação em sua nova cidade, me arrisquei e perguntei a ele: "Seus vizinhos do Sul lembram você de alguém que você conhece? Ou talvez até mesmo de alguma parte sua?". Ele retrucou ironicamente "Muito obrigado pela ajuda" e sugeriu que eu guardasse minhas teorias psicológicas para mim. Mas, alguns minutos depois, ele se acalmou e disse que era verdade. Ele odiava sua própria indiferença. Na verdade, ele frequentemente pensava: "O mundo está uma bagunça, e eu não estou fazendo o suficiente para ajudar". Assim que se conectou com seu lado egocêntrico, ele admitiu que seus novos vizinhos eram realmente mais amigáveis do que as pessoas no Norte e que ele se sentia envergonhado com sua própria grande pegada de carbono, já que ele regularmente pegava voos entre as duas cidades. Ver o papel de sua sombra o ajudou a passar do sentimento de alienação para um sentimento de conexão.

Quando percebemos que não somos realmente melhores ou piores do que ninguém, conseguimos aproveitar o fato de fazermos parte de um "nós" comum, em vez de nos preocuparmos em estar acima ou abaixo dos outros.

Recategorização de identidade

Outra maneira de vermos o que temos em comum e nos sentirmos mais conectados envolve reavaliarmos nossa identidade. Minha filha é uma cientista política que estudou como isso poderia reduzir tensões entre sunitas e xiitas no Oriente Médio. Quando as pessoas pensam em si mesmas como principalmente sunitas ou xiitas, em vez de apenas muçulmanas, a hostilidade aumenta. No entanto, quando líderes religiosos e cívicos transmitem a mensagem de que, acima de tudo, "somos todos muçulmanos", as tensões diminuem.

Algo semelhante aconteceu após os ataques do 11 de setembro nos Estados Unidos. Compartilhando o medo e a dor dos ataques, americanos de todos os tipos começaram a mudar suas identidades: em vez de se identificarem como membros de subgrupos menores, passaram a se considerar "americanos". Os psicólogos sociais nos dizem que isso funcionou (pelo menos temporariamente) para diminuir tensões raciais e outras tensões intergrupais. Eles chamam o processo de *recategorização de identidade*.

Como se vê, em quase todas as situações podemos encontrar um próximo nível de unidade que pode nos ajudar a ir além da loucura desconectada de superioridade ou inferioridade. Sunitas e xiitas podem notar que ambos são muçulmanos; judeus, cristãos e muçulmanos podem se ver como filhos e filhas de Abraão; pessoas em todo o mundo podem notar que todos nós nascemos de mães e todos nós somos seres humanos lutando para nos sentirmos seguros, saudáveis, amados e felizes. Podemos até, às vezes, transcender nossa preocupação com nossa própria espécie para ver que somos todos parte da natureza.

Da próxima vez que você se encontrar em um estado mental crítico, diminuindo os outros ou pensando em como você ou seu grupo são ótimos, você pode experimentar se perguntar: "O que eu compartilho com essas outras pessoas?". Veja como você se sente percebendo suas semelhanças, como é se identificar com os outros em um nível mais alto. Podemos adicionar a *recategorização de identidade* ao nosso *kit* de ferramentas para melhorar as conexões ao longo de nossos dias.

Uma palavra de cautela: à medida que trabalhamos para afrouxar os julgamentos e as identificações que nos alienam uns dos outros, ainda temos que estar atentos às nossas diferenças. Grupos privilegiados têm oprimido grupos minoritários por milênios, causando enorme sofrimento. Portanto, precisamos tentar entender a experiência dos outros, aceitando que ela pode ser bastante diferente da nossa. Fazer pouco caso de algo com o objetivo de se aproximar de alguém não funciona. Ainda precisamos abordar questões passadas e injustiças contínuas para nos conectarmos genuinamente.

Há muitas outras maneiras de trabalhar com nossa cabeça, nosso coração e nossos costumes para cultivar uma conexão. Praticar a gratidão e fazer algo para o benefício do mundo em geral, coisas que exploraremos em breve, pode ajudar. Não é coincidência que todas as tradições religiosas do mundo vejam a gratidão e o serviço aos outros como caminhos para o crescimento espiritual. A ciência moderna também está confirmando que esses são caminhos confiáveis para o bem-estar.

Contudo, talvez nosso recurso mais valioso para cultivar conexões seguras com os outros envolva um instinto muitas vezes negligenciado que é muito mais desenvolvido em humanos do que em outras espécies, mas que pode, para nosso perigo, facilmente ser desativado.

10
O poder da compaixão

> Se você quer que os outros sejam
> felizes, pratique a compaixão. Se você
> quer ser feliz, pratique a compaixão.
> — Dalai-lama XIV

VOCÊ TEM PENSADO ULTIMAMENTE sobre as diferenças entre répteis, peixes, pássaros, anfíbios e mamíferos? Acontece que todas essas criaturas compartilham preocupações sobre domínio, posição social e apelo sexual, que, como vimos, podem nos causar muita angústia. Mas elas diferem em um aspecto importante. Essa diferença pode, inclusive, nos ajudar com nossas preocupações competitivas e nossos problemas com a autoavaliação, ao mesmo tempo que nos conecta mais profundamente uns aos outros.

Nosso sistema de protecionismo

Mamíferos cuidam de seus filhotes. Na verdade, alguns mamíferos cuidam de seus filhotes inclusive por um bom tempo depois de eles serem desmamados, às vezes até por décadas (crianças que vivem na casa dos pais depois da faculdade podem vir à mente). Para nos motivar a fazer isso, nossos cérebros desenvolveram circuitos poderosos responsáveis por gerar um *padrão comportamental protetor (sistema tend-and-befriend)*. Ele estimula nossa dedicação aos nossos filhos, bem como nosso desejo de cuidar de outras pessoas próximas a nós. É a força por trás do fato discutido anteriormente de que nós, como outros mamíferos, podemos nos sacrificar por parentes próximos (um filho, dois irmãos ou oito primos) e às vezes até por quem não é nosso parente.

Enquanto todos os mamíferos compartilham esse impulso altruísta até certo ponto, os primatas, sobretudo o *Homo sapiens*, levam-no ao próximo nível. Os paleontólogos acreditam que nossa capacidade de cuidar uns dos outros deu um salto gigantesco cerca de 50 mil anos atrás, durante o *big bang* cultural. Datam desse período os primeiros esqueletos de ancestrais que sofreram com ferimentos ou doenças que não lhes permitiriam sobreviver sozinhos, mas que, no entanto, viveram até uma idade mais avançada. Na mesma época em que nos tornamos artistas e fabricantes de ferramentas mais sofisticadas, e começamos a pensar em nós mesmos, passamos a cuidar de amigos e parentes necessitados. Os padrões comportamentais de proteção focados em nossos sentimentos tornaram-se mais importantes em nossas vidas.

Como esse sistema pode ajudar a nos movermos em direção a conexões mais profundas e a menos autopreocupação? Uma forma é assumir o controle dos outros sistemas motivacionais que nos prendem a preocupações competitivas.

Todos os animais têm alguma versão do sistema de resposta a ameaças. É um dos nossos instintos mais básicos. Sempre estamos atentos ao perigo e fugimos, congelamos ou lutamos para nos protegermos. Todos nós conhecemos a sensação de adrenalina correndo por nossas veias quando somos ameaçados, e todos nós já sentimos o instinto de fugir, ficar parados ou revidar. Quando nos sentimos *seguros*, esse sistema é silencioso.

Todos os animais também têm uma versão de um segundo sistema, um sistema de busca de objetivos. É a força motivacional por trás de nossos vícios, aquela sensação boa que temos de encontrar comida quando estamos com fome, calor quando estamos com frio e sexo quando estamos excitados, ou de receber uma curtida no Facebook ou no Instagram. Em mamíferos, esse sistema envolve principalmente o neurotransmissor dopamina. E, como discutido no Capítulo 8, os esguichos de dopamina no centro de recompensa do nosso cérebro são extremamente viciantes. Quando nos sentimos *satisfeitos*, esse sistema fica silencioso.

Um desafio que enfrentamos como seres humanos é que esses três principais sistemas motivacionais, o de proteção, o de resposta a ameaças e o de alcance de metas, não têm forças iguais. Quando sentimos algum perigo, ficando cara a cara com um leão ou quase sendo atropelados por um ônibus, por exemplo, nosso sistema baseado no medo prontamente passa por cima dos outros dois. Nesses momentos, não nos importamos com outros objetivos e podemos perder de vista as necessidades das outras pessoas.

Quando não sentimos nenhum perigo imediato, nos sentimos seguros o suficiente para voltar nossa atenção a atividades como comer, fazer sexo, obter respeito ou economizar para a aposentadoria: "O que devo comer no jantar?", "Será que ela quer fazer sexo comigo?" ou "Como posso ganhar dinheiro?".

Geralmente, é apenas quando não nos sentimos ameaçados e nossas necessidades básicas já foram atendidas que abrimos nosso coração e voltamos nossa atenção para as necessidades dos outros.

É claro que há exceções. As óbvias envolvem nossos filhos e nossos amigos ou nossos parentes próximos. Mesmo quando nos sentimos ameaçados ou nossas necessidades básicas não são atendidas, tentamos ignorar isso para ajudá-los. E, às vezes, as necessidades de um estranho podem nos tocar de uma forma tão significativa que, mesmo que nos sintamos vulneráveis, ajudamos. No entanto, frequentemente, quando nossos desejos de segurança e satisfação não são atendidos, nossa generosidade não se expande tanto assim, e os estranhos acabam ficando de fora.

Por que devemos nos importar com qual sistema motivacional está comandando o *show*? Uma razão é que ajudar os outros estimula conexões sociais seguras, o que contribui para acalmar os outros dois sistemas (abraços podem fazer maravilhas quando nos sentimos ameaçados ou privados de algo). Além disso, nos momentos em que estamos cuidando de outra pessoa, não focamos tanto a comparação social ou a autoavaliação, pois ficamos completamente concentrados nas necessidades do outro. Por fim, uma conexão com amor nos traz bons sentimentos e dá sentido à vida. Afinal, onde você iria preferir viver, em um mundo em que é "cada um por si" ou em um mundo onde as pessoas cuidam umas das outras?

Alimentando o lobo compassivo

Você se lembra da história no Capítulo 2 sobre o avô cherokee aconselhando seu neto sobre como desenvolver caráter e da história sobre a carruagem deixando marcas em uma planície empoeirada no Capítulo 8? Nosso comportamento modifica nosso cérebro, reforçando aqueles sistemas motivacionais que usamos com mais frequência. Se operamos repetidamente no modo de luta ou de fuga, ou ficamos atendendo a nossos desejos imediatos, reforçamos esses circuitos cerebrais, nos inclinando cada vez mais a nossos medos e nossos vícios. Mas, se deliberadamente exercitarmos nosso sistema de ajudar e proteger os outros, podemos fortalecê-lo.

Há muitas maneiras de fortalecer nosso lado mais carinhoso. Cultivar relacionamentos profundos, naturalmente, pode ajudar bastante. Outra abordagem, que por si só ajuda na conexão, é cultivar deliberadamente a *compaixão*.

A palavra inglesa *compassion* vem de raízes latinas e gregas que significam "sofrer com". A compaixão começa com a empatia. Para ter compaixão, precisamos primeiro ser capazes de sentir os sentimentos dos outros. Pesquisadores suspeitam que fazemos isso em parte ativando nossos *neurônios-espelho,* que nos permitem experimentar em nossos próprios corpos os sentimentos que imaginamos que estão ocorrendo em alguém (se você já assistiu a um filme erótico ou de terror, você já sentiu esses neurônios em ação).

A compaixão envolve um tipo particular de empatia: a empatia devida a experiências dolorosas ou perdas. Também envolve um desejo altruísta, um desejo de que a outra pessoa se sinta melhor ou fique bem. Quando um amigo está sofrendo, sentimos a dor dele *e* desejamos de coração que ele melhore.

Existem muitos exercícios diferentes que podem nos ajudar a cultivar a compaixão. Convido-o a experimentar vários neste capítulo, para ver quais são mais eficazes para você.

Praticando a bondade amorosa

Uma prática com boas bases teóricas para desenvolver compaixão, tanto por nós mesmos quanto pelos outros, é a *meditação da bondade amorosa*. Existem muitas variações dessa técnica, e todas elas envolvem cultivar a boa vontade conosco e com os outros. Essas práticas nos ajudam a desenvolver o hábito de abrir o coração, fortalecendo o aspecto de desejar o bem, o aspecto altruísta, da compaixão.

Muitas pessoas acham útil fazer alguma prática de *mindfulness* antes da meditação da bondade amorosa para sintonizar as respostas emocionais. Você pode, portanto, começar seguindo sua respiração por um tempo, ou talvez fazendo uma caminhada lenta ou uma meditação auditiva, e depois tentar o exercício a seguir. As frases exatas usadas para cultivar a bondade amorosa neste exercício não são absolutas, é melhor experimentar palavras ou imagens diferentes para encontrar o que funciona melhor para você.

Exercício: prática da bondade amorosa*

Comece trazendo à mente a imagem de um ser gentil e amável. Pode ser um amigo, um membro da família ou um mentor; uma figura inspiradora do passado, como Madre Teresa, Nelson Mandela ou Martin Luther King; um professor vivo, como o papa ou o dalai-lama; ou uma figura religiosa, como Jesus, Buda, Moisés ou Maomé. Pode até ser um animal especial ou um lugar na natureza que lhe traga sentimentos de bondade amorosa.

Leia o resto dessas instruções primeiro e depois feche os olhos, imagine que esse ser está com você e sinta a presença dele. Observe quais sentimentos surgem em seu coração. Então comece a desejar o bem para esse ser. Colocar uma mão sobre o coração e a outra em cima da primeira mão normalmente ajuda. Sinta o calor e a pressão suave das mãos sobre seu peito enquanto você faz isso.

Tente repetir silenciosamente palavras que transmitam um desejo de que o outro fique bem. Use um tom calmante, carinhoso e amoroso. Algumas frases tradicionais são:

Que você fique em segurança.

Que você seja feliz.

Que você seja saudável.

Que você viva com leveza.

Sinta-se à vontade para usar quaisquer frases que ressoem em você. Você está apenas tentando gerar gentilmente um sentimento de amor e bondade. Se a mente começar a vagar, apenas gentilmente a conduza de volta à sua imagem escolhida.

Uma vez que você consiga sentir um pouco de bondade amorosa com o seu ser, tente direcionar o sentimento para si mesmo. Você pode encontrar frases eficazes se perguntando: "O que meu coração deseja?" ou "O que eu desejo ouvir dos outros?" e desejando isso para si mesmo. Pode ser amor, bondade, compreensão, segurança ou qualquer outra coisa: "Que eu me sinta amado do jeito que sou", "Que eu me sinta livre", "Que eu me sinta bom o suficiente" ou "Que eu não importe tanto!". Ou você sempre pode experimentar as frases tradicionais:

Que eu tenha segurança.

Que eu seja feliz.

Que eu seja saudável.

Que eu viva com leveza.

---

* Áudio (em inglês) disponível na página do livro em *loja.grupoa.com.br*.

Basta repetir todas as frases que tenham maior impacto em você com uma voz gentil, amorosa e suave, desejando o seu bem, tentando manter as mãos suavemente sobre seu coração enquanto faz isso.

Se você achar que sua mente parece especialmente presa em um padrão ou uma atitude problemática que esteja atrapalhando sua tentativa de ser gentil consigo mesmo, experimente frases que abordem isso diretamente. Por exemplo, você pode dizer: "Que eu aprenda a deixar minhas preocupações de lado", "Que eu tenha paz", "Que eu aceite o que vier", "Que eu tenha coragem de enfrentar meus medos" ou "Que eu aprenda a perdoar". Aqui, novamente, experimente diferentes frases para ver o que funciona melhor para você.

Depois de direcionar os desejos de bondade para si mesmo por um tempo, tente dirigir sua atenção para outra pessoa que seja importante para você. Uma por uma, chame à mente (e ao coração) as pessoas que importam. Por fim, você pode expandir seu foco para incluir pequenos grupos, como familiares ou amigos próximos. Segurando-os em seu coração, continue repetindo quaisquer frases que ressoem em você, dirigindo desejos amorosos e gentis para eles. Expandindo ainda mais o círculo, você pode passar para seus colegas de trabalho, seus clientes, seus vizinhos ou qualquer outro grupo do qual faça parte. Por fim, experimente enviar esses desejos carinhosos para comunidades cada vez mais amplas, até que você esteja incluindo sua cidade, seu país e todos no planeta.

O exercício pode até ser expandido para incluir todos os seres vivos. Em uma versão clássica, direcionamos a bondade amorosa de maneira mais ampla:

> *Que todos os seres tenham segurança.*
> *Que todos os seres sejam felizes.*
> *Que todos os seres tenham paz,*
> *Que todos os seres vivam com leveza.*

O DARTH VADER INTERNO

Às vezes, a prática da bondade amorosa flui livremente, e nós prontamente sentimos amor e carinho pelos outros. No entanto, às vezes nos sentimos desconectados dos outros, ficando um tanto indiferentes. No meu caso, acho que isso acontece mais quando estou obsessivamente ansioso, como quando estou preocupado com minha lista de tarefas ou planejando e traçando estratégias para resolver problemas. Eu tento gerar bondade amorosa, mas apenas fico preso nos meus pensamentos. Nesses momentos, o que me ajuda muito é ou fazer algum exercício físico, como ioga, ou praticar um pouco de *mindfulness* para sair do fluxo de pensamentos e entrar no meu corpo antes de voltar para a prática da bondade amorosa.

Dependendo do nosso humor, sentimentos negativos podem surgir, como cinismo, crítica ou raiva. Também podemos acabar descobrindo que conseguimos expandir nosso círculo de compaixão para abranger apenas algumas pessoas, mas não outras, com base em nosso condicionamento ou nossas crenças. Alguns anos atrás, eu ensinei esse exercício em um *workshop*, e um participante relatou: "Eu consigo sentir a bondade amorosa por todos os seres sencientes, exceto pelo [líder do *outro* partido político]". O que quer que possa surgir em nosso coração e em nossa mente, geralmente é melhor tentar se abrir para o que está acontecendo. Caso contrário, deparamo-nos com o problema de que *tudo a que resistimos persiste*. Nossa tentativa de afastar os sentimentos negativos se torna algo como tentar não pensar no elefante voador: a mente instantaneamente se enche de paquidermes alados. Embora a prática da bondade amorosa possa nos conectar com nossa compaixão, ela também pode nos ajudar a ver onde mantemos nossa guarda levantada por causa de nossa dor ou nosso medo. É melhor respeitarmos nossas limitações e sermos pacientes conosco.

Jolene, uma assistente jurídica, estava se sentindo muito mal depois de ter sido preterida em uma promoção. Ela estava alternadamente magoada e zangada por sua chefe não ter reconhecido suas contribuições. "Eu fiz um trabalho muito bom. Eu fico até mais tarde do que quase todos os outros. O que há de errado com ela? Por que ela não me dá crédito?" Cheia de raiva e tristeza, ela pensou que a prática de um pouco de bondade amorosa poderia ser reconfortante.

No início, foi reconfortante. A prática lembrou-a do sentimento que ela tinha nos braços de sua mãe quando era criança. Jolene sentia que ainda poderia ser amada, mesmo que sua chefe não reconhecesse seus esforços. Mas, quando ela tentou estender a bondade amorosa aos outros, a imagem de sua chefe continuava surgindo, e era difícil incluí-la. "Ela não merece. Dane-se ela." Em vez de tentar forçar, Jolene conseguiu ver que não estava pronta para perdoar sua chefe; a dor e a raiva estavam muito cruas, mas ela ainda poderia usar a prática para se consolar.

BACKDRAFT

Outra reação desafiadora à bondade amorosa e a outros exercícios de compaixão é o que o psicólogo Chris Germer chama de *backdraft*. Essa ideia vem da observação de que os bombeiros normalmente encostam a mão para sentir o calor das portas antes de abri-las em um prédio em chamas, pois quando as portas são abertas existe a possibilidade de que oxigênio entre no recinto em questão e cause uma explosão ou aumente as chamas do lugar.

De maneira semelhante, se nosso sistema de cuidar do próximo tiver sido desligado, talvez porque não tenhamos sentido muito amor (no passado ou ultimamente), gerar amor pode trazer à tona muita dor emocional. É como se fôssemos uma criança que esfola o joelho e se senta no chão até que um adulto amoroso venha ajudar. Assim que o adulto começa a ajudar a criança, BUÁÁÁ!!! — todos os sentimentos de angústia fluem para fora.

Com o *backdraft* também é importante respeitar onde estamos no momento. Se a prática da bondade amorosa trouxer muitos sentimentos de vulnerabilidade, você não precisa seguir por esse caminho neste momento. Você pode procurar maneiras de se sentir mais seguro, talvez entrando em contato com amigos, passando tempo na natureza, buscando interesses espirituais ou se conectando ao mundo ao redor, antes de começar a utilizar as práticas para abrir o coração.

Transcendendo o ato de culpar alguém

Às vezes, o que bloqueia nosso sistema de cuidar do próximo e nos desconecta dos outros é nosso impulso de culpar alguém. A maioria de nós carrega ressentimento em relação a pessoas que sentimos que nos trataram injustamente. Podemos também acabar nos considerando melhores do que essas pessoas. Para liberarmos um pouco nossa capacidade de fazer conexões compassivas, olhar com atenção para como a culpa funciona e como podemos usar a cabeça a fim de suavizar o coração pode ajudar.

Se um bebê de 6 meses de idade nos mantém acordados à noite chorando, geralmente não o culpamos. Pensamos sobre as causas e as condições para a angústia dele, talvez uma fralda suja, fome, dor de barriga ou cansaço excessivo, e tentamos resolvê-las. Se uma criança de 6 anos começar a se comportar mal, podemos pensar "Que criança mimada", mas é mais provável que nos perguntemos se ela está com dificuldades na escola, se precisa de um cochilo, se está se sentindo negligenciada ou se pode estar incomodada com alguma rivalidade entre irmãos. Quando um adolescente abusado de 16 anos faz algo que nos incomoda, não demora muito para pensarmos: "Que moleque atrevido".

Quando exatamente na trajetória de desenvolvimento o comportamento da criança se tornou culpa dela? Em que ponto decidimos que o comportamento de uma criança é um produto do *livre-arbítrio*, e não o resultado de causas e condições?

Quando culpamos alguém, estamos implicitamente dizendo que, nas mesmas circunstâncias, *nós* não faríamos o que essa pessoa fez. Examinando isso mais de perto, estamos dizendo que, se tivéssemos exatamente a mesma composição genética e a mesma história de aprendizagem que a outra pessoa, teríamos nos comportado de forma diferente. Isso, é claro, é absurdo, pois, se tivéssemos a mesma composição genética e a mesma história de aprendizagem, *nós seríamos* a outra pessoa e, naturalmente, nos comportaríamos exatamente como ela.

Refletir sobre isso pode nos ajudar quando culpamos alguém por algo e nossa conexão compassiva com essa pessoa sofre danos. Nosso desafio é acertar o *timing*. Se ignoramos nossa raiva para tentar chegar a uma perspectiva compassiva prematuramente, podemos estar apenas enterrando nossos sentimentos verdadeiros, e eles podem eventualmente voltar para nos assombrar (essa atitude às vezes é chamada de *desvio espiritual*). No entanto, uma vez que nos permitimos reconhecer e sentir nossa raiva e nosso julgamento, também podemos refletir sobre o que pode ter levado a outra pessoa a fazer o que fez. Isso pode nos ajudar a relaxar nossos julgamentos de culpa e ver a outra pessoa como um ser humano comum, lutando como todos nós, não melhor ou pior do que ninguém.

Desenvolver uma perspectiva compassiva não significa tolerar injustiças ou comportamentos prejudiciais. Há muitas circunstâncias em que é necessário se distanciar dos outros, vocalizar sua indignação ou acertar as contas, mas agir contra uma injustiça enquanto entende o que motivou a outra pessoa a fazer o que fez é diferente de culpar o outro por ser mau. No primeiro caso, podemos sentir compaixão e conexão, enquanto no segundo, não. Nosso desafio é nos abrirmos a sentimentos de raiva e usá-los para provocar mudanças, ao mesmo tempo que tentamos enxergar os fatores e as forças que motivaram o comportamento do outro. Isso não apenas nos permite sentir compaixão pela outra pessoa, mas também aumenta nossas chances de nos comunicarmos com ela de maneira mais útil.

Várias semanas depois de não ser promovida, Jolene descobriu mais sobre a situação de sua chefe. Acontece que ela estava sob pressão do chefe *dela* para promover a outra pessoa, e é por isso que Jolene não foi promovida, mesmo que sua chefe na verdade apreciasse mais suas contribuições. "Colocar-me no lugar dela ajudou bastante. Acho que ela estava de mãos atadas, a questão não tinha realmente a ver comigo."

O dalai-lama já escreveu extensivamente sobre o desenvolvimento da compaixão, especialmente por aqueles que nos machucam. Às vezes, as pessoas perguntam se ele sente raiva do governo chinês, que o vê como um terrorista e o forçou, junto a seus seguidores, a fugir do Tibete. Ele geralmente diz: "Claro que sinto raiva desses *meus amigos, os inimigos!*". Essa é uma frase interessante. Ele reconhece que existem interesses em conflito, mas, de alguma forma, não culpa o outro. Ele também conta uma história sobre um monge tibetano sênior que foi libertado após anos de encarceramento em um campo de concentração chinês. O monge disse ao dalai-lama que às vezes ele caía em desespero e perdia toda a esperança. O dalai-lama perguntou-lhe: "Você quer dizer que estava com medo de nunca ser libertado da prisão?". "Não", respondeu o monge, "eu tinha medo de perder minha compaixão pelos meus captores chineses."

Embora eu duvide de que seria capaz de deixar de culpar alguém enquanto estivesse preso em um campo de concentração, a prática de compaixão ao longo da vida do monge aparentemente permitiu que ele fizesse isso.

Não é pessoal

Se muitas vezes não entendemos os fatores e as forças que fazem os outros se comportarem como eles se comportam, é porque estamos levando o comportamento deles para o lado pessoal. Uma vez ouvi o psicólogo Rick Hanson sugerir um exercício mais ou menos assim: imagine que você está descendo um rio em uma canoa, planejando um piquenique. De repente, há um estrondo, sua canoa vira, e você e seu almoço vão por água abaixo. Você percebe que foi um adolescente irritante que virou sua canoa como uma brincadeira. O que você sente?

Agora, imagine o mesmo cenário com uma reviravolta: desta vez, quando você volta à superfície, você percebe que foi um grande tronco, boiando no rio, que esbarrou em sua canoa. O que você sente?

Em ambas as situações, você está com frio e molhado, e o almoço está arruinado. Mas, quando nos sentimos atacados pessoalmente, a necessidade de culpar alguém surge e nos sentimos muito piores, ficamos cheios de raiva. E se nossa autoimagem é desafiada? "Quem você pensa que é, fazendo isso comigo?" Nós nos sentimos pior ainda.

Quando somos capazes de enxergar as causas e as condições que fazem os outros se comportarem como eles se comportam, respondemos de maneira um pouco diferente. Se meu amigo me trata mal ou meu colega me ignora, talvez isso não seja realmente um comentário sobre o meu valor. Talvez meu amigo ou meu colega esteja cansado, preocupado com alguma coisa, tentando reforçar sua própria baixa autoestima, ou reagindo a algum trauma de infância. Isso ao mesmo tempo nos liberta e nos deixa mais humildes. Nós não somos tão importantes assim. Estamos apenas desempenhando um pequeno papel no drama de outra pessoa.

Cultivando compaixão por nós mesmos

Por mais desafiador que possa ser desenvolver compaixão pelas outras pessoas, e ver o comportamento delas como um desdobramento natural de causas e condições, pode ser ainda mais difícil nos vermos através dessa lente. Quando você comete um erro, como você geralmente fala consigo mesmo? A maioria de nós não teria muitos amigos se falássemos com os outros da maneira como falamos conosco: "Seu idiota! Por que você não foi mais cuidadoso? No que você estava pensando? Como você pode ser tão idiota?!".

Há muitas razões pelas quais somos duros conosco quando sentimos que falhamos. Podemos ter internalizado as vozes de pais ou professores que nos criticaram no passado. Podemos ter absorvido mensagens culturais desvalorizantes sobre nossas características pessoais ou nossa identidade, especialmente se fizermos parte de um grupo marginalizado. Podemos querer nos antecipar e criticar a nós mesmos antes que outras pessoas o façam. Podemos imaginar que ao nos criticar ficaremos motivados a melhorar e que sem uma punição seremos preguiçosos e falharemos novamente. Podemos nos criticar até para evitar competição com os outros, afinal o primata submisso que se ajoelha perante o líder sempre recebe alguns restos e evita ser espancado.

A psicóloga Kristin Neff, pioneira na pesquisa sobre autocompaixão, uniu--se a Chris Germer para desenvolver o popular Programa de Autocompaixão (*Mindful Self-Compassion*, ou MSC) de oito semanas, que ensina como desenvolver compaixão por nós mesmos (consulte *centerformsc.org*). Eles apontam que, quando as coisas dão errado, quando nós falhamos ou quando cometemos um erro, a maioria de nós cai em "uma trindade profana", a *autocrítica*, o *autoisolamento* e a *autoabsorção*. Primeiro, ficamos nos culpando e criticando a nós mesmos muito mais duramente do que jamais faríamos com qualquer outra pessoa. Então, porque nos sentimos mal, nos afastamos, nos sentimos envergonhados e não queremos ser vistos ou tocados. Ficamos em um estado de autoabsorção, isolados dos outros, pensando obsessivamente em como somos ruins.

Podemos cultivar a autocompaixão como um antídoto. Em vez da autocrítica, podemos desenvolver nossa *bondade conosco*; em vez do autoisolamento, podemos cultivar uma apreciação por nossa *humanidade compartilhada*; e, em vez de reagir à nossa experiência dolorosa com autoabsorção, podemos praticar o *mindfulness* ficando presentes, e permitindo e aceitando nossa dor. A autocompaixão requer mudanças em nossa cabeça, nosso coração e nossos costumes.

Existem muitas técnicas disponíveis para fazermos essas mudanças. A Dr.ª Neff e o Dr. Germer descobriram que, geralmente, desenvolver a autocompaixão pode ser útil para abordar esses três componentes.

Bondade conosco

Há muitas maneiras diferentes de sermos gentis conosco quando erramos ou falhamos. Podemos cuidar de nós mesmos comendo bem, nos exercitando, meditando, fazendo ioga e praticando atividades que nos acalmam. Podemos buscar relacionamentos de apoio e nos conectar com amigos e familiares atenciosos. Podemos passar um tempo na natureza ou buscar experiências espiritualmente inspiradoras. Podemos deliberadamente reformular nossos erros ou nossos fracassos em uma linguagem mais compreensiva, por exemplo: "Sim, não foi muito bom eu ter comido todo aquele pote de sorvete, mas eu estava muito estressado e com fome" ou "É verdade, eu realmente perdi o controle naquela discussão, mas ele me magoou de verdade". Podemos tentar falar conosco com palavras e tom gentis, talvez como falaríamos com o ser gentil e amável da meditação da bondade amorosa. Podemos até encontrar maneiras de conversar com nossas vozes críticas para colocá-las em perspectiva (veremos maneiras de fazer isso no próximo capítulo). E talvez a maneira mais simples e poderosa de sermos gentis conosco seja ganhar um abraço.

De todas as coisas que aprendi na aula de introdução à psicologia, uma das mais memoráveis foi a história de Harry Harlow e seus macacos de pano e de arame. Embora hoje em dia vejamos suas experiências como exemplos de crueldade animal (elas estimularam a formação do movimento de libertação animal), seus estudos ilustraram algo muito importante sobre o desenvolvimento infantil.

Era a década de 1950, e os pesquisadores estavam investigando os efeitos da criação de crianças em orfanatos estéreis, sem amor e carinho, o que aconteceu muito durante e após a Segunda Guerra Mundial. Harlow decidiu explorar as necessidades de afeto dos primatas criando mães substitutas, inanimadas, feitas de arame ou pano, para bebês macacos. Em um estudo, a mãe de arame segurou uma mamadeira com comida, enquanto a mãe de pano não tinha nenhuma mamadeira. De forma esmagadora, os macacos bebês preferiam passar seu tempo agarrados à mãe de pano, visitando a mãe de arame apenas brevemente para se alimentar.

Esse experimento confirmou a ideia (que parece óbvia hoje) de que o "conforto do contato" é essencial para o desenvolvimento psicológico e para a saúde de macacos durante a infância, o que inspirou a mudança que fez com que o cuidado de órfãos humanos passasse de instituições para famílias adotivas.

O que isso tem a ver com desenvolver compaixão por nós mesmos? Centenas de estudos mostraram que nós também, não importa a nossa idade, nos damos bem com o contato. Isso não é surpresa. Os gatos ronronam quando fazemos carinho neles, os cães adoram um cafuné e até os ratos bebês crescem mais saudáveis quando são lambidos afetuosamente por suas mães. Em humanos, há inclusive nervos especializados em nossa pele programados para reagir a um carinho no ritmo que a maioria de nós instintivamente usa quando estamos sendo afetuosos. E os nervos respondem apenas a mãos na temperatura corporal, não a mãos mais quentes ou mais frias.

Como somos programados biologicamente para receber carinho, podemos aproveitar essa programação para ativar nosso sistema de preocupação com o próximo e para nos ajudar com nossos colapsos de autoestima. Se um amigo atencioso estiver à mão, podemos pedir um abraço. Mas, se não estiver, podemos abraçar e acariciar a nós mesmos. Embora isso possa parecer bobo ou estranho no início, seu corpo está programado para receber a mensagem, e você pode acabar descobrindo que isso funciona surpreendentemente bem.

Exercício: abraço e carinho afetuosos*

Da próxima vez que você estiver sofrendo emocionalmente, se ninguém estiver assistindo, dê um abraço ou gentilmente acaricie seus braços ou seu rosto, o que o ajudar a se sentir mais amado e afagado. Experimente tentar se lembrar do que era reconfortante para você quando criança. Uma mão na bochecha, uma massagem na barriga, um balanço. Sinta qual é o melhor ritmo e a melhor pressão. Observe quais sentimentos surgem quando você se acaricia ternamente. Você se sente acalmado e confortado? Surgem outros sentimentos? Isso desperta um anseio por mais?

Se você está sofrendo com falta de toque, este exercício pode ser difícil, pois você pode acabar experimentando o *backdraft* discutido anteriormente. Isso pode inicialmente intensificar seus sentimentos de dor. Se o exercício o fizer se sentir muito desconfortável, sinta-se à vontade para não continuá-lo. Essa prática não é para todos. Mas, se ele não for muito intenso, você poderá perceber que, com o tempo, a prática começará a ajudá-lo a integrar emoções difíceis e a se acomodar nesse sentimento de ser afagado.

Leve o seu tempo e experimente diferentes tipos de toque, em diferentes partes do seu corpo. Veja quais ajudam você a se sentir amado.

Depois de praticar isso em particular algumas vezes, você pode descobrir que consegue evocar os mesmos sentimentos em público com gestos mais simples, menos óbvios. Experimente apenas segurar ou acariciar sua mão, ou talvez seu braço ou sua perna, de uma forma que não seja muito visível. Você pode até descobrir que, com alguma prática, apenas imaginar um abraço ou uma carícia pode gerar um sentimento semelhante.

Outra maneira de nos acalmarmos quando estamos agitados ou especialmente autocríticos é com a respiração afetuosa.

Exercício: respiração afetuosa*

Sente-se em uma postura confortável, relaxada e alerta. Inspire mais fundo do que o normal e expire lentamente, com os lábios levemente afastados. Em seguida, respire normalmente, conduzindo suavemente a sua atenção para as sensações da respiração. Concentre-se no ritmo dela. Observe como a respiração é carinhosa, ajudando você a continuar vivo. Apenas fique com o ritmo dela por um tempo.

---

* Adaptado de *Teaching the mindful self-compassion program*, de Christopher Germer e Kristin Neff.

> Agora, permita que a respiração o acalme, como se você estivesse sendo carinhosamente acariciado ou balançado com cada inspiração e expiração. Imagine que com cada inspiração você está respirando o que quer que precise no momento: amor, cuidado, carinho ou apoio. Ao expirar, permita-se experimentar uma sensação de leveza ou relaxamento. Continue balançando e se afagando por dentro dessa maneira pelo tempo que quiser.

A tentativa de Noah de renovar sua casa não estava indo muito bem mais uma vez. Ele não conseguia resolver o vazamento do seu novo vaso sanitário. Como era de se esperar, ele começou a se autodepreciar. "Qual é a dificuldade de instalar um vaso sanitário? Não é física quântica. Eu deveria ser capaz de fazer isso." A esposa dele, ouvindo seu discurso autocrítico da sala ao lado, sugeriu que ele poderia tentar ser mais gentil consigo mesmo. "O que seu pai diria?", ela perguntou. "Ele provavelmente me diria que essas coisas nem sempre dão certo de primeira." Embora Noah tenha resistido à bondade dela no início, ele eventualmente deixou sua esposa dar-lhe um abraço. Aceitar a voz compreensiva de seu pai e o carinho de sua esposa fez com que Noah se recuperasse e, por fim, conseguisse consertar o vazamento.

Humanidade compartilhada

Para combater o autoisolamento, além de receber um abraço, pode ser útil nos lembrarmos de nossa humanidade compartilhada. Há muitos caminhos para isso. Entre os meus favoritos, está simplesmente ver nossas próprias ações por meio dos olhos de um amigo carinhoso.

> ### Exercício: carta de autocompaixão*
>
> Tente se lembrar de algo que fez você se sentir mal consigo mesmo, seja um erro, um lapso moral, uma fraqueza ou um fracasso. Se houve um incidente doloroso em particular, lembre-se exatamente do que aconteceu, como você se sentiu no momento e como se sente agora. Permita-se focar o sentimento difícil por alguns momentos.
>
> Em seguida, traga à mente um companheiro sábio, gentil e compassivo. Pode ser um mentor, um membro da família ou um amigo. Eles não precisam ser 100% sábios, gentis ou compassivos, apenas compassivos em geral.

---

* Adaptado de uma apresentação de *workshop* de Kristin Neff.

> Imagine contar sua história ao seu companheiro enquanto ele ouve atentamente. Observe como é compartilhar sua história com alguém que se importa.
> Agora, se coloque no lugar do seu companheiro e escreva uma carta para si mesmo da perspectiva dele. Transmita na carta a compaixão de seu companheiro, apontando como você é humano como qualquer um e como seus defeitos o conectam ao resto da humanidade.
> Depois de escrever a carta, deixe-a de lado por um tempo e leia-a novamente mais tarde.

Eu tive a oportunidade de fazer esse exercício com muitos grupos. Certos temas emergem repetidamente. Nossos companheiros sábios e compassivos dizem coisas como "Eu te amo de qualquer maneira", "Todos nós cometemos erros", "Eu me lembro de me sentir da mesma maneira quando..." ou "Todos nós ganhamos umas e perdemos outras". É incrível que quase todos nós tenhamos uma parte sábia e compassiva que reconhece nossa humanidade compartilhada. O problema é que essa parte sempre fica *off-line* quando estamos tratando de nós mesmos e nossos defeitos.

Outra maneira de apreciar nossa humanidade compartilhada é ser um amigo sábio e compassivo para outra pessoa. Tire um momento para pensar em alguém que ultimamente tenha experimentado fracasso, rejeição, vergonha ou sentimentos de não ser bom o suficiente. Imagine como essa pessoa está se sentindo e quais pensamentos estão passando pela mente dela. Agora, imagine deixar essa pessoa saber que você já passou por isso. Compartilhe com ela alguns de seus fracassos ou suas decepções, e os sentimentos e pensamentos que você experimentou com cada um deles. Se você puder fazer isso cara a cara, melhor ainda!

Mindfulness

A terceira habilidade que precisamos para a autocompaixão é o *mindfulness*. Ele nos permite ficarmos presentes, aceitarmos e estarmos abertos aos nossos sentimentos dolorosos como experiências sensoriais momentâneas, em vez de ficarmos autoabsorvidos em nossos pensamentos sobre o quão ruins ou não bons o suficiente somos. Vamos ver como usar o *mindfulness* dessa maneira no próximo capítulo.

Compaixão pelos outros

Cultivar compaixão por nós mesmos é uma base importante para termos compaixão pelos outros. Isso ocorre porque nossos problemas emocionais fazem com que fiquemos presos aos nossos sistemas de resposta a ameaças ou de busca de realizações, nos fazendo perder o contato com nossa capacidade de nos conectarmos e cuidarmos de outras pessoas. Quando temos maneiras de cuidar de nossas próprias mágoas, somos mais capazes de cuidar das mágoas dos outros.

As práticas projetadas para cultivar a compaixão pelos outros se baseiam nisso, ativando e reforçando nosso sistema de preocupação com o próximo. Uma das práticas que tem recebido muita atenção entre os cientistas do Ocidente e os profissionais da área da saúde mental vem da tradição budista tibetana. Ela se chama *tonglen* ("capturar e enviar") e envolve usar a respiração como um meio de cultivar a compaixão. O exercício envolve a visualização, que pode ativar de maneira muito poderosa nossas emoções. Em sua forma clássica, praticamos trazer à mente alguém que está sofrendo, sentindo a dor da pessoa ao inspirar e, em seguida, exalando compaixão por essa pessoa e por todos os outros que estão sofrendo da mesma forma ao expirar. Como isso às vezes pode ser demais para algumas pessoas, uma alternativa, usada no Programa de Autocompaixão, inclui respirar em compaixão por nós mesmos e pela outra pessoa, proporcionando um pouco mais de conforto para nós mesmos no processo. Aqui está uma adaptação do exercício do programa.

Exercício: *tonglen* adoçado*

Comece com alguns minutos de *respiração afetuosa* (página 163). Depois que a mente e o corpo se acomodarem um pouco e você sentir alguma segurança e conforto, lembre-se de alguém com quem você se importa e que está sofrendo no momento. Permita-se sentir a dor dessa pessoa, percebendo as sensações que ela causa no seu corpo. Cada vez que você inspirar, traga amor, cuidado e conforto para si mesmo. Cada vez que você expirar, envie compaixão para a pessoa na sua mente. Imagine que sua expiração a enche de conforto, cuidado ou do que ela precisar.

Continue respirando amor, carinho e cuidado, e enviando-os para a pessoa que está passando por dificuldades. Se você quiser, tente expandir o cír-

---

* Adaptado de *Teaching the mindful self-compassion program*, de Christopher Germer e Kristin Neff.

culo para incluir outros que também podem estar sofrendo, conectando-se a um senso de humanidade compartilhada.

Compaixão pela competição

Vimos que ativar nosso sistema de preocupação com o próximo é mais difícil quando estamos nos sentindo ameaçados ou privados de algo. Pode ser um desafio ter compaixão quando perdemos uma competição, ficamos para trás, nos sentimos deixados de fora ou rejeitados, ou somos criticados. Muitas vezes, ativamos nosso modo de luta, fuga ou busca de conquistas nesses momentos para tentar fazer com que a sensação ruim desapareça.

Uma alternativa é tentar ser gentil conosco, nos dar um abraço, nos enviar alguma bondade amorosa e examinar nossa situação da perspectiva de um amigo gentil. Podemos conseguir isso tentando cultivar alguma compaixão pela competição, gerando sentimentos bons em relação a quem possa estar ameaçando nossa autoestima no momento.

Exercício: compaixão pela competição

Comece com a *prática da bondade amorosa* (páginas 154-155). Gere sentimentos de amor para um ser naturalmente amoroso e gentil e, em seguida, concentre esses sentimentos em si mesmo. Você pode adicionar um pouco de calma, permitindo que sua respiração o conforte e cuide de você por dentro, como na prática da *respiração afetuosa* (página 163).

Depois de sentir alguma bondade amorosa, conforto e segurança, lembre-se de alguém cujas realizações ou qualidades desencadeiam inveja ou desafios de autoavaliação em você. Talvez seja alguém que tenha habilidades, realizações ou relacionamentos que você almeja, que seja mais popular ou habilidoso do que você, que nunca pareça perceber ou valorizar você, ou que desencadeie sentimentos de que você não é bom o suficiente.

Observe os sentimentos que surgem. Inspire esses sentimentos, trazendo bondade amorosa a qualquer dor que surja.

Em seguida, tente desejar o bem para essa pessoa que o incomoda (isso pode ser desafiador). Deseje a ela sucesso contínuo; dê a ela sua bênção. Imagine que essa pessoa seja seu filho ou sua filha e que você gostaria que ela fosse próspera e feliz.

> Observe os sentimentos que surgem, incluindo o Darth Vader interior, e seja gentil consigo mesmo no processo. Pratique a bondade amorosa tanto consigo mesmo, lutando contra sua dor, como com a pessoa a quem você está desejando o bem.

Esse último exercício é difícil, mas vale a pena. Pode ser um antídoto poderoso para este nosso sentimento habitual: "Se ele é ótimo, eu não sou. Se ele não me nota, eu sou inútil". Isso pode assumir um milhão de formas: "Se ela é linda, eu sou feia", "Se ela é inteligente, eu sou burra", "Se ela é bem-sucedida, eu sou um fracasso", e assim por diante, com quaisquer blocos de construção que usamos para tentar nos sentir bem com relação a nós mesmos. Na medida em que podemos desejar o bem à pessoa que nos incomoda, podemos nos libertar de nossas autopreocupações e relaxar com a ideia de sermos seres humanos comuns. Como o dalai-lama sugere: "Seja gentil sempre que possível. Sempre é possível". Não é um mau hábito de se desenvolver.

Agora que temos uma compreensão das inúmeras maneiras pelas quais podemos nos prender a preocupações de comparação social e autoavaliação, e que aprendemos técnicas para ativar nosso sistema de preocupação com o próximo para gerar compaixão por nós mesmos e pelos outros, podemos usar essas ferramentas para revisitar problemas emocionais do passado, para curar o trauma enterrado de todas as vezes que nosso coração foi partido, que ficamos magoados e que acabamos nos sentindo mal com nós mesmos. Embora isso possa parecer assustador, os frutos dessa abordagem valem a pena. Trabalhar com nossos traumas pode nos ajudar ainda mais a nos libertarmos de nossas preocupações autoavaliativas ao mesmo tempo que nos conectamos mais profunda e amorosamente com todas as pessoas em nossas vidas.

11
Precisamos sentir para curar

> Quando você enterra sentimentos, você os enterra vivos.
> — Um paciente

KATHY LOVE ORMSBY TINHA TUDO. Ela foi oradora da turma no ensino médio, entrou na faculdade de medicina e foi uma atleta-estrela. Ela quebrou o recorde feminino universitário para a corrida de 10 mil metros. Depois disso, correndo nos campeonatos nacionais, ela acabou uma corrida na quarta colocação. Em vez de enfrentar a vergonha de não ser a número um, ela saiu da pista, correu para fora do estádio, cruzou um parque e pulou de uma ponte. Tragicamente, ela acabou paralisada da cintura para baixo.

Embora a maioria de nós não literalmente pule de uma ponte em resposta aos nossos sentimentos de fracasso, podemos nos sentir tentados. A dor de não viver de acordo com as expectativas ou perder competições, tanto literais quanto aquelas que imaginamos, pode parecer demais para suportarmos. Fazemos todo tipo de coisa para tentar nos livrarmos da dor. Bebemos, comemos, ficamos assistindo à TV sem parar, trabalhamos, navegamos na *web*, trocamos mensagens e jogamos *videogames* para tentar escapar. Buscamos novas vitórias, novos projetos ou novas conquistas, novas coisas para estimular nossa autoestima, para esquecermos da dor. Embora consideravelmente menos prejudiciais do que a ponte, todas essas estratégias nos deixam com cicatrizes, porque, como um dos meus pacientes eloquentemente disse, "quando enterramos sentimentos, os enterramos vivos", e, quando esses sentimentos começam a voltar do túmulo, nos sentimos inexplicavelmente ansiosos, deprimidos ou agitados, inundados por emoções que parecem desproporcionais às nossas circunstâncias atuais.

Acontece que a dor enterrada de nossos traumas anteriores é uma grande fonte para a vergonha do presente e para os sentimentos de não ser bom o suficiente relacionados. Emoções e memórias de derrotas e humilhações passadas são desencadeadas por nossos fracassos ou nossas decepções no presente, fazendo com que nossa situação atual fique muito pior.

Esse tipo de gatilho acontece comigo o tempo todo. Por exemplo, estive recentemente em um congresso profissional com pessoas bem conhecidas na minha área. Durante o coquetel dos palestrantes, vários deles estavam mais interessados em conversar uns com os outros do que comigo. Sentindo-me excluído, me perguntei: "Isso realmente importa?". A resposta era "não". Tenho sorte de ter amigos e oportunidades profissionais. Inclusive, estou em uma idade em que muitas pessoas já até se aposentaram! Mas eu ainda assim fiquei chateado.

Então, em seguida, me perguntei: "Por que me incomoda tanto sentir que estou fora desse grupinho? Do que isso pode me lembrar?". Embora todos nós tenhamos o desejo de nos sentirmos amados e aceitos, não demorou muito para que memórias específicas do 7º ano ressurgissem do túmulo. Eu tinha vindo de uma escola diferente da maioria das outras crianças, não era muito bom em esportes e estava por fora das tendências da moda adolescente e da música popular. Eu definitivamente não era popular, e isso doía. Lembro-me de procurar ansiosamente uma mesa no refeitório da escola na hora do almoço, ciente dos meus muitos defeitos: ser magro, ter espinhas, sentir-me nervoso e não entender elementos críticos da cultura adolescente, para citar apenas alguns. Como eu não tinha os recursos emocionais para sentir totalmente aquela dor na época, nem a maturidade emocional para reconhecer que todos nós queremos nos sentir amados e aceitos, me distraí construindo coisas e fazendo experimentos científicos, além de atividades menos saudáveis, como quebrar janelas com os valentões, na esperança de me juntar a um grupinho não completamente não popular. No entanto, os sentimentos não desapareceram; eles apenas foram enterrados, formando um reservatório de dor pronto para ser revisitado na conferência.

Poucos de nós escapam de algum tipo de trauma durante o desenvolvimento. Como resultado, a maioria de nós é regularmente afetada ou provocada por aparentes ameaças atuais que nos lembram das ameaças anteriores. Tendemos a reagir de duas maneiras: ou reagimos exageradamente à nossa situação atual, sentindo mais dor por um desafio à nossa autoestima do que sentiríamos normalmente (minha experiência na conferência), ou nos desligamos, nos entorpecendo ou nos distraindo, bloqueando nossa dor atual da melhor maneira possível e acumulando mais traumas não resolvidos no processo. Essa última manobra nos deixa ainda mais vulneráveis a colapsarmos na próxima ameaça à nossa autoimagem, ao mesmo tempo que pode interromper relacionamentos potencialmente bons para nós.

Identificar minha ligação com o 7º ano, assim como reconhecer meu desejo humano universal de conexão, permitiu que eu me abrisse aos meus sentimentos no congresso, tornando minhas reações mais fáceis de gerenciar. Você pode fazer o mesmo reconhecendo e sentindo as emoções associadas a colapsos no passado, vendo a natureza universal delas e se tornando menos reativo a elas no presente. Aqui, também ajuda se trabalharmos com nossa cabeça, nosso coração e nossos costumes.

Abrindo-se à dor

Eu ouvi pela primeira vez a frase "Precisamos sentir para curar" do psiquiatra Dan Siegel (sem parentesco, e, aliás, ele sempre faz com que eu e os meus colegas nos sintamos incluídos em congressos). Essa frase se tornou um ponto de referência para muitos psicoterapeutas. Conforme somos capazes de aceitar, sentir e, assim, integrar nossos traumas passados, eles perdem o poder de atrapalhar nossa vida atual.

Há muitas maneiras de desenvolver os recursos emocionais de que precisamos para fazer esse trabalho. O autocuidado físico ajuda. Quando dormimos o suficiente, fazemos exercícios regularmente, temos uma dieta saudável e tiramos um tempo para aliviar o estresse, somos muito mais capazes de lidar com emoções dolorosas. Conexões sociais seguras também ajudam. Quando podemos compartilhar nossas experiências aberta e honestamente com amigos, familiares, ou talvez com um terapeuta ou membro do clero, nos sentimos conectados e apoiados por eles, o que naturalmente reduz nossas preocupações de autoavaliação. A prática de *mindfulness*, na qual permitimos que pensamentos, sentimentos e sensações surjam e passem, e gradualmente construímos nossa capacidade de *estar com* a dor em vez de *nos distrairmos* dela, é outro recurso valioso. Tanto a compaixão quanto as práticas de autocompaixão podem nos ajudar a nos acalmarmos quando estivermos sofrendo.

Apoiados por esses recursos, podemos nos preparar para tentar revisitar falhas, rejeições e humilhações passadas, e integrar as emoções associadas a elas. No entanto, o *timing* e o ritmo em que fazemos isso também são importantes.

Se este não é um momento em que você sente que tem a força e o apoio para explorar mágoas do passado, se concentrar em experiências sensoriais presentes seguras por meio do *mindfulness*, como a sensação de caminhar, o sabor da comida, a sensação de uma brisa ou a beleza da natureza, pode ser mais sensato. Mas, se você se sentir pronto para o desafio, trabalhar com traumas passados pode realmente ajudá-lo a se libertar de preocupações atuais e futuras com comparações sociais e autoavaliação, ao mesmo tempo que reforça sua capacidade de estabelecer conexões com amor.

"NOMEAR PARA DOMAR"

Esse é outro aforismo útil que os psicoterapeutas estão usando hoje em dia. Quando lidamos com a dor em nosso coração, usar nossa cabeça para melhor identificá-la ajuda bastante. Uma forma de focar a dor de rejeições, fracassos ou constrangimentos do passado, bem como de colocá-la em perspectiva, é escrever uma autobiografia da nossa autoestima. Não importa se você não é um bom escritor. Você pode fazer isso apenas com algumas anotações ou uma lista de tópicos. Pode até ditar algo. A ideia é visitar nossos altos e baixos de autoavaliação com detalhes suficientes para sermos capazes de curar a dor que nos rodeia. Este exercício pode ser feito todo de uma vez só (o que levará algum tempo) ou em partes, sempre que você tiver o tempo e a inclinação para revisitá-lo.

Exercício: uma autobiografia da autoestima

Comece com a memória mais antiga que você tem de se sentir bem-sucedido ou orgulhoso de si mesmo. Tire um momento para ver o que vem à mente. Em seguida, anote algo sobre a experiência. Agora feche os olhos, lembre-se do incidente com o máximo de detalhes possível e observe os pensamentos, os sentimentos e as sensações corporais que surgem. Apenas as sinta por algum tempo. Saboreie a experiência.

Em seguida, tente se lembrar de sua memória mais antiga de um colapso de autoestima, um momento de fracasso ou rejeição em que você se sentiu desanimado ou envergonhado. Novamente, apenas faça uma pequena anotação. Agora feche os olhos, lembre-se do incidente com o máximo de detalhes possível e observe os pensamentos, os sentimentos e as sensações corporais que surgem. Apenas as sinta por algum tempo. Se elas forem muito dolorosas, coloque as mãos sobre o coração e pratique um pouco de bondade amorosa consigo mesmo (veja o Capítulo 10).

A autobiografia da autoestima procede dessa forma, sucesso e colapso após sucesso e colapso, em cada estágio do desenvolvimento. Depois de suas primeiras memórias, você pode explorar momentos positivos e negativos de autoavaliação na pré-escola, no ensino fundamental e no ensino médio, continuando período a período, década a década, até chegar ao presente. Reconheça como suas reações foram naturais e como quase todos se sentiriam da mesma forma.

Você provavelmente notará que vários problemas foram mais relevantes em alguns momentos do que em outros. Quando, por exemplo, surgiram preocupações sobre ser inteligente, forte, atlético, sexualmente atraente ou criativo? Alguma dessas preocupações já perdeu o poder? Quando? Os critérios de cada um para se sentir bem ou mal com relação a si mesmo são diferentes, assim como nossas trajetórias de desenvolvimento. A ideia é nos conectar com nossas memórias particulares e os sentimentos associados a elas.

Ao construir sua autobiografia, observe quais períodos tiveram mais desafios de autoavaliação. Quais foram os sentimentos associados aos episódios mais difíceis? Seja gentil consigo ao se lembrar deles. Dê um abraço em si mesmo, coloque suas mãos no coração, ou mesmo segure ou acaricie sua própria mão, o que parecer mais reconfortante. Imagine quantas outras pessoas tiveram experiências semelhantes.

Eu apresentei esse exercício para muitas pessoas. Parece que todos nós já tivemos inúmeras alegrias e tristezas desde muito jovens. As alegrias que ocorrem cedo na vida podem incluir: "Ganhar um concurso de dança", "Ser selecionado para participar da peça da escola", "Ver a minha avó sorrindo para mim enquanto eu canto" ou "Pintar um ovo de Páscoa muito bonito". O primeiro estímulo positivo que me lembro de receber é meu pai ficando impressionado por eu ter usado palavras grandes sendo tão jovem. Eu sabia pelo sorriso dele que isso era, de alguma forma, uma coisa boa.

Esses momentos são equilibrados por uma enorme variedade de tristezas que ocorrem cedo na vida: "Ser provocado pelo meu irmão mais velho", "Ter que ficar na frente de toda a sala de aula depois de ter mijado nas calças" ou "Ouvir que eu jogo futebol muito mal". No meu caso, a lembrança triste é a de levar um saco de pirulitos para a creche para comemorar meu aniversário e ser informado pelo professor de que "Esta é uma escola saudável, não comemos doces aqui". São esses traumas, grandes ou pequenos, que precisam da nossa atenção.

Você pode notar, uma vez que tenha começado a autobiografia da sua autoestima, que a cada dia temos novos materiais de trabalho. Veja se você consegue notar todos os momentos em que seus sentimentos sobre si mesmo oscilam, mesmo que apenas ligeiramente, e o sentimento que cada pequeno estímulo positivo ou colapso causa em seu corpo. Não se esqueça de se parabenizar por ter notado! Quanto mais conscientes nos tornarmos desses altos e baixos, mais fácil será não nos prendermos aos altos e curar as mágoas dos baixos.

Ficar com os sentimentos

Aceitar os sentimentos agradáveis associados a pensar bem de nós mesmos é relativamente fácil para a maioria de nós. No entanto, à medida que identificamos as emoções mais dolorosas relacionadas a colapsos, podemos ficar nos perguntando como lidar com elas. Como podemos integrar memórias difíceis para que elas não sejam desencadeadas de maneira tão intensa por acontecimentos do presente? A prática de *mindfulness* pode ajudar. Você pode experimentar o exercício a seguir primeiro com um trauma mais leve, prosseguindo gradualmente para traumas mais dolorosos, incluindo sentimentos de vergonha, fracasso ou rejeição que o assombram até hoje. Esta prática foi originalmente desenvolvida pela professora de meditação Michelle McDonald e, mais tarde, popularizada pela psicóloga Tara Brach para trabalhar com sentimentos difíceis em geral. Eu a adaptei aqui para trabalhar com ferimentos da autoestima.

Exercício: acrônimo RAIN para ferimentos da autoestima*

Comece com um período de prática de *mindfulness* para desenvolver alguma estabilidade e refinamento da sua atenção. Você pode seguir sua respiração, ouvir sons ou prestar atenção em outro objeto sensorial.

Reconhecer: uma vez que a mente tenha se estabilizado um pouco, lembre-se de um episódio doloroso da autobiografia de sua autoestima. Tente se lembrar do incidente com o máximo de detalhes possível: quem estava presente, como era o ambiente, quantos anos você tinha, como seu corpo era e como você se sentia nele, e quais pensamentos e sentimentos surgiram. Permita-se sentir o sentimento difícil e observe como ele se manifesta no seu corpo.

Aceitar: geralmente, sentimos aversão à dor de um colapso de autoestima; queremos escapar dele, fazer com que ele desapareça. Em vez disso, neste exercício, praticamos apenas aceitar a existência dele, observando quaisquer respostas de aversão que surjam, conduzindo repetidamente nossa atenção de volta para os sentimentos associados ao colapso.

---

* Áudio (em inglês) disponível na página do livro em *loja.grupoa.com.br*.

Investigar: nessa etapa, simplesmente exploramos com o máximo de detalhes possível as sensações associadas à nossa emoção. Você deve "investigar" no mesmo sentido que poderia investigar uma flor, apreciando sua complexidade e percebendo todas as suas partes e componentes, assim como suas reações a ela.

Naturalmente consciente:* Este passo final envolve aceitar amorosamente o sentimento como uma experiência humana natural, uma parte do caleidoscópio mutável da consciência, uma expressão da humanidade compartilhada à qual você não precisa se apegar e da qual não tem de se afastar. Não tente "consertar" o problema, apenas permaneça com a experiência enquanto ela estiver viva para você. Colocar as mãos sobre o coração, abraçar-se, praticar a bondade amorosa ou usar a respiração para suavemente se acalmar por dentro, como no exercício *Respiração afetiva* (ver Capítulo 10), pode facilitar isso.

Você pode aplicar o acrônimo RAIN a qualquer sentimento que surja enquanto estiver fazendo a autobiografia da sua autoestima, usando-o como uma ferramenta para integrar as emoções que você pode ter enterrado vivas. Você também pode usá-lo para entender e aceitar melhor seus sentimentos em torno dos estímulos positivos, para se conectar com a natureza prazerosa e viciante deles.

Chen, um enfermeiro de 45 anos, estava tendo sentimentos de fracasso no trabalho novamente. Uma cirurgiã reconhecida no meio havia sido muito dura com ele. "Eu sei que fiz um bom trabalho. Por que eu deixo ela me atingir?" Sintonizando-se com a sensação, ele sentiu sua cabeça e seus ombros se retraindo, e sentiu uma dor na barriga bem familiar. Ele então fez uma associação muito poderosa. Esse sentimento era quase idêntico ao que ele sentia quando era jovem, mais especificamente quando as suas ex-namoradas terminaram com ele.

Chen decidiu revisitar essas separações conscientemente usando o acrônimo RAIN. No início, era difícil. O impulso de se afastar do sentimento de rejeição era poderoso. Mas conforme ele avançava, passo a passo, viu que conseguiria ficar com a dor, senti-la em seu corpo. "Então eu me dei conta de que tenho fugido dessa dor por toda a minha vida." Esse *insight* foi um alívio para ele. Se ele conseguisse reunir a coragem para encarar esse sentimento, reconhecê-lo e aceitá-lo, ele poderia parar de correr. Ele seria capaz até de tolerar a cirurgiã, já que o único perigo era o de que ela reacenderia um sentimento antigo.

---

* N. de T. No original, *natural awareness*. Também frequentemente traduzido como "permanecer com a experiência".

Identificar as origens de nossos sentimentos de não nos considerarmos bons o suficiente e aprender a suportar as emoções associadas a eles pode ajudar muito a nos libertar de nossas preocupações com a autoavaliação. A chave é se conectar, como fez Chen, com as memórias que lançam luz sobre nossas sensibilidades do presente. Às vezes, elas são muito antigas.

George era um consultor financeiro de sucesso aos 32 anos. Ele era casado e tinha filhos, mas repetidamente se via com inveja de seu vizinho, que ganhava mais dinheiro, se via irritado sempre que tinha que esperar por qualquer coisa e geralmente estava agitado. Ele teve relacionamentos românticos gratificantes quando era mais jovem, e se tornou um cantor excepcional, mas sua mente sempre esteve cheia de pensamentos negativos como "Ela não me ama de verdade" ou "Eu cantei essa música muito mal". Anos mais tarde, ele começou a ficar ansioso com a ideia de que sua esposa o deixaria, mesmo que ela nunca tivesse demonstrado sinais de infidelidade ou sugerido uma separação.

Enquanto George estava explorando seu histórico de colapsos de autoestima na terapia, ele se deparou com uma foto profundamente perturbadora. Ele tinha 8 anos. Seu irmão mais velho aparentemente colocou à força um sutiã nele, enquanto seu outro irmão ria e seu pai tirava a foto "engraçada".

Ao olhar para a foto e tentar se abrir para os sentimentos que ela despertava, ele percebeu que essa era apenas uma de uma longa série de humilhações durante sua infância. Não ajudou que seu pai tivesse seus próprios problemas de autoestima e precisasse sempre que seu filho fosse uma estrela, mas ao mesmo tempo nunca o eclipsasse.

"Não é à toa que eu sempre preciso me provar. Não é à toa que me sinto tão competitivo com outros caras!" Quanto mais ele conseguia se conectar com suas memórias dos traumas de sua infância, e quanto mais ele desenvolvia a coragem de sentir a dor deles, menos as preocupações com sua autoimagem o afetavam. Ele chegou até a desenvolver uma nova atitude em relação a novas ondas de dor e raiva: "Bem, aqui vamos nós de novo. Acho que tenho mais trabalho a fazer".

Esse tipo de esforço psicológico não é fácil, mas as consequências de evitá-lo são piores. Como formulou Proust, "só nos curamos de um sofrimento depois de o haver suportado até o fim". No entanto, como mencionado anteriormente, o *timing* é importante. Às vezes, nosso coração não está pronto; as emoções parecem intensas demais para suportarmos. Podemos precisar deixar de lado o sentimento difícil no momento e focar mais o desenvolvimento de uma sensação de segurança. Mais uma vez, exercite-se, coma bem, durma o suficiente, conecte-se com amigos, passe um tempo na natureza, traga sua atenção para o momento presente e reserve um tempo para fazer coisas que são estimulantes e refrescantes para você. Se conseguirmos desenvolver o hábito de cuidar de nós mesmos dessa maneira, nos sentiremos mais equipados para explorar sentimentos dolorosos quando eles surgirem.

Vergonha

À medida que exploramos nossos colapsos de autoestima, a maioria de nós descobre uma emoção particularmente dolorosa. É um sentimento que fazemos de tudo para evitar e que desempenha um papel importante na maioria dos nossos traumas emocionais. Essa emoção é conhecida por praticamente todas as culturas do mundo e pode nos levar até a pular de uma ponte. Ela se chama *vergonha*.

Psicólogos gostam de diferenciar vergonha e culpa. Nós nos sentimos *culpados* por nosso comportamento, por coisas que fizemos e que achamos que são ruins. Nós nos sentimos *envergonhados* quando pensamos que nós *somos* ruins. A vergonha está diretamente ligada ao autojulgamento e ao nosso anseio por amor e aceitação.

A capacidade de sentir culpa é útil para se dar bem com os outros. Pessoas que mentem, enganam e roubam sem culpa causam a todos ao seu redor muita dor. A vergonha, no entanto, geralmente não é tão útil. Embora ela possa ajudar a nos socializar, na maioria das vezes, sentir que somos pessoas más apenas causa dor desnecessária. Isso nos leva a nos retirarmos e nos escondermos, nos privando de oportunidades de conexões profundas.

A vergonha assume muitas formas. Podemos sentir vergonha devido a falhas morais, como ser desonesto ou egoísta, mas também por não nos sentirmos bons o suficiente ou por nos sentirmos indesejados, fracos, burros, inseguros, vulneráveis ou carentes. A lista é tipicamente uma imagem espelhada das qualidades ou das habilidades que usamos como base para nos sentirmos bem conosco. Às vezes, sentimos apenas um pouco de vergonha, mas outras vezes morremos de vergonha.

Está tudo biologicamente programado

Experiências psicológicas que aparecem em diferentes culturas e ao longo da história estão incorporadas ao nosso sistema nervoso. Como mencionado anteriormente, porque era tão perigoso estar sozinho na savana africana, e porque precisamos desesperadamente do amor e do cuidado dos adultos quando somos bebês, nós humanos desenvolvemos uma intensa aversão à ameaça de ser expulsos, o que experimentamos hoje como vergonha.

Praticamente todas as culturas a utilizam para socializar seus membros. Aprendemos a não deixar a porta do banheiro aberta, a não pegar coisas que pertencem aos outros, a não falar muito alto e a não pegar o último pedaço de bolo sem pedir, qualquer coisa para evitar sentir vergonha. Basta pensar em todas as tentações que deixamos passar porque não valem a dor da vergonha. Às vezes, essa socialização é tão eficaz que sequer estamos cientes de pensamentos, sentimentos e impulsos que causariam vergonha se os reconhecêssemos ou (Deus nos livre) agíssemos sobre eles.

A vergonha é física. O ramo parassimpático do nosso sistema nervoso autônomo toma conta e entramos em colapso. Abaixamos nossa cabeça, olhamos para baixo e contraímos os ombros. Nós nos fechamos, afundamos e queremos nos esconder. Se tivéssemos um rabo, o colocaríamos entre as pernas. A vergonha se sobrepõe ao resto com uma resposta básica dos mamíferos ao estresse extremo, a reação do rato na boca do gato. Em uma situação de risco de vida, o rato fica mole para preservar recursos e, com sorte, fazer o gato perder o interesse nele. Aqui, em vez de reagir à ameaça de sermos comidos, nos fechamos em resposta à ameaça de sermos expulsos de um grupo.

Vergonha e situações que diminuem nossa autoestima andam de mãos dadas. Não tem quase nada pior do que ser expulso de um grupo de primatas. Nossos corpos reagem de forma semelhante a ambos, e em ambos os casos queremos nos esconder ou só desaparecer completamente. Mas, se pudermos aprender a aceitar as coisas das quais temos vergonha, e especialmente se pudermos reconhecê-las diante dos outros, nossa vergonha tende a se esvair, suavizando nossos autojulgamentos negativos.

A escola das minhas filhas tinha um ótimo costume para ajudar com a dor da rejeição durante a época de inscrições na faculdade: *o muro da vergonha*. A escola colocou quadros de avisos e convidou os alunos mais velhos a colocar suas cartas de rejeição de faculdades nele. A combinação de tornar as cartas públicas e ver a carta de todas as outras pessoas ajudava os alunos a se sentirem menos envergonhados e a manterem sua autoestima.

Às vezes, é claro, nossa vergonha tem raízes mais profundas. Nesse caso, também é muito mais útil abraçar em vez de esconder a verdade: Mary Ann, agora na casa dos 70 anos, ficou profundamente envergonhada durante a sua última visita familiar. Enquanto ela tentava ser educada conversando com seu irmão mais novo, por dentro ela estava gritando: "Por que você não *cala a boca?!*". Seu irmão sempre foi lento intelectualmente e um pouco grosseiro, e agora, perto dos 70 anos, ele demonstrava comportamentos muito vergonhosos, exibindo seu preconceito chamativamente. Ele a lembrava de suas origens infelizes vivendo com um pai alcoolista e intolerante. Ela ficava pensando: "O comportamento do meu irmão não deveria me incomodar", mas ele incomodava.

Uma das maneiras pelas quais Mary Ann lidou com as dores de sua infância foi se orgulhando de nunca ser cruel como o pai irritado. Por isso, agora ela se odiava por sentir raiva de seu irmão, cujo comportamento não era realmente culpa dele, já que ele não teve os melhores exemplos. Foi um golpe duplo; ela se sentia mal consigo mesma tanto por ser dessa família intolerante quanto por ficar brava.

Falando sobre isso, Mary Ann finalmente concluiu algo: "Acho que ainda tenho vergonha de onde vim. Mas é verdade, eu não escolhi nascer onde nasci". Mais difícil ainda era aceitar que, mesmo ela sendo uma boa pessoa em geral, ela ainda tinha momentos de raiva e de julgamento com os outros. "Acho que apenas sou humana."

Um momento especialmente pungente de vergonha e autojulgamento negativo pode ocorrer quando nosso bom sentimento sobre nós mesmos é baseado em um desejo, e não na realidade. Você já esteve em uma festa ou um evento e caminhou em direção a um conhecido que começou a sorrir? Você começa a sorrir de volta e dizer "oi", mas descobre que a pessoa estava na verdade olhando para outra pessoa e não havia notado você. Isso dói.

Por mais vergonhoso que seja, é ainda pior quando estamos falando de romance. Você já pensou que alguém por quem você se sentia atraído estava sinalizando interesse por você, mas na verdade a pessoa estava apenas sendo amigável? Ser pego com nossa autoestima subindo com base na percepção errada de que alguém gosta de nós é especialmente vergonhoso. Não só não éramos dignos do afeto do outro, como também estávamos iludidos sobre o nosso valor, e agora ele sabe disso. Essa humilhação é agravada se viermos de um contexto que nos diz que o orgulho é pecaminoso. Como eles alertam no Japão, "o bambu mais alto é o primeiro a ser cortado".

Uma emoção social

Os gregos antigos eram especialistas quando o assunto era vergonha. Todos os anos perguntavam aos cidadãos de Atenas se desejavam realizar um ostracismo, o processo democrático de expulsar alguém da cidade. Embora a maioria de nós não tenha mais medo de ser formalmente expulsa de nossa comunidade, certamente nos preocupamos com as versões informais disso. Só imaginar uma rejeição pública já é doloroso.

Como a vergonha é uma emoção social conectada à paranoia de ser excluído pelos outros, o antídoto mais poderoso para ela é o ar, a luz e a conexão social segura, ou seja, encontrar maneiras de fazer com que as outras pessoas saibam da nossa vergonha. Esse experimento requer coragem.

Vamos conhecer a história de Stu. Durante anos, ele tinha sentimentos mistos sobre sexo. Ele gostava de sexo com mulheres e, na verdade, nunca tinha ficado com um homem em termos sexuais, mas ao fantasiar ele frequentemente pensava em homens. "O que meus amigos vão pensar se descobrirem que eu era *gay* secretamente por todos esses anos?" Isso o fez se sentir um fracasso duplo. Ele via o fato de ser *gay* como uma "fraqueza", e o de ser *gay* secretamente como uma fraqueza ainda maior. Stu manteve esse segredo até ter a sorte de conhecer Maddie, uma alma aventureira que gostava de viver aventuras sexuais. Estar com ela deu a Stu a coragem de revelar suas fantasias homossexuais e, ao que parece, ela não apenas tivera pensamentos semelhantes sobre as mulheres, mas também tinha ficado com várias no passado. Saber que ele não estava sozinho em ter sentimentos homossexuais ajudou muito a diminuir a vergonha de Stu e o auxiliou a deixar de lado os autojulgamentos sobre seus desejos sexuais. Melhor ainda, livre dessas preocupações, ele se divertiu mais na cama com Maddie do que com qualquer outra pessoa.

Às vezes, ser aberto sobre a fonte de nossa vergonha é fácil, enquanto outras vezes requer muito sacrifício. Isso porque, algumas vezes, a vergonha pode se encaixar nos fatos, nós realmente seremos rejeitados se as pessoas descobrirem o que fizemos, enquanto outras vezes nosso sentimento de vergonha é desproporcional ao provável resultado de sermos honestos. Mas, mesmo quando as consequências podem ser difíceis, muitas vezes vale a pena sair do esconderijo e correr o risco de se reconectar com os outros.

Como psicólogo, eu regularmente vejo como compartilhar pensamentos, sentimentos ou comportamentos vergonhosos na terapia pode libertar as pessoas de julgamentos pessoais dolorosos: a avó que tinha medo de manusear facas e se sentia uma pessoa terrível porque já teve um impulso de esfaquear seu neto; a professora de estudos feministas que queria experimentar dança de salão, mas tinha medo de que isso a fizesse parecer uma vendida; o adolescente que pensava que era pervertido porque se masturbava "o tempo todo". À medida que cada um deles dava voz às suas experiências, eles percebiam que esses são simplesmente pensamentos, sentimentos e comportamentos humanos compartilhados por muitas outras pessoas. A vergonha deles desaparecia, e eles não pensavam mais que eram horríveis ou inadequados. Isso libertou a avó para cozinhar com seu neto, a professora para comprar um vestido de gala e se inscrever em aulas de dança, e o adolescente para se divertir privativamente. Uma vez ouvi dizer que ficar "envergonhado" é apenas ser pego sendo quem somos. Se não há problema em ser quem somos, nosso problema está resolvido.

VERGONHA DE ABUSO OU NEGLIGÊNCIA

Muitos de nós sentem vergonha decorrente dos defeitos dos nossos pais. Quando somos jovens e somos negligenciados ou criticados, podemos interpretar a situação de duas maneiras: ou há algo de errado com quem cuida de nós, ou há algo de errado conosco. A primeira hipótese é muito perigosa de ser considerada, já que sem adultos para nos sustentar não sobreviveríamos. Assim, quando criticadas ou negligenciadas, quase todas as crianças escolhem a segunda interpretação: "Eu devo ser mau ou defeituoso". Essa é uma boa oportunidade para trabalharmos com nossa cabeça.

Muitas vezes, nossos cuidadores estavam sobrecarregados com suas próprias necessidades, tinham dificuldade em administrar suas próprias vidas, estavam distraídos ou apenas não se alinhavam com nosso caráter. Como crianças, não temos como entender isso, então pensamos: "Sou mau", "Sou nojento", "Sou estúpido", "Tenho problemas" ou "Não sou bom o suficiente", tudo em resposta à dolorosa sensação de não recebermos o amor e o cuidado pelos quais ansiamos. Essas podem se tornar as crenças centrais de nossas vidas inteiras. Alguma parte do seu autojulgamento negativo ou sua vergonha vem de ser negligenciado ou criticado por seus pais ou outros cuidadores? Considerar o que realmente os fez agir como agiram poderia ajudar de alguma maneira?

VERGONHA DA IDENTIDADE DE GRUPO

Muitas vezes, nossa vergonha é uma emoção social compartilhada por um grupo maior ao qual pertencemos, especialmente se esse grupo foi oprimido, marginalizado ou abusado pela sociedade em geral. Aqui, os movimentos de libertação podem ser muito úteis. Orgulho *gay*, orgulho negro, libertação das mulheres, orgulho trans e movimentos semelhantes ajudaram inúmeras pessoas a deixarem de se sentir envergonhadas de quem são para, em vez disso, celebrar. Trabalhar pela justiça social com amigos que pensam da mesma forma pode ajudar a começar a curar as lesões psicológicas causadas por racismo, sexismo e classismo, entre outras crueldades.

Também já vi pacientes que se sentiam envergonhados por todos os tipos de características (como estar acima do peso, sentir-se ansioso, ficar deprimido, lutar contra o uso de substâncias ou ter uma criança com necessidades especiais) transformarem sua vergonha em um senso de conexão e humanidade compartilhada compartilhando sua experiência com outras pessoas que passam pela mesma coisa. Você sente vergonha de pertencer a um grupo desprezado por algumas pessoas? Você já se machucou de alguma forma devido à agressividade contra esse grupo, grande ou pequena? Você se juntaria aos outros para revidar?

O DESEJO DE SE RECONECTAR

Reconhecer que a vergonha é uma emoção social pode nos ajudar a perceber que, por trás de nosso impulso de nos esconder, geralmente existe um profundo desejo de nos conectarmos com segurança. Nós nos escondemos porque tememos que os outros nos rejeitem e que nos sintamos ainda mais sozinhos. Mas ver que a intensidade de nossa vergonha reflete o quão profundamente nos preocupamos com nos conectar e o quão profundamente desejamos amar e ser amados pode nos tirar do isolamento. Há um poema maravilhoso de Daniel Ladinsky baseado nas escritas de Hafez, um poeta persa do século XIV, que pode nos encorajar:

Com aquela linguagem lunar

Admita algo:

A todo mundo que você vê, você diz,
"Me ame".

Claro que não em voz alta;
caso contrário, alguém chamaria a polícia.

Ainda assim, pense sobre isso,
essa grande força em nós
para nos conectar.

Por que não se tornar aquele
que vive com uma lua cheia em cada olho
que está sempre dizendo,
com aquela doce linguagem lunar,
o que todos os outros olhos neste mundo
estão morrendo de vontade de ouvir?

Se você sempre pudesse estar ciente de que todos os outros também desejam ser amados, como isso poderia mudar sua vida? Quase todos nós, quando reconhecemos o desejo humano universal de conexão que está por trás de toda a nossa vergonha, temos maior tendência de ativamente estendermos nossas mãos para os outros, de os deixar saber pelo que estamos passando e de nos reconectarmos com eles. O problema é, obviamente, que estender a mão quando queremos nos esconder, mesmo quando percebemos nosso desejo de nos reconectar, não é fácil.

Uma forma de ajudar na reconexão é separando culpa e vergonha: separar os sentimentos ruins sobre o que fizemos da crença de que somos fundamentalmente ruins. Todos nós nos comportamos mal às vezes, mas isso não necessariamente nos torna ruins, indignos de amor ou merecedores de exclusão. Se nos sentirmos culpados por nos comportarmos mal, podemos nos perguntar o mais diretamente possível: "Quem eu prejudiquei? Eu posso me aproximar dessa pessoa, admitir o que fiz e me desculpar sinceramente? Posso fazer alguma reparação por meio de gentilezas ou algum outro gesto?". Distinguir entre a vergonha associada a um colapso da autoestima e a culpa por nosso mau comportamento pode nos ajudar a voltar para a família humana.

Há também uma relação curiosa entre culpa, vergonha e autocompaixão que pode nos ajudar. Quando somos duros com nós mesmos por nossos erros, nos sentimos envergonhados. Queremos esconder o que fizemos do mundo e nos distanciar da dor de nossa vergonha, às vezes ficando na defensiva ou culpando os outros. Se, em vez disso, pudéssemos ser gentis conosco quando erramos, então teríamos menor necessidade de negar nossos erros e maior probabilidade de sentir remorso por nosso comportamento, em vez de vergonha por quem somos. Isso alivia nossos autojulgamentos negativos e torna mais fácil pedir desculpas ou fazer reparações. Uma forma especialmente eficaz de ser autocompassivo durante momentos de fracasso ou rejeição é explorar com amor nossas diferentes partes.

Trabalhando com nossas partes

Vimos no Capítulo 4 que, quando praticamos *mindfulness*, não encontramos exatamente um "eu" coerente, e sim uma coleção de partes. Como mencionado anteriormente, o Dr. Richard Schwartz desenvolveu a terapia de sistemas familiares internos (IFS, na sigla em inglês) para ajudar as pessoas a fazer amizade com essas diversas partes de si mesmas. Uma vez que a vergonha envolve rejeitar partes de nós mesmos, essa abordagem pode ser muito útil. A técnica pode parecer um pouco cafona no início, mas, com um pouco de experimentação, a maioria das pessoas acaba descobrindo que ela é uma ótima forma de trabalhar com a vergonha e outras feridas emocionais. Como os outros exercícios reflexivos, este é mais eficaz se você se preparar com um pouco de *mindfulness* primeiro.

> ### Exercício: fazendo amizade com nosso crítico interno
>
> Lembre-se da última vez que você realmente fez uma bobagem ou apenas sentiu que entrou em um modo autocrítico. Como você falou consigo mesmo? Que palavras você usou? Qual era o seu tom de voz? A voz soava como alguém que você conhece (talvez um pai, professor ou irmão crítico)? Como você se sentiu em relação à voz crítica? Você a odiou? Teve medo dela? O que você imagina que fez seu crítico interno ser tão duro?
>
> Em seguida, tire um momento para falar com seu crítico. Você pode achar útil dar um nome a ele (o meu é apenas Ron Crítico). Informe-o de que você quer entender as preocupações e apreciar os esforços dele para cuidar de você. Pergunte ao seu crítico interno: "O que você teme que aconteceria se você não estivesse fazendo um trabalho tão bom me criticando?". Normalmente, a resposta é algo como "Tenho medo de que você faça bobagens novamente e se meta em problemas piores". Muitas vezes, nosso crítico está tentando nos salvar de uma rejeição adicional, da vergonha ou do fracasso nos tratando com rigidez.

Se você achar que seu crítico realmente tem boas intenções, você pode tentar oferecer a ele um pouco de gentileza e, em seguida, perguntar se ele pode considerar relaxar um pouco, afastando-se, permitindo que você tente lidar com as coisas por conta própria. Pergunte ao seu crítico interno se os esforços dele valeram a pena. Suas broncas são realmente motivadoras? Elas são realmente necessárias para mantê-lo seguro ou garantir o seu sucesso?

Também podemos usar essa abordagem para aceitar e ser gentis com as partes jovens e vulneráveis de nós mesmos que escondemos por vergonha. Como mencionado anteriormente, na terapia IFS, essas partes são chamadas de *exiladas*, uma vez que geralmente tentamos bani-las.

Exercício: cuidando de nossas partes feridas

Feche os olhos e lembre-se de um momento em que uma parte jovem de você se sentiu envergonhada ou inadequada, foi rejeitada ou criticada. Em seguida, pergunte à parte ferida: "Do que você precisa?". Isso pode parecer estranho, mas geralmente a parte responderá. Às vezes, precisa de amor; às vezes, ela quer ser compreendida; ela também pode querer um abraço ou um ursinho de pelúcia. Se possível, em sua imaginação, ofereça à parte o que ela quer. Seja suave, gentil e solidário.

Como você está se comunicando com essa parte vulnerável, veja se você consegue encontrar um nome para ela. Pode ser como chamavam você quando era mais jovem ou outro nome (para mim, Ronny). Imagine essa parte de você no olho da sua mente: o quão alta ela é, como é a vida dela, como eram as circunstâncias quando ela se machucou. Como essa parte se sentiu durante o momento de fracasso ou rejeição? Como você reagiu? Se o crítico interno tiver sido ativado no momento dessa ferida, pergunte à parte: "Você acreditou no crítico? A crítica doeu?".

Dar uma oportunidade à nossa parte jovem, ferida e exilada de falar e ser compreendida pode ajudar muito na integração de emoções dolorosas que eram demais para suportar quando éramos pequenos.

Também pode ser importante abordar outras partes de nós mesmos. Às vezes, quando experimentamos rejeição, vergonha ou fracasso, há uma parte de nós que tenta nos salvar da dor por meio da distração. Isso pode nos levar a beber, a nos tornarmos agressivos, a corrermos riscos loucos, a comermos muita porcaria ou a nos envolvermos em comportamento sexual imprudente, tudo para tentarmos manter sentimentos vulneráveis à distância. Essa parte também pode necessitar de atenção. Pergunte a ela: "O que você teme que aconteceria se você não criasse uma distração?".

Muitas pessoas encontram diferentes críticos e diferentes partes exiladas, associadas a diferentes traumas emocionais e autojulgamentos dolorosos. Você pode usar a autobiografia da sua autoestima para identificar essas partes e depois trabalhar para recebê-las de braços abertos, aceitá-las e conhecê-las.

Joy estava com 40 anos, tinha um ótimo marido e era bem-sucedida em seu trabalho em uma pequena organização sem fins lucrativos que atendia crianças adotivas, mas ela ainda tinha problemas com se sentir desencorajada, pensando que não estava realmente indo bem no trabalho ou na vida. O crítico interno dela era implacável: "Você deveria ter sido mais assertiva na reunião", "Você deveria ter se preparado mais", "Você não devia levar a rejeição tão a sério", "Sua falta de equilíbrio entre trabalho e vida pessoal está fora de controle". Não importa o quanto ela tentasse, ela não conseguia ganhar ou relaxar.

Atormentada por esses comentários vindos de dentro, Joy tentou conversar com sua parte crítica. Estava com ela desde a sua infância. O crítico, que se parecia muito com seu pai e sempre a pressionava a tentar ter sucesso, disse que precisava provocá-la para protegê-la da decepção. Ela disse que, embora entendesse que ele era bem-intencionado, o resultado era, na verdade, que isso estava a impedindo de fazer o seu melhor, já que ela sempre temia o fracasso, e o medo se intrometia em seu caminho. Ela perguntou se ele poderia dar um tempo e ver se ela conseguiria se sair bem sem as críticas constantes.

Joy então voltou sua atenção para outra parte, sua garotinha vulnerável interior. Tudo o que ela sempre quis foi deixar seu pai orgulhoso, fazê-lo pensar que ela era uma boa garota. Joy quase começou a chorar ao se conectar a esse desejo e, em seguida, sentiu-se forte ao perceber que isso, na verdade, não era muito para se pedir, afinal ela *era* uma boa garotinha; ela merecia ser amada como era.

Ao convidar nossas diferentes partes a falar, como Joy fez, reconhecendo o que elas precisam e temem, podemos nos abrir e aprender a aceitar a complicada teia de pensamentos, sentimentos e memórias envolvida em momentos de vergonha ou de colapsos de autoestima. Podemos curar gradualmente feridas não integradas, momentos em que nossa dor era muito intensa para permitir uma conscientização dela. Quanto mais pudermos nos abrir para essas experiências, menos poder as decepções do presente terão de afundar nossos sentimentos sobre nós mesmos, e mais livres nos tornaremos para viver nossas vidas plenamente no presente.

Tomando perspectiva

À medida que trabalhamos com nossas diferentes partes e exploramos nossas feridas, muitas vezes descobrimos que é fácil perder a perspectiva, pois nosso coração pode facilmente sobrecarregar nossa cabeça. Nós exageramos nossos erros atuais porque eles ressoam erros passados que nunca reconhecemos nem aceitamos plenamente. Em seguida, nos condenamos duramente por pequenas falhas, causando muito sofrimento desnecessário.

Embora algum remorso saudável possa certamente ser útil, remorso demais está longe de nos motivar a melhorar ou nos manter na linha. Porque tanto da nossa vergonha e muitos dos nossos autojulgamentos negativos ocorreram pela primeira vez quando éramos jovens, tendemos a vê-los por meio dos olhos de uma criança. Confundimos má conduta com crimes e não nos perguntamos objetivamente: "O quão realmente terrível foi o que eu fiz?". Fazer essa pergunta pode nos ajudar a envolver as nossas partes adultas no processo de cura.

Às vezes, sentimos vergonha ou inadequação, ou sentimos que não somos amáveis, mas não conseguimos ligar claramente esses sentimentos a uma experiência difícil em especial: "Eu só me sinto mal"; "Eu não sei, sempre senti que não sou bom o suficiente". Essas crenças centrais podem ter se desenvolvido a partir de muitos momentos dolorosos. Podemos tentar olhar para isso com olhos adultos. Podemos nos perguntar: "Qual é a evidência de que sou um fracasso?"; "Quem escreveu as regras?"; "De onde eu tirei a ideia de que sou inadequado?"; "Quem escolheu o grupo de comparação?"; "De onde vieram meus valores morais?". Às vezes, assumimos que *deve* haver algo errado conosco simplesmente porque nos sentimos muito mal com relação a nós mesmos, o que é um raciocínio bastante circular.

Quanto mais cuidadosa e amorosamente formos capazes de olhar para nossa vergonha e nossos sentimentos de fracasso, mais poderemos colocá-los em perspectiva. Podemos começar a enxergar que nossos erros são como azulejos quebrados em um mosaico complexo, cercados por muitos outros azulejos inteiros. À medida que nos vemos cada vez mais como pessoas boas, mas também imperfeitas, começamos a nos sentir menos presos pela vergonha e pelos sentimentos de inadequação.

Esse trabalho de curar a vergonha do passado e os momentos em que nos sentimos inadequados requer a abordagem dos três Cs: nossa cabeça, nosso coração e nossos costumes. Precisamos pensar claramente, sentir para curar e, em vez de esconder as coisas das quais temos vergonha, procurar oportunidades de compartilhá-las com os outros. Tentar coisas que evitamos por medo de fracasso ou rejeição também pode ajudar, como na vez em que tive aulas de tango na Argentina apesar de ser o aluno mais lento que eles já tiveram (foi difícil, mas meu professor e eu sobrevivemos). Para outra pessoa, pode ser participar de uma corrida por alguma causa, em que você pode muito bem chegar por último, ou preparar um jantar apenas "bom o suficiente" para alguns convidados.

O processo pode ser demorado. É importante irmos devagar, não podemos curar todas as feridas do passado de uma vez sem ficarmos sobrecarregados. Além disso, muitos de nós desenvolvemos narrativas desde cedo sobre quem somos e o que há de errado conosco, que usamos para orientar e interpretar todas as nossas experiências subsequentes. Pode ser um desafio se desprender delas, ver a nós mesmos por meio de olhos adultos gentis e pensar claramente sobre o que fizemos e quem somos. Embora inicialmente possa ser angustiante descobrir que não somos quem pensávamos que éramos, a liberdade que isso traz vale totalmente a pena.

12
Separando a pessoa de suas ações

> Por que você está infeliz? Porque 99,9%
> de tudo o que você pensa, e tudo o que você faz,
> é para você mesmo. Mas "você" não existe.
> — Wei Wu Wei

VOCÊ JÁ OUVIU FALAR da história da mãe que deu ao filho duas camisas novas de aniversário? Ele foi para o quarto e saiu vestindo uma delas. Olhando para ele, ela ficou com o coração partido: "Qual é o problema? Você não gostou da outra camisa?".

Às vezes, não temos como vencer. Nós nos esforçamos para fazer tudo certo, realizar grandes coisas, fazer amizade com as pessoas certas, nos comportarmos corretamente, mas, ainda assim, escorregamos em algum lugar, perdemos o trem e acabamos nos sentindo terríveis com relação a nós mesmos. Se você chegou tão longe neste livro, já sabe que a resposta não é tentar se tornar mais perfeito. A resposta é fazer conexões em vez de causar impressões, ser gentil consigo mesmo por suas inevitáveis falhas humanas, abrir-se para a dor dos colapsos de autoestima do passado e do presente, e lutar contra nossa tendência biologicamente programada de sentir vergonha.

A autoavaliação útil

Embora eu tenha apontado os inúmeros problemas da autoavaliação, ela não é totalmente inútil. Claramente, é uma boa ideia avaliar nossa aptidão física antes de tentar escalar o Everest, e uma má ideia realizar uma cirurgia cerebral se nossa compreensão de anatomia está limitada a cortar o *chester* na ceia de Natal. Conhecer os limites de nossas habilidades, ter a sabedoria de pedir ajuda quando precisamos e entender como desenvolver as aptidões necessárias para alcançar nossos objetivos são competências importantes para a vida.

Mas, ironicamente, o tipo mais comum (e problemático) de autoavaliação, que consiste em nos julgarmos dignos ou não, geralmente atrapalha as autoavaliações mais úteis. Diferenciar nossas autoavaliações úteis das do tipo problemático é outra maneira de nos libertarmos de nossas lutas para nos sentirmos bem conosco.

Albert Ellis foi um dos psicólogos pioneiros da psicologia cognitiva. Ellis gostava especialmente de apontar os erros em nossos pensamentos que causam sofrimento desnecessário. Os *insights* e os métodos dele para tornar as pessoas mais conscientes podem ser surpreendentemente úteis para nos libertar de sentimentos de vergonha, inadequação e fracasso.

Ellis chamou o tipo problemático e viciante de autoavaliação que discutimos ao longo deste livro de *autoestima condicional*. Ele ressalta que ela envolve uma avaliação *geral* de nosso valor que considera se temos sido bons ou bem-sucedidos em termos de quaisquer critérios que usamos para definir nosso valor. Essa avaliação sobe e desce regularmente, e é baseada em uma suposição fundamental que geralmente não enxergamos:

Uma ação boa = Uma pessoa boa (valiosa, amável)

Uma ação ruim = Uma pessoa ruim (inútil, não amável)

Estamos tão acostumados a fazer esses julgamentos, e a experimentar estímulos positivos e colapsos de autoestima com base neles, que não percebemos as premissas defeituosas em que eles repousam.

Confundimos regularmente ser com fazer, e nossas conclusões são surpreendentes: "Eu sou bom porque perdi peso"; "Eu sou ruim porque engordei"; "Eu sou bom porque ganho muito dinheiro"; "Eu sou ruim porque não ganho dinheiro o suficiente". Quando exprimimos essas suposições em voz alta, elas soam absurdas. No entanto, muitas vezes vivemos como se elas fossem verdadeiras.

Também vivemos como se houvesse uma estranha equação matemática que determina se somos bons o suficiente ou não, bem-sucedidos ou fracassados, justos ou pecadores, mas raramente examinamos essa equação. Quantas autoavaliações positivas são suficientes para sermos bons? Quantas autoavaliações negativas são necessárias para sermos fracassados ou rejeitados? Quais notas contam? As avaliações recentes contam mais do que as anteriores, ou é a nossa média acumulada que importa? Quem inventou a escala de medida? Nossos pais? Nossos professores? Nossos irmãos? Nossos chefes? Nossos amigos? Deus? Qual é a consequência final? Vamos acabar no céu ou no inferno com base em nossa pontuação geral, ou é apenas o último período de avaliação que conta?

Karim, um talentoso e agradável aspirante a músico com três filhos maravilhosos, vinha discutindo seu sistema de notas na terapia há várias semanas. Um dia, pedi a ele que compartilhasse sua nota do dia. "Hum, acho que −5." E ontem? "Talvez −2. Foi um dia melhor." Perguntei a ele qual tinha sido o seu melhor dia na semana anterior, e ele disse: "Ah, sábado foi muito bom. Minha dívida de cartão de crédito diminuiu em relação ao mês passado e eu tinha perdido 3 quilos!" Qual é a nota? "Zero." Karim percebeu que só incluía em seu sistema de classificação as áreas difíceis. A avaliação geral dele se baseava em seu sucesso financeiro e seu peso. Ser um bom pai e marido, um amigo leal e um músico habilidoso não entravam na equação. Um zero era, portanto, a melhor nota que ele conseguia atingir. Diante de um sistema manipulado desses, Karim decidiu tentar sair do jogo observando cada vez que a necessidade de fazer uma autoavaliação surgia. Ele ficava envergonhado com a frequência com que isso acontecia, mas essa observação o ajudou a não levar os julgamentos tão a sério.

Muitos de nós descobrimos que nosso sistema avaliativo é desproporcionalmente influenciado por eventos recentes. Em vez de ser como uma nota cumulativa ao longo de nossas vidas, que muda gradualmente, nossa avaliação geral de nós mesmos pode variar descontroladamente a cada sucesso ou fracasso. Como meu colega Paul Fulton observou: "Eu sou tão bom quanto minha última sessão. Se tudo correu bem, sou o psicólogo mais talentoso do mundo. Se correu mal, preciso encontrar outra linha de trabalho".

Quanto mais atentamente olhamos para o nosso sistema de autoavaliação, menos sólido e sensato ele parece. Isso ocorre porque nenhuma matemática realmente funciona para essas avaliações globais, elas são muito arbitrárias e muito voláteis, e muitos de nós somos juízes ridiculamente rígidos. Na maioria das vezes, sequer examinamos nossas suposições. Em vez disso, assumimos, como Ellis já dizia em 1957, que "uma pessoa deve ser completamente competente, adequada, talentosa e inteligente em todos os aspectos possíveis; o principal objetivo e o propósito da vida são a realização e o sucesso; incompetência em qualquer coisa é uma indicação de que uma pessoa é inadequada ou sem valor" (parece que as coisas não mudaram muito desde 1957).

Os muitos custos

Há custos consideráveis para vivermos como se pudéssemos chegar a uma nota geral avaliando nosso valor. Quando estamos apenas olhando objetivamente para nossas habilidades e nossos talentos, podemos acabar nos centrando no problema: quais habilidades eu preciso para atingir meu objetivo? O que preciso fazer para desenvolver essas habilidades? Mas, quando nosso valor está em jogo, nos prendemos à tentativa de demonstrar nossa superioridade, a inferioridade do outro ou nossa autoconsciência, e acabamos saindo dos trilhos pela ansiedade ou pela depressão quando imaginamos que ficamos aquém do esperado. Nós posamos para parecer competentes, mas secretamente nos sentimos impostores. Em toda essa luta pelo sucesso, não apenas nos tornamos menos eficazes no mundo, mas também deixamos de perceber o que realmente importa, perdendo oportunidades de descobrir significados e fazer conexões.

Felizmente, podemos aprender a avaliar realisticamente nossos talentos e nossas fraquezas, nossos sucessos e nossos fracassos. É muito libertador clarear a cabeça dessa maneira. Terapeutas, desde Ellis, desenvolveram vários tipos de exercícios que podem ajudar.

Autoavaliação realista

Já me deparei com muitos livros de orientação aos pais durante meus 25 anos trabalhando em uma clínica infantil e familiar. Quase todos os pais eram encorajados a comunicar uma ideia simples, mas notavelmente difícil de entender, para seus filhos quando eles se comportavam mal: "Você não é mau, seu comportamento que é inapropriado". Embora seja verdade, essa é uma realidade difícil de aceitar, tanto para crianças quanto para adultos.

Há muitas maneiras diferentes de despertarmos para a verdade de que nosso valor não é baseado em alguma soma matemática de nossas ações boas e más. Podemos recorrer aos valores religiosos; somos todos filhos de Deus, Jesus nos ama ou somos todos dotados do que as tradições budistas chamam de *bondade básica*. Podemos nos basear em nossos relacionamentos, no fato de que alguém nos ama (ou já nos amou) não importa o que digamos ou façamos. Ou podemos usar a lógica para enxergar que ninguém é realmente bom ou ruim. Essas são ideias culturalmente condicionadas que confundimos com uma realidade absoluta. Seja como for que cheguemos lá, queremos atingir o ponto que Ellis chamou de *autoaceitação incondicional*, em oposição à *autoestima condicional*.

Essa noção é compartilhada por muitos pensadores influentes no campo da saúde mental. O psicólogo pioneiro Carl Rogers identificou a autoaceitação como um ingrediente central na psicoterapia: "Por aceitação [...] quero dizer uma consideração afetuosa pelo [cliente] como uma pessoa de valor próprio incondicional, independentemente de sua condição, seu comportamento ou seus sentimentos". Podemos trabalhar para desenvolver esse sentimento de aceitação independentemente de nos comportarmos de forma inteligente, correta ou competente, e de os outros respeitarem, amarem ou aprovarem nosso comportamento. Fazemos isso ao separar a avaliação de nossas habilidades e nossos comportamentos desse senso de significado ou valor. Podemos viver como se nós, e todos os outros, não fôssemos "bons" nem "maus", mas apenas seres humanos comuns. E podemos usar essa consciência para nos conectar, percebendo que, a esse respeito, estamos todos juntos.

A autoaceitação incondicional é um pouco diferente da autocompaixão, que exploramos no Capítulo 10. A autocompaixão envolve nos abraçarmos carinhosamente quando experimentamos dor. É algo centrado em nosso coração e nossas relações. A autoaceitação é um pouco mais centrada em nossa cabeça. Ela envolve reconhecer o absurdo das nossas mudanças de avaliação sobre nós mesmos e nos aceitar, quer tenhamos ou não um bom desempenho ou a aprovação dos outros.

Cultivando a autoaceitação incondicional

Como a autoaceitação envolve pensamentos claros, um passo importante para cultivá-la é examinar as origens de nossas suposições sobre nosso valor. Muitas de nossas crenças estão tão profundamente enraizadas que não as vemos como crenças, mas como realidades imutáveis.

Pode ser útil refletir sobre suas suposições mais básicas ou suas crenças fundamentais. Quais são as características de uma pessoa boa, valiosa e digna? Você consegue se lembrar das primeiras mensagens que embasaram suas ideias a respeito disso? Havia pessoas específicas (como pais, irmãos, professores ou clérigos) que entregavam essas mensagens?

Enquanto você pensa sobre seu próprio valor e o valor dos outros, quem você imagina que pode julgar o sucesso? Foram as pessoas que ensinaram a você seu sistema de valores? Você carrega imagens delas dentro de você? Ou existem outras pessoas mais recentes em sua vida que definem o bem e o mal, o sucesso e o fracasso? Os valores culturais ou o ensino religioso desempenham algum papel em suas avaliações?

À medida que você faz julgamentos sobre sua bondade ou sua maldade, seu valor e seu mérito, quais ações ou atributos determinam sua avaliação geral? (Você pode consultar a autobiografia da sua autoestima do Capítulo 11 para obter ideias sobre isso.) Ela é definida por suas habilidades? Seus relacionamentos? Sua ética? Suas realizações?

Por fim, qual linha temporal você usa para sua avaliação? Ela é baseada no seu desempenho mais recente ou em uma média de todas as suas autoavaliações positivas e negativas ao longo da vida?

Às vezes, apenas refletir sobre as suposições que usamos para julgar nosso valor, como fez Karim, e perceber como nosso sistema de classificação funciona traz perspectiva para nossas autoavaliações. Não estamos tentando parar de nos avaliar honestamente, apenas queremos ver como deixamos de notar nossos talentos e nossas fraquezas específicos, nossos sucessos e nossos fracassos, para generalizá-los em avaliações gerais de nosso valor.

Outra maneira de trabalhar no desenvolvimento da autoaceitação é seguir os conselhos dos livros de orientação aos pais usando uma abordagem análoga à carta de autocompaixão do Capítulo 10.

Exercício: educando a criança interior

Lembre-se de um momento recente em que você fez uma avaliação geral de seu valor, sentindo-se um sucesso ou um fracasso, bom ou ruim, amável ou não. Então, imagine que você é uma criança chegando a essa conclusão.

Em seguida, traga para sua mente um ser naturalmente sábio, gentil e amoroso (talvez um pai ou um mentor atencioso, ou o ser amoroso que você usou no exercício *Prática da bondade amorosa*, do Capítulo 10). Imagine que este ser está falando com sua versão infantil. O que ele diria sobre suas autoavaliações e suas avaliações gerais de si mesmo?

O objetivo desse pequeno exercício é acessar a voz interior, que é naturalmente sábia, e compreender o quão duras e irrealistas (embora universalmente humanas) nossas avaliações gerais podem ser. Nós mesmos temos a capacidade de nos oferecer uma orientação parental, só temos que acessar isso dentro de nós.

Depois de refletir sobre suas autoavaliações gerais, Karim se lembrou de sua avó, que tinha sido o membro mais amável e equilibrado de sua família enquanto ele estava crescendo. Em sua imaginação, ele conversou com ela sobre suas dificuldades financeiras, seu peso e quão mal eles o faziam se sentir sobre si mesmo. Ela sorriu. "Durante anos eu me senti um fracasso, já que nunca fui para a faculdade ou tive uma carreira como meu irmão Omar. Eu me sentia desconfortável sempre que estava com ele." Mas do que ela mais gostava em envelhecer era ver como estamos todos juntos nessa. "Ajudá-lo a superar seu divórcio e, em seguida, seu câncer mudou tudo isso. Eu me senti próxima dele novamente. Entendi que todos nós temos nossas lutas, ninguém é melhor ou pior do que ninguém, e somos todos criaturas frágeis." Ela então deu um grande abraço em Karim.

Questionando nossas filosofias loucas e cruéis

Outra maneira de nos libertarmos de nossas avaliações globais de valor é desafiando-as em nossa mente e em nossos comportamentos (trabalhando com nossa cabeça e nossos costumes). Por exemplo, muitos de nós lutamos com o perfeccionismo, sentindo que qualquer erro nos faz fracassar.

Tecelões navajos, que são famosos por seus tapetes, rotineiramente incluem pelo menos um nó incorreto em cada tapete para temperar o egoísmo do perfeccionismo. Eles sabem de algo importante. Falhar deliberadamente pode ser uma excelente maneira de suavizarmos nossas preocupações com a autoavaliação.

Existem inúmeras maneiras de fazer isso, algumas mais fáceis e outras mais desafiadoras.

Exercício: imperfeição deliberada

O objetivo desse exercício é desafiar nosso perfeccionismo ao deliberadamente cometer erros ou fazer as coisas mal feitas, investigando nossa resposta emocional e, por meio desse processo, aprendendo a aceitar nossa imperfeição. Você pode começar com erros simples e, se você estiver pronto para o desafio, agravar as coisas cometendo aqueles que são mais difíceis de tolerar. Ao fazer cada atividade, esteja atento aos pensamentos e aos sentimentos que surgem, e seja gentil consigo mesmo. Todos cometemos erros com regularidade.

As sugestões a seguir são apenas possibilidades, classificadas mais ou menos em ordem de dificuldade. Sinta-se à vontade para decidir o quão "imperfeito" você está disposto a ser ou para inventar e experimentar seus próprios erros.

- Da próxima vez que você estiver dirigindo para algum lugar e tiver tempo extra, deliberadamente passe da rua em que você tinha que entrar.
- Compre um item *on-line* de um fornecedor com um preço mais alto.
- Envie a alguém um *e-mail* contendo erros ortográficos (de preferência, não ao seu chefe).
- Passe o dia usando apenas um brinco.
- Coloque meias que não combinam.
- Saia com o cabelo despenteado, vestindo roupas rasgadas ou sujas.
- Cante desafinado ou dance desajeitadamente em público.

Você pode até tentar um destes se estiver se sentindo especialmente corajoso:

- Fique em uma esquina e diga aos transeuntes que recentemente você foi abduzido por alienígenas (pare se algum deles disser que isso também lhe aconteceu).
- Anuncie as paradas do ônibus ou do metrô para os outros passageiros.

Ao cometer seus erros ou se envergonhar, observe os pensamentos, as emoções e as sensações corporais que surgem. Veja se você consegue simplesmente *ficar com* o desconforto. Tente se abraçar, dizer palavras gentis a si mesmo ou praticar alguma forma de autocompaixão para buscar conforto.

Depois de passar um tempo só ficando com a experiência interior da imperfeição, pergunte-se: eu realmente me tornei uma pessoa ruim ou inadequada? A avaliação global do meu valor mudou?

Experimentar ser imperfeito e investigar nossas reações pode nos ajudar a ver mais claramente a tolice de nossas autoavaliações gerais.

Uma abordagem alternativa para enxergarmos além do nosso perfeccionismo é *tentarmos ser perfeitos*. Aqui está a tarefa: tomar um banho perfeito. Ou escrever o poema perfeito. Ou fritar um ovo perfeitamente. Veja o que acontece com sua crença na perfeição.

A bola está do nosso lado

Ao explorarmos o absurdo e a falta de confiabilidade de nossos julgamentos globais e a promessa de autoaceitação incondicional, fica claro que somos nós quem realmente define nosso valor ou nossa adequação, com base em como escolhemos interpretar nossos sucessos e nossos fracassos, nossas virtudes ou nossos vícios, nossas competências ou nossas fraquezas. Embora desenvolvamos nossos hábitos de avaliação naturalmente a partir de mensagens que recebemos de outras pessoas ao longo de uma vida, não precisamos ser escravos delas.

Podemos ver que somos apenas seres humanos comuns que são inteligentes, mas também burros, conscientes, preguiçosos, habilidosos, ineptos, adorados e rejeitados, e tudo isso está em um fluxo constante. Nossas avaliações mudam com nossa sorte, com *feedbacks* positivos ou negativos, bem como com nossas escalas de mudança e nossos métodos de medição. Estamos todos juntos nessa!

Carla, agora com 50 anos, passou grande parte de sua vida presa ao pensamento de tudo ou nada. Primeiro eram suas notas, sua aparência e sua popularidade; depois, sua carreira e sua identidade como mãe. Quando adolescente, se ela não tirava um A, se os amigos se juntavam sem convidá-la ou se ela tinha uma espinha, ela logo ficava de mau humor. Quando adulta, a mesma coisa acontecia se ela não recebia uma ótima avaliação de desempenho no trabalho ou se seus filhos estavam infelizes.

Mas recentemente algo mudou. Ela fez uma viagem de fim de semana para fazer uma trilha com uma amiga de infância. Elas decidiram no último minuto se esbanjar em um restaurante caro, mesmo que não tivessem levado roupas apropriadas. A comida estava ótima, mas Carla ficou se perguntando: "O que será que eles estão pensando sobre nós? Estamos tão malvestidas". Acontece que sua amiga também tinha pensamentos semelhantes, e nenhuma delas queria ficar se preocupando com isso.

Então, naquele mesmo local, elas formaram o Clube do Foda-se, Eu Tenho Cinquenta Anos (Fuck it, I'm Fifty Club). Elas decidiram que cada vez que vissem que estavam se preocupando com o que todos pensariam, ou se julgando por não viverem de acordo com algum padrão ou outro, elas apenas diriam: "Foda-se, eu tenho 50 anos". Quer se juntar a elas? Você pode se inscrever no *site* (em inglês) *fuckitimfifty.club* (sério mesmo).

Enxergando quem você realmente é

Se você está se sentindo aventureiro, pode tentar se livrar ainda mais dessas avaliações gerais ao analisar mais profundamente quem você é. Esta abordagem foi desenvolvida pela sabedoria das antigas tradições e retomada pela ciência cognitiva moderna. Ela pode ser desconcertante, mas tem o potencial de ser muito libertadora. Vamos começar dando uma olhada no que está acontecendo neste momento.

Feche os olhos por alguns instantes e preste atenção à sua respiração para aguçar sua concentração. Agora, ao ler estas palavras, tente identificar onde está o "você" que as está lendo. São as mãos segurando o livro? Os olhos olhando para a página? O corpo na cadeira? Onde exatamente você "ouve" as palavras enquanto as lê? Não é com seus ouvidos. Elas se formam em algo que você chama de mente, certo? Onde exatamente está essa mente?

Em seguida, feche os olhos e conte lentamente até cinco, depois abra-os novamente. Onde você "ouviu" ou "viu" os números? Onde está essa consciência, esse "você", que registrou essas experiências? Onde está o "você" que fez a contagem?

Por favor, feche os olhos novamente e pense em uma imagem de sua mãe por alguns instantes, quer ela ainda esteja viva ou não. Onde exatamente essa imagem apareceu? Quem estava olhando para ela? Você pode sentir onde a imagem estava, mas onde está ou o que é o "eu" que estava olhando para ela? Onde está ou o que é o "eu" que trouxe essa imagem?

Cientistas cognitivos nos dizem que a maioria de nós localiza nossa consciência em algum lugar da cabeça, atrás dos olhos. Na verdade, muitos de nós agimos como se isso fosse de alguma forma o "eu", o núcleo de quem somos, e como se nossos corpos fossem veículos para transportar essa importante entidade mental. Imaginamos que poderíamos perder nossas posses, nosso papel social e até mesmo nossos braços ou nossas pernas, mas, se perdêssemos essa consciência, de alguma forma *nós* desapareceríamos. Supomos que isso é o que desaparece quando morremos, e na verdade é esse nó de consciência, em algum lugar de nossa cabeça, que muitos de nós tememos perder quando pensamos na morte.

Quanto mais cuidadosamente examinamos nosso senso de "eu", mais estranho fica. Quando fazemos algo tolo e depois dizemos: "Eu estava fora de mim", quem era eu? Ou, como o psicólogo Steven Pinker pergunta:

O que é ou onde está o centro unificado da senciência que entra e sai da existência, que muda ao longo do tempo, mas permanece a mesma entidade, e que tem um valor moral supremo? [...] Digamos que deixo alguém escanear meu cérebro em um computador, destruir o meu corpo e me reconstituir em todos os detalhes, memórias e tudo. Eu teria tirado uma soneca ou cometido suicídio? Se dois eus fossem reconstituídos, eu teria o dobro do prazer? [...] Quando um zigoto adquire um eu? Quanto do meu tecido cerebral tem que morrer antes de eu morrer?

Essas perguntas são definitivamente estranhas. Normalmente, não as formulamos. Em vez disso, passamos a maior parte do tempo conversando conosco sobre nós mesmos. De decisões mundanas ("Acho que vou levar o salmão com espinafre hoje, isso é saudável") a medos existenciais ("O que farei se o caroço for maligno?"), a conversa autorreferencial preenche nosso dia. Ouvindo-a o dia inteiro, naturalmente começamos a acreditar que o herói desse drama deve existir e que deve ser *muito importante*. Como ouvi um comediante comentar outro dia: "Eu não posso morrer! Sou o personagem principal da minha história".

Não costumamos examinar como construímos nosso senso de "eu". Quando fazemos isso, pode parecer perturbador, uma vez que nossas suposições convencionais começam a desmoronar. Mas perceber o quão insubstancial nosso senso de "eu" realmente é pode nos ajudar a nos livrarmos das nossas preocupações conosco e a colocar em perspectiva tanto nossos julgamentos constantes sobre nosso valor quanto o modo como nos comparamos aos outros.

A prática de *mindfulness* pode ser uma ferramenta poderosa para apoiar esse tipo de exame. Quando praticamos mais intensivamente, fica mais fácil enxergarmos a natureza da consciência. Nunca encontramos um "eu" estável e separado dentro de nós. Em vez disso, observamos um fluxo contínuo de experiências em mudança, interagindo constantemente com o nosso ambiente. Você mesmo pode verificar isso com uma meditação mais longa.

Exercício: ninguém em casa

Comece, se puder, com 20 minutos ou mais de prática de *mindfulness*, com a coluna ereta, os olhos suavemente fechados e atenção à respiração. Permita que os pensamentos surjam e passem, como nuvens em um vasto céu.

Uma vez que a mente tenha se acalmado um pouco e você tenha tido a chance de observar seus pensamentos indo e vindo, veja se consegue encontrar o observador de sua experiência. Onde está o "eu"? Você consegue mesmo observar um "eu", ou você simplesmente percebe um caleidoscópio de conteúdo em mudança, passando de um pensamento para a respiração, para um som, para uma coceira e assim por diante?

Permita-se continuar praticando por um tempo, vendo se você consegue encontrar um "eu" estável dentro de si.

Quanto mais fazemos essa prática, mais volátil o "eu" tende a se tornar. Começamos a vislumbrar o *insight* sugerido no título do livro *Pensamentos sem pensador*, do psiquiatra Mark Epstein; os pensamentos vêm e vão, mas não há um "eu" estável pensando neles.

Se esses exercícios parecerem muito estranhos, você pode experimentar uma abordagem que vem das tradições iogues para afrouxar o senso convencional de "eu". Às vezes, isso é descrito como desenvolver a *consciência-testemunha*.

Exercício: consciência-testemunha

Comece com alguns minutos de prática de *mindfulness*, coluna ereta, olhos suavemente fechados e atenção à respiração. Permita que os pensamentos surjam e passem.

Uma vez que a mente tenha se acalmado um pouco e você tenha tido a chance de observar seus pensamentos indo e vindo, note que, enquanto os pensamentos continuam mudando, a experiência de observá-los perdura. Essa consciência é como o céu, às vezes cheio de nuvens, às vezes ensolarado, às vezes estrelado, mas ainda céu.

Note que essa experiência de consciência esteve presente por toda a sua vida. Essa consciência perdura enquanto estivermos acordados e vivos, independentemente de nossas circunstâncias em mudança e do surgimento de pensamentos, sentimentos e sensações agradáveis ou desagradáveis.

Continue atento à respiração por um tempo, permitindo que todo o conteúdo da mente vá e venha, percebendo como a experiência da consciência sempre está lá.

Não importa muito se chegamos à conclusão de que "não há ninguém em casa" ou de que "nós" somos realmente a percepção em si (diferentes tradições meditativas veem isso de forma diferente). Em ambos os casos, vemos que todos os julgamentos sobre "mim" e como estou indo na vida são realmente pensamentos e imagens que vêm, vão e mudam constantemente, e não precisamos nos identificar ou acreditar neles.

Marta tinha 40 anos e se divorciou recentemente. Embora seu casamento não tivesse sido ótimo, a gota d'água foi descobrir que seu marido estava tendo um caso com a vizinha. Compreensivelmente, suas autoavaliações eram bem complicadas. Ela ia e voltava entre pensamentos como "Eu sou um fracasso como esposa" e "Meu ex é um &%*$".

Tendo praticado *mindfulness* por alguns anos, Marta decidiu participar de um retiro de silêncio. Durante sua meditação, ela notou os pensamentos sobre si mesma mudando, às vezes hora a hora, às vezes minuto a minuto. "Meu tempo já passou." "Eu sou feia." "Ele é um idiota, ele vai se arrepender de me perder." "Eu realmente sou uma ótima pessoa." Ela também foi capaz de enxergar que esses pensamentos eram na verdade apenas palavras e imagens, cada uma acompanhada por uma emoção, surgindo e passando contra o pano de fundo da própria consciência. À medida que o retiro prosseguia, ela experimentava cada vez mais sua mente e seu coração como vastos espaços abertos que poderiam conter e permitir inúmeras mudanças de pensamentos, sentimentos e sensações.

Quando Marta voltou para casa, os pensamentos sobre ela mesma e seu ex continuaram vindo, mas ela não ficou tão presa a um humor irritado ou autocrítico. Quando tinha que negociar com ele a pensão alimentícia ou a rotina das crianças, ela passou a ficar menos propensa a se manter acordada até as 3h da manhã cheia de ódio. Ela se sentia mais leve, mais livre e mais relaxada, como se sua autoestima não estivesse mais em jogo.

Soltando a batata quente

Experiências como a de Marta são um exemplo maravilhoso dos frutos de uma prática mais intensiva de *mindfulness*, mas elas também podem ser desafiadoras. Queremos pensar que sabemos quem somos, que nossos pensamentos sobre nós mesmos são de algum modo verdadeiros e que existimos de alguma forma estável e substancial. Na verdade, é desconcertante não nos sentirmos mais muito sólidos e percebermos que o único elemento relativamente estável em nossa consciência é a própria consciência.

Mas essas experiências também podem ser um grande alívio, como se estivéssemos soltando uma batata quente que estávamos segurando desnecessariamente. Também podemos dizer que é como pular de um avião sem paraquedas, mas com uma reviravolta. No início, é aterrorizante, mas eventualmente descobrimos que não há chão. Nós nunca realmente vamos nos estatelar nele. Em vez disso, nós apenas passamos de um momento de mudança de experiência para outro. E, quanto mais vemos que realmente não há nenhum "eu" estável a ser encontrado, que há apenas pensamentos sobre mim e como eu me comparo com você surgindo e passando contra um pano de fundo de sensações e imagens em mudança, menos tendemos a acreditar em nossas avaliações gerais e menos acreditamos que somos bons ou ruins, vencedores ou perdedores, santos ou pecadores, ou amáveis ou não. Cada momento de nossa vida então se torna uma oportunidade de estarmos mais presentes, e mais rica e amorosamente conectados a outras pessoas, ao nosso trabalho, à natureza e ao que está acontecendo aqui e agora.

CELEBRANDO O INTERSER

Outro *insight* útil que pode surgir com a prática contínua do *mindfulness* envolve ver nossa interdependência com mais clareza. Isso também pode nos ajudar a nos libertarmos da dor da autoavaliação, pois vemos que a própria ideia de "eu" como indivíduo separado é ilusória, sendo construída a partir de convenções linguísticas. Reconhecidamente, essa também é uma ideia muito estranha. Vamos explorar um pequeno experimento de pensamento juntos para ilustrá-la.

Imagine uma garotinha comendo uma maçã. Ela dá uma mordida na maçã e vê metade de uma minhoca dentro da fruta. Sendo uma criança inteligente, ela deduz o que aconteceu e cospe o que estava em sua boca. Aqui está uma pergunta para começar nosso experimento de pensamento: se você tivesse que escolher, como você caracterizaria o que estava na boca da menina? É essencialmente maçã + verme? Ou já se tornou a garotinha? (A maioria das pessoas neste momento diz que é essencialmente maçã + verme.)

Agora, imagine que não havia verme nenhum, então a garotinha continuou mastigando a maçã e a engoliu, mas suponha que, se ela estivesse em um dia ruim, talvez a maçã voltasse. Como você caracterizaria o material agora no estômago dela? Ainda é essencialmente maçã + suco gástrico ou se tornou a garotinha? (As pessoas já começam a ficar mais divididas neste momento.)

Em seguida, imagine que ela está tendo um bom dia, então a maçã passa pelo duodeno dela e entra nos intestinos. A frutose da maçã é dividida em glicose, e moléculas dessa glicose agora entram na corrente sanguínea da garotinha, viram açúcar no sangue dela. Como você caracterizaria essas moléculas de glicose? Eles ainda são a maçã ou agora se tornaram a garotinha? (A maioria das pessoas vota na garotinha.)

Por fim, vamos considerar outra parte da maçã, conhecida como celulose ou fibra. Imagine que essa parte continua seguindo pelo canal alimentar dela, se preparando para ser depositada em um receptáculo de porcelana branca muito familiar a todos nós. Como você caracterizaria esse material? Porque eu sou um cara legal, vou te dar três opções: (1) ainda é a maçã; (2) tornou-se a garotinha; (3) virou outra coisa. (A maioria das pessoas escolhe a "outra coisa".) Não lhe parece estranho que não gostemos de pensar em nossas fezes como nossa comida ou nós mesmos, mas como "outra coisa"? Afinal, o que elas poderiam realmente ser sem ser nossa comida ou nós mesmos?

Espero que tenha entendido o problema. Em que ponto exatamente uma maçã se transforma em uma garotinha? Ou então: quando, durante sua última respiração, as milhares de moléculas de oxigênio que costumavam ser a atmosfera da sala em que você está se transformaram em *você* e as milhares de moléculas de CO_2 que costumavam ser *você* se transformaram na atmosfera da sala? Por acaso acabamos de provar que você *é* a atmosfera do cômodo em que você está?

Esse não é apenas um jogo intelectual divertido. A realidade é que somos completamente interdependentes do mundo ao nosso redor, e a fronteira entre o "eu" e o resto do mundo é criada por nossos pensamentos. Quanto mais praticamos sair do nosso fluxo de pensamento, mais experimentamos a nós mesmos e ao mundo como um biólogo ou um físico o descreveria: um sistema de matéria e energia em constante mudança, em constante intercâmbio, do qual nosso corpo e nossa mente são uma pequena parte. Esse *insight* tem implicações enormes para o nosso senso de "eu" e também para nos darmos bem com os outros, porque nossas noções de "nós" e "eles", que causam tantos problemas, resultam da não percepção da nossa interdependência.

À medida que nos sentimos mais confortáveis com a percepção de que somos todos parte de um grande organismo, torna-se mais fácil compartilharmos, amarmos e nos conectarmos, além de ter momentos de intimidade em que não estamos nos segurando ou nos protegendo. Nós nos tornamos menos preocupados conosco, com nossa autoestima e com comparações sociais. O professor de zen vietnamita Thich Nhat Hanh chama isso de *experimentar o interser*. Aqui está um trecho de um de seus ensaios sobre o tema:

A nuvem na folha de papel

Se você é um poeta, você verá claramente que há uma nuvem flutuando nesta folha de papel. Sem uma nuvem, não há chuva; sem chuva, as árvores não conseguem crescer; e sem árvores, não conseguimos fazer papel. A nuvem é essencial para que o papel exista [...] Se olharmos para esta folha de papel ainda mais profundamente, conseguiremos ver o sol nela. Se a luz do sol não estivesse lá, a floresta não conseguiria crescer [...].

E, se continuarmos a olhar, conseguiremos ver o lenhador que cortou a árvore e a levou para a fábrica para ser transformada em papel. E veremos o trigo. Sabemos que o lenhador não consegue existir sem seu pão de cada dia, e, portanto, o trigo que se tornou seu pão também está nesta folha de papel. E o pai e a mãe do lenhador também estão nela. Quando olhamos dessa forma, vemos que, sem todas essas coisas, essa folha de papel não poderia existir.

Se realmente somos apenas parte de um universo interdependente e contínuo, nossas lutas para sermos bons o suficiente, termos sucesso ou sermos amados e respeitados são realmente muito tolas. Embora tenhamos valores e aspirações, nossas avaliações de nosso valor são realmente ridículas. Apreciando nosso interser, nós podemos encontrar, em vez disso, a profunda satisfação que vem com sermos completamente comuns e interconectados com outras pessoas e o resto do mundo. Na verdade, aceitar nossa ordinariedade pode ser uma forma deliciosa de jogar ainda mais longe a batata quente da autoavaliação e de se conectar com amor e cada vez mais profundamente com todos os outros.

13
Você não é tão especial assim (e outras boas notícias)

> Quando o jogo termina, os peões, as torres, os cavalos, os bispos, os reis e as rainhas voltam todos para a mesma caixa.
> — Provérbio italiano

VOCÊ SABE QUEM era o rei da Inglaterra em 1387? Naquela época, muita gente sabia, e ele era muito importante. Hoje em dia, nem tanto. Apesar de todo o esforço que fazemos para ter sucesso na vida, nosso prognóstico é ruim e nosso legado é curto.

Mas fica ainda pior. Existem estimativas de que em apenas 50 mil anos a Terra entrará em outra era do gelo. Em 600 milhões de anos, conforme o sol for ficando mais quente, o CO_2 desaparecerá da nossa atmosfera e todas as plantas morrerão. Em um bilhão de anos, os oceanos evaporarão e toda a vida restante na Terra será aniquilada. Parece que nossos sucessos e nossos fracassos, nossas preocupações sobre o que as outras pessoas pensam e nossas preocupações sobre ser bons o suficiente podem não importar muito no longo prazo. Não é estranho que, apesar do fato óbvio de que estamos todos juntos nessa e enfrentamos um destino semelhante, muitos de nós persistam em querer ser especiais e importantes?

A maldição de ser especial

Quando olhamos para um campo de margaridas, a maioria de nós não pensa: "Elas são flores muito bonitas, mas a mais especial, a margarida realmente valiosa, é a que está na fileira 236 e na coluna 89". Aceitamos tranquilamente o fato de as margaridas serem belas em sua ordinariedade, sem uma ser mais especial do que a outra.

No entanto, quando se trata de humanos, nos sentimos desconfortáveis com sermos comuns. Quem aspira a ser "simples", "na média", "regular" ou "normal"? Desenvolvemos uma cultura que nega cada vez mais o fato de que somos todos, no final das contas, muito parecidos.

Evidências de nosso crescente apego a sermos especiais estão em toda parte. Observe como os pais estão nomeando seus bebês, por exemplo. Nos Estados Unidos, em 1950, um em cada três meninos recebeu um dos 10 nomes mais comuns naquele ano, assim como uma em cada quatro meninas. Ser "normal" era valorizado. Em 2012, menos de um em cada 10 meninos e uma em cada 11 meninas receberam um nome comum. Os nomes de menino que mais cresceram em popularidade nos últimos anos nos Estados Unidos incluem Major, King e Messiah (Major, Rei e Messias, em português). O *extraordinário* é o novo normal. Como o pesquisador pioneiro na pesquisa sobre felicidade humana, Martin Seligman, brincou: "É como se algum idiota tivesse aumentado o nível do que é preciso fazer para ser um ser humano comum". Hoje em dia, ser comum é ser um perdedor.

Pedimos nosso café personalizado no Starbucks, queremos viver em uma casa única e ter um casamento como nenhum outro, tudo para estabelecer a nossa marca pessoal. Até as igrejas embarcaram nessa. Joel Osteen, pastor da maior igreja evangélica dos Estados Unidos, costuma dizer: "Deus não criou nenhum de nós para ser mediano". Incrivelmente, há agora todo um movimento chamado Cristianismo da Prosperidade, exemplificado por um livro *best-seller* cujo título revela o quão louco isso se tornou: *Deus quer que você seja rico* (no original, *God wants you to be rich*).

Pessoalmente, eu me acostumei a buscar ser especial desde muito jovem. Eu era elogiado por ser brilhante e verbal, e rapidamente me agarrei a isso. Embora eu também tenha tido a sorte de receber amor dos meus pais, me ver como especialmente talentoso criou um problema real. Eu fiquei mal-acostumado, esperando ser bem-sucedido em tudo o que eu fizesse. Então, um pouco mais tarde, quando eu era escolhido por último para os times na educação física, não conseguia cantar uma melodia ou fazer um desenho, ou quando os valentões implicavam comigo, o choque era muito pior, porque eu pensava que eu deveria ser especial. Eu me afastei de áreas em que eu estava na média ou abaixo dela, e, mesmo em áreas em que eu tinha algum talento, sentia que precisava me destacar cada vez mais apenas para me sentir bem comigo mesmo.

Essa experiência pessoal, juntamente às de todos os pacientes que vi lutando para serem especiais, me tornou um grande fã de abraçar a ordinariedade. Isso também pode ser um refúgio para as pessoas que cresceram sendo informadas de que estavam, de alguma forma, abaixo da média, já que ser comum permite que todos nós nos juntemos à família humana.

Essa não é uma ideia nova, é claro. Quase todas as tradições religiosas e de sabedoria do mundo sugerem que a humildade, a consequência natural de abraçar nossa ordinariedade, é central para o bem-estar. "Bem-aventurados são os humildes, porque herdarão a terra" (cristianismo). "O Senhor destruirá a casa dos soberbos" (judaísmo). "Humildade, modéstia [...], ausência de ego; diz-se que isso é conhecimento" (hinduísmo).

Aqueles de nós viciados na busca por ser especiais temem que, se forem apenas comuns, acabarão solitários. Imaginamos que as outras pessoas gostam de nós apenas porque somos especiais de alguma forma. Embora esse às vezes seja o caso (como no amor romântico viciante), a maioria de nós é muito mais atraída por pessoas que entendem nossa humanidade compartilhada e não se consideram melhores ou inferiores aos outros. Nós nos sentimos seguros, amados e conectados na presença delas. Inclusive, algumas dessas pessoas comuns, paradoxalmente, ganharam muitos seguidores como mestres espirituais, precisamente porque não se viam como grandes mestres nem sequer cobiçavam ganhar esses seguidores. É realmente um dom extraordinário.

Certa vez, participei de uma arrecadação de fundos para um maravilhoso padre espanhol de 80 anos que passou toda a sua vida adulta na África construindo orfanatos. Centenas de pessoas ricas, poderosas e bem-sucedidas competiam para tirar fotos com ele. Ele estava totalmente indiferente a todo o rebuliço e agia em todos os encontros como se fosse apenas um cara normal fazendo seu trabalho. Ele com certeza parecia bem-amado, feliz e satisfeito, embora não se preocupasse em ser especial.

Abraçando a ordinariedade, o padre não tinha necessidade nenhuma de posar de pessoa boa, não tinha nada a esconder e era completamente valorizado por sua autenticidade. Mike Robbins, que ensina líderes a serem mais autênticos, nos convida a completar esta frase: "Se você realmente me conhecesse, saberia que _____" (tente preencher o espaço em branco agora mesmo). Você realmente acabaria solitário se todos soubessem a verdade sobre você? Se todos o vissem como a pessoa comum e imperfeita que você é?

Liberdade: nada mais a perder

Há muitos outros benefícios em realmente entender e aceitar que somos seres humanos comuns. Defender o quão especiais somos, ou tentar provar que não somos inferiores, pode ser exaustivo. Se formos comuns, poderemos usar elogios como incentivo para manter o curso e críticas como incentivo para efetuar mudanças, já que pessoas comuns cometem erros regularmente. Os sábios sabem disso há muito tempo. O pai da psicologia americana, William James, refletiu em 1882 sobre o quão libertador isso pode ser: "Estranhamente, uma pessoa se sente extremamente leve depois de aceitar de boa-fé a incompetência em um campo específico". Mais recentemente, o psiquiatra Michael Miller deu seguimento a esse pensamento: "Conheço muitas pessoas que foram arruinadas pelo sucesso, mas poucas que foram arruinadas pelo fracasso". Na verdade, o fracasso pode facilitar a conexão com outros meros mortais.

Bill tinha desfrutado de muito sucesso em sua carreira. Ele havia começado de baixo em sua empresa, passando de engenheiro a supervisor e gerente antes de chegar ao cargo de vice-presidente. Ele ganhava um bom dinheiro e tinha muita influência. Mas ele sofria de uma desordem que o psicólogo Paul Fulton uma vez batizou de *narcisismo ocupacional de início tardio, estágio terciário*. Ele havia se tornado cheio de si mesmo e não era muito legal com os subordinados.

Eventualmente, o preço das ações da empresa de Bill caiu, houve uma reorganização, e um novo CEO assumiu. O novo chefe trouxe novas pessoas, e o *status* de Bill despencou. Lutando contra a dor de não ser mais um figurão na empresa, ele buscou terapia.

Começamos explorando como Bill se sentia antes da reorganização. "Acho que me sentia bem sendo o cara a quem todo mundo ouvia. Eu era íntimo do chefe e todos queriam estar ao meu lado." Então nos voltamos para a situação atual dele. "Ninguém realmente quer falar comigo agora. A maioria deles provavelmente pensa que eu sou um babaca." Bill sentiu-se derrotado demais para tentar levantar o ânimo esforçando-se para voltar ao topo. Em vez disso, com meu incentivo, ele conversou com a família, com os amigos e até com alguns colegas de trabalho sobre sua arrogância anterior e sua humildade e vulnerabilidade recém-descobertas. "É vergonhoso, mas acho que eu não era tão especial, afinal eu só tive sorte. Não estar mais no topo ainda é difícil, mas é muito menos solitário." Ele até começou a ir à igreja novamente. "Todos lá tentam apoiar uns aos outros. Ser presunçoso lá não iria cair muito bem. Eu acho que é bom pra mim."

Sermos humildes e abraçarmos a ordinariedade também nos ajuda a perdoar. Pesquisas sugerem que, quando pensamos que somos superiores, nos tornamos hipócritas e julgamos os outros mais severamente por suas falhas, considerando-as como menos perdoáveis. Inclusive, um experimento muito inteligente que fez com que sujeitos se sentissem superiores aos colegas demonstrou que isso diminuiu a capacidade deles de identificar e se importar com os sentimentos dos outros.

Nosso senso de sermos especiais também pode ser tóxico de outra maneira; nós sentimos vergonha quando pensamos que somos muito ruins ou incapazes de sermos amados. Aqui, ver nossa ordinariedade pode ser nossa salvação, já que as experiências dolorosas que nos fazem nos sentirmos especialmente terríveis com relação a nós mesmos são muitas vezes universais. Ainda me lembro do meu alívio quando o líder de um grupo de terapia nos disse no ensino médio: "Há dois tipos de meninos: aqueles que se masturbam e aqueles que mentem sobre isso". Ufa.

Uma nova e maravilhosa aplicação do *big data* é aliviar nossa vergonha nos mostrando o quão comuns todos nós somos. Um programa rastreou pesquisas na internet e usou os resultados para reconfortar homens *gays* que vivem em áreas onde a homofobia é abundante mostrando que eles não estavam sozinhos, mesmo em seus próprios bairros. Outro projeto ajudou meninas adolescentes preocupadas com o odor vaginal a se sentirem normais mostrando a elas como as pesquisas na internet sobre isso são comuns. Acontece que nossa vergonha nos torna extraordinariamente comuns, já que todos temos vergonha de coisas semelhantes. Ser comuns nos conecta à nossa humanidade compartilhada. E reconhecer nossa ordinariedade significa que não temos que ficar tentando posar de especiais enquanto nos sentimos impostores.

Como as outras maneiras de nos libertarmos de nossas autoavaliações dolorosas, abraçar nossa ordinariedade envolve nossa cabeça, nosso coração e nossos costumes. Se estivemos obcecados em sermos melhores do que os outros todo esse tempo, isso significa que devemos enxergar a loucura do nosso apego a ser especiais, sentir a decepção de desistirmos dela e nos esforçarmos para viver como pessoas comuns. Se estivemos convencidos de que somos de alguma forma inferiores aos outros, devemos examinar as raízes dessa suposição e arriscar nos comportar como se nos aceitássemos do jeito que somos. Cada passo que damos nos traz mais paz, liberdade, alegria e conexões.

Diana adora voltar para casa durante os recessos da faculdade: "Quando estou com minha família, sinto que não tenho que provar nada". Chris adora acampar sozinho: "É ótimo não ter ninguém por perto por quilômetros e não se preocupar em ser visto ou julgado por ninguém". E Anna adora se encontrar com seus velhos amigos do colégio: "Eu me sinto totalmente parte do grupo, não importa o que eu faça". Essa é a paz, a liberdade e as conexões que a celebração da ordinariedade pode oferecer.

Sendo quem somos

Eu gosto muito de uma história que ouvi de Barry Magid, um psiquiatra e padre zen de Nova York. Muitos nova-iorquinos ricos estão preocupados em garantir que seus filhos sejam aceitos em creches competitivas de alto *status*. A ideia é que, se o seu filho entra em uma creche de elite, as chances dele de entrar em uma escola primária de elite aumentam, e, se o seu filho frequenta uma escola primária de elite, as chances dele de entrar em uma escola secundária de elite também aumentam. E, claro, se o seu filho frequentar uma escola secundária de elite, as chances dele de entrar em Harvard são mais altas. Todos sabemos que entrar em Harvard é um caminho garantido para a felicidade.

Era nesse contexto que a esposa do Dr. Magid estava revisando as fichas de inscrição do filho deles para algumas possíveis creches. Ela mostrou para ele uma que tinha uma página inteira para os pais descreverem o quão extraordinária é a criança. O Dr. Magid disse à esposa: "Apenas escreva 'Ele não é especial, é só uma criança comum'". Essa foi a última vez que sua esposa o deixou ver as fichas de inscrição.

Como podemos celebrar ser uma "criança comum"? Uma forma é trabalhar com nosso coração ao brincar com nossos sentimentos de inadequação.

Uma vez, tive um paciente chamado Joseph, um professor do ensino médio brilhante e dedicado cujo avô tinha sido um industrial rico. Como resultado, sua mãe herdou muito dinheiro. Ela agora estava incapacitada com demência, e ele e sua irmã, os únicos herdeiros, estavam encarregados das finanças dela. Como a mãe dele tinha recursos mais do que suficientes para receber bons cuidados pelo resto da vida, meu paciente e a irmã dele distribuíram alguns dos bens dela para si mesmos. Ele usou sua parte para comprar uma casa em uma área luxuosa da cidade.

O problema era que, sempre que ele ia às reuniões do bairro, Joseph se sentia inadequado. Quase todos os seus vizinhos eram pessoas importantes e influentes, chefes de hospitais e universidades, políticos ou empresários. Ele sentiu que eles tinham *merecido ganhar* suas riquezas, enquanto ele tinha obtido a sua arbitrariamente, por um acidente de ter nascido em certa família.

Enquanto Joseph lutava com seus sentimentos de inadequação, nós traçamos um plano. Da próxima vez que ele estivesse em uma reunião e se sentisse inferior aos seus vizinhos, ele repetiria silenciosamente uma afirmação. Ele diria para si mesmo: "Sim, você pode ser muito impressionante e bem-sucedido, *mas eu recebo meu dinheiro da mamãe!*".

Havia algo em abraçar sua ordinariedade por meio do humor que realmente ajudava a destacar o absurdo da comparação social, permitindo que ele se conectasse mais confortavelmente com seus vizinhos.

Você pode experimentar isso também com um pequeno exercício. Agora mesmo, pense em algo que você fez ou em uma característica pessoal da qual tem vergonha (não deve demorar muito para você conseguir pensar em uma). Da próxima vez que você estiver em uma situação social em que se sinta desconfortável com isso, faça uma declaração triunfante (mas silenciosa), como se estivesse orgulhoso da sua fraqueza ou sua limitação: "Eu sou mais gordo do que você!"; "Você acha que você é egoísta?"; "Eu sou o cara mais ansioso aqui!". Veja se, como no caso de Joseph, isso ajuda você a se sentir menos envergonhado e mais confortável com ser comum.

Outra maneira de abraçarmos a ordinariedade é trabalharmos com nossa cabeça, desenvolvendo uma avaliação realista de nossos pontos fortes e fracos, e depois refletindo sobre como os conseguimos.

Exercício: como eu me tornei eu

Comece revisando suas características e suas habilidades. Usando os espaços em branco nas duas colunas a seguir, se quiser, liste vários dos seus pontos fortes e fracos mais importantes: as características que fazem você se sentir bem consigo mesmo ou especial e as que fazem você se sentir inadequado ou inferior. (Se precisar de mais espaço, utilize a versão editável dos formulários acessando a página do livro em *loja.grupoa.com.br*.)

Pontos fortes	Pontos fracos

Fonte: *The extraordinary gift of being ordinary*, de Ronald D. Siegel. Copyright © 2022 Ronald D. Siegel. Publicado pela Guilford Press.

Ao olhar para a lista, observe quais sentimentos surgem em conexão com cada ponto forte e cada ponto fraco. Permita-se sentir essas emoções.

Em seguida, reserve alguns momentos para refletir sobre como cada ponto forte ou ponto fraco surgiu. Foi por sorte genética? Você nasceu bom (ou ruim) nisso ou com (ou sem) esse talento ou qualidade em particular? Ele surgiu por causa de circunstâncias boas ou ruins da vida? Você teve pais ou outras pessoas que o apresentaram (ou não) à habilidade ou ajudaram (ou não ajudaram) você a desenvolvê-la? Essa habilidade surgiu por causa de trabalho duro (ou de sua evitação)? Esse trabalho árduo (ou a evitação dele) surgiu por causa de influências genéticas ou ambientais?

A maioria de nós descobre, quando olha para nossas listas, que as origens de nossos pontos fortes e nossos pontos fracos são todas *impessoais*. Nossas qualidades desejáveis e indesejáveis surgiram de fatores e forças que não estão relacionados ao nosso valor, e, mesmo se tivermos sido atores no processo, houve forças impessoais e fatores que nos predispuseram a nos comportarmos da maneira como nos comportamos. Na realidade, somos todos bastante semelhantes, e comuns, nesse aspecto também.

Definitivamente estamos juntos nessa

Eu tenho uma memória muito marcante, de quando eu tinha 5 anos, de ver uma mulher que era mais velha até do que meus avós. Ela tinha tantas rugas que eu cheguei a me assustar, como se ela fosse algum tipo de alienígena. Anos depois, aos 24 anos, eu estava com um antigo amigo do colégio assistindo à criançada de uma escola andar em uma pista de patinação. Ele apontou que agora tínhamos o dobro da idade deles. Fiquei pasmo de novo.

Parece que a cada estágio do meu desenvolvimento fico surpreso por *eu* ter chegado aonde estou. De alguma forma, eu imaginava que o envelhecimento acontecia apenas com as *outras* pessoas.

Mais cedo ou mais tarde, o envelhecimento ameaça a autoimagem de quase todo mundo. Podemos ficar mais altos ou mais competentes por um tempo, mas eventualmente atingimos o pico e começamos a decair. Seja força física, beleza, capacidade intelectual ou *status* social, eventualmente todos nós perdemos nossas vantagens para as pessoas mais jovens. (Há exceções. Se apostamos nosso valor próprio em sermos gentis ou generosos, podemos ser capazes de mantê-lo até o final.)

Se realmente entendêssemos que os traços especiais de ninguém vão durar, seríamos um pouco menos apegados a eles. Perceber isso pode ser libertador se pensamos em nós mesmos como especialmente inadequados, pois as desvantagens também não duram para sempre. Esse é um caminho desafiador para abraçar a ordinariedade, mas muito poderoso. Aqui está um pequeno exercício que pode nos ajudar a nos conectarmos com a impermanência de tudo. Ele é difícil, então não o experimente se você não estiver muito bem hoje. Mas, se você estiver preparado para uma aventura que pode nos ajudar muito a amenizarmos nossas preocupações com a autoavaliação, continue lendo.

Exercício: tudo muda*

Comece com alguns minutos de prática de *mindfulness*. Passe 5 ou 10 minutos apenas observando a inspiração e a expiração ou outro objeto de atenção, como o som ou o seu contato com a cadeira, retornando suavemente sua atenção a essas sensações caso sua mente se distraia com algum pensamento.

Depois de estabelecer um pouco de concentração, lembre-se de como você se sentia quando era criança. Imagine-se sentado em sua postura atual com o seu corpo de quando você era criança. O que você estaria vestindo? Como você se sentia em seu corpo? Qual era sua aparência no espelho? De que maneiras você se sentia especial? De que maneiras você se sentia comum? Você se sentia menos do que os outros? Por alguns instantes, seja a criança que você foi.

Em seguida, imagine a si mesmo como quando era um jovem adulto (se você é atualmente um jovem adulto, tente lembrar-se de como você era há alguns anos). Como você se sente em seu corpo mais jovem? Qual era a sua aparência? De que maneiras você se sentia especial? De que maneiras você se sentia comum? Você se sentia inferior aos outros? Por alguns minutos, seja o jovem adulto que você já foi.

Continue este exercício imaginando a si mesmo na sua idade atual, primeiro de dentro, sentado, e depois olhando para si mesmo no espelho. Novamente, como você se sente especial? De que maneiras você se sente comum? Você se sente inferior aos outros?

Então vá para o futuro. Imagine como você vai parecer e se sentir em marcos como a meia-idade, a aposentadoria ou a velhice. Em cada circunstância, dedique algum tempo para imaginar como você se sentiria sentado nessa mesma postura, como seria sua aparência no espelho e de que maneiras você se sentiria especial, comum ou inferior aos outros. Tente notar quais idades são mais fáceis de imaginar e aceitar, e quais são mais desafiadoras.

Se você descobrir que uma idade é especialmente difícil, pode tentar direcionar bondade amorosa para si mesmo nessa idade. Por exemplo, se é difícil ficar com a imagem de você já muito idoso, mantenha essa imagem em mente, coloque as mãos sobre o coração e sugira: "Que eu tenha segurança, que eu seja feliz, que eu seja saudável, que eu viva com leveza" (ou intenções semelhantes).

---

* Áudio (em inglês) disponível na página do livro em *loja.grupoa.com.br*.

O grande nivelador

Considere o rei da Inglaterra e o destino do nosso planeta. Uma forma ainda mais desafiadora, mas potencialmente mais eficaz de ver nossa ordinariedade é tentar encarar a morte de frente. A maioria de nós vive em diferentes graus de negação da morte. Enfrentar a mortalidade é difícil, mas tem o potencial de dissolver nossas preocupações com a autoavaliação e nos conectar mais profundamente uns aos outros.

O psiquiatra Bob Waldinger dirige o Harvard Longitudinal Study, o estudo mais longo sobre bem-estar humano já realizado (começou em 1938). Ele me disse que, quando os pesquisadores perguntaram aos sujeitos perto do fim de suas vidas se eles tinham algum arrependimento, o mais comum era ouvir: "Eu gostaria de não ter gasto tanto tempo e energia me preocupando com o que as outras pessoas pensavam de mim" e "Eu gostaria de ter dado mais atenção aos relacionamentos importantes na minha vida".

O adesivo de para-choques que diz "Quem tiver mais brinquedos quando morrer ganha" também destaca a futilidade de nossas lutas para sermos especiais, bem como o absurdo de nos sentirmos inferiores aos outros. Embora possamos inicialmente nos sentir sem esperanças quando contemplamos a morte, ver a realidade da impermanência pode, na verdade, nos ajudar a nos envolvermos mais plena e livremente em cada momento de nossas vidas e nos conectarmos a todas as outras pessoas que estão na mesma situação.

Cerca de 30 anos atrás, eu estava viajando em Krabi, na Tailândia, quando me deparei com um fascinante mosteiro budista. Era como um parque temático da morte. Esqueletos e crânios humanos reais estavam em exposição em todos os lugares, e os monges os usavam como objetos de meditação. Quando as pessoas nas cidades vizinhas morriam, seus parentes ofereciam os corpos aos monges para realizar autópsias espirituais — não para descobrir a causa da morte ou avançar o conhecimento médico, mas para ajudar os monges a entenderem que somos feitos de carne e que, mais cedo ou mais tarde, todos nos tornamos carne morta.

Por mais perturbador que pareça, os monges que conheci não eram muito sombrios. Eles tocavam suas vidas com leveza e uma apreciação do momento presente, com base em uma compreensão da impermanência de todas as coisas. Não é difícil ver como manter isso em mente, e abraçar esse pensamento com o coração pode nos libertar de preocupações autoavaliativas. Apesar dos túmulos poderem ter tamanhos diferentes, na morte somos todos muito parecidos.

A maioria das tradições da sabedoria também nos encoraja a abraçar a mortalidade para encontrar a liberdade psicológica e espiritual. "Lembra-te que és pó e ao pó voltarás" (Gênesis). "Todos nós vamos para um só lugar" (Eclesiastes). E há o grande ditado italiano do início deste capítulo: "Quando o jogo termina, os peões, as torres, os cavalos, os bispos, os reis e as rainhas voltam todos para a mesma caixa".

Muitas vezes, a realidade de nossa impermanência é repentinamente imposta a nós. Gitu, uma assistente social na casa dos 50 anos, perdeu o marido no ano passado, depois de uma longa e dolorosa doença. Foi uma experiência traumática, e, embora esteja aliviada por seu marido não estar mais sofrendo, ela sente muita falta dele. Mas ela também sente que aprendeu algo importante. "Sabe, eu não desejaria isso a ninguém, mas estar com ele durante todos esses meses de morte lenta teve um lado bom. Eu entendo melhor agora que a vida é curta e todos nós morremos."

Trabalhando seu luto, ela tem usado essa consciência para mudar sua vida. Cada dia ela faz uma pausa para se perguntar: "O que realmente importa?". E adivinha só? Ser especial, ter boa aparência, vencer no jogo da comparação social e acumular conquistas não estão no topo da lista. Essas preocupações perderam força. O que vem à mente dela é cuidar dos outros, apreciar o momento presente e tentar tornar o mundo um lugar melhor. "É difícil explicar, mas, mesmo com toda a minha dor, a vida parece mais significativa, e estranhamente melhor, agora que estou focando o que é mais importante."

Enfrentar a realidade da morte é uma tarefa difícil, é claro, e pode não ser a melhor prática a ser adotada quando estamos nos sentindo emocionalmente instáveis. Mas, quando não estamos muito sobrecarregados, isso pode realmente nos ajudar a deixar de lado nossas preocupações sobre sermos especiais ou bons o suficiente, uma vez que como nos comparamos aos outros é obviamente irrelevante quando estamos mortos.

Há várias maneiras de fazer isso. Durante a Guerra Civil Americana, quando a morte estava sempre à espreita, tornou-se costume lembrar-se da mortalidade todos os dias a fim de melhor apreciar a vida. Os monges budistas fazem isso passando a noite meditando em cemitérios a céu aberto, observando corpos se decomporem ou serem comidos por animais. Algo menos medonho que podemos fazer é passear em um cemitério observando datas de nascimento e morte, apreciando que realmente não sabemos quando nossa hora chegará. Também podemos criar lembretes simples para nós mesmos. Para moderar sua ansiedade de desempenho, meu colega Paul Fulton às vezes escrevia em cima de suas notas de apresentação: "Em breve, morto".

Outra maneira de aceitar a impermanência e desenvolver uma perspectiva sobre nossas preocupações relativas a como estamos levando a vida é contemplar o futuro do nosso "eu" social. Quase todos nós construímos nosso senso de nós mesmos a partir dos reflexos que vemos nos rostos dos outros, de todas as maneiras como as pessoas nos aceitam ou rejeitam, nos elogiam ou nos culpam. Na verdade, muitos de nós estão mais preocupados em ser respeitados, desejados ou amados pelos outros do que com a própria saúde ou longevidade. Este próximo exercício pode, portanto, ser difícil, mas também muito libertador. Experimente-o quando estiver em uma fase relativamente estável e pronto para um desafio.

Exercício: o futuro do nosso "eu" social*

Comece com alguns minutos de prática de *mindfulness* para cultivar sua atenção e abrir seu coração e sua mente.

Então, imagine que, depois de todas as suas preocupações com sua saúde, todas as suas preocupações com dieta e exercícios, e depois de tanto escovar os dentes e passar fio dental, finalmente aconteceu. Você morreu. A vida continua sem você. Pessoas que amam você estão tristes. Elas estão se lembrando de tudo que amavam em você e das coisas de que não gostavam muito também. Note como você se sente ao imaginar que elas estão pensando em você.

Em seguida, imagine que um ano se passou. Seus entes queridos estão cada vez mais seguindo com suas vidas. Claro, eles ainda pensam muito em você, lembrando dos bons tempos e às vezes dos momentos difíceis. Mas eles estão se acostumando com a sua ausência. Está se tornando o novo normal. Eles ainda estão de luto, mas também estão mais envolvidos em outras coisas, não mais continuamente conscientes de que você não está lá. Observe como você se sente imaginando-os um ano após sua morte.

Agora, imagine que cinco anos se passaram. Seus entes queridos estão totalmente engajados com suas novas vidas. Claro, eles pensam em você, mas não com tanta frequência. E, mesmo que eles ainda sintam sua falta, eles não estão mais sofrendo regularmente, apenas em momentos pungen-

---

* Áudio (em inglês) disponível na página do livro em loja.grupoa.com.br.

tes que os lembram de seu tempo juntos. Observe como você se sente imaginando-os cinco anos após sua morte.

Agora, imagine que 10 anos se passaram. Seus entes queridos nem acreditam que já faz 10 anos. Suas vidas e o mundo mudaram tanto. Tantas coisas aconteceram. De vez em quando, eles imaginam como teria sido se você tivesse sido capaz de fazer parte de tudo aquilo. Ocasionalmente, eles se perguntam o que você teria pensado, como você poderia ter reagido à maneira como o mundo se modificou. Observe como você se sente imaginando-os 10 anos após sua morte.

Por fim, imagine que cem anos se passaram. Todo mundo que você conhecia também já morreu. Quaisquer filhos que seus conhecidos tiveram podem estar vivos, mas essas pessoas nunca o conheceram. O mundo é um lugar notavelmente diferente. A vida continua, e há poucos lembretes de que você já esteve aqui. Observe como você se sente imaginando o mundo cem anos após sua morte.

Para a maioria de nós, a realidade da morte pode ser difícil de imaginar. Nós nos apegamos tanto às nossas fantasias de ter um futuro e de ser as estrelas de nossos pequenos *shows* que vislumbrar o nosso destino é profundamente angustiante. Se conseguirmos imaginar nossa morte, poderemos nos tornar niilistas em um primeiro momento. Por que me preocupar em fazer algo se tudo vai acabar, se eu sou apenas uma partícula de poeira em um vasto e insignificante universo? No entanto, mesmo que seja doloroso e difícil começar a deixar de lado nossas ilusões, uma vez que superamos nosso choque inicial, pode ser imensamente libertador.

Quanto mais vividamente conseguimos enxergar o quão impermanente tudo é, incluindo nós mesmos e todos os outros, mais fácil é deixar de lado nossas autoavaliações. Então, em vez de fazer com que nos sintamos como borrões sem sentido em um universo indiferente, enfrentar nossa transitoriedade e nossa ordinariedade pode, na verdade, permitir que nos conectemos com amor a outras pessoas e a toda a criação, proporcionando um profundo senso de significado, pois, quanto menos nos preocupamos em tentar nos sentir bem com relação a nós mesmos, mais fácil é nos sentirmos parte do mundo em geral.

As alegrias da insignificância

Abraçar nossa insignificância está intimamente relacionado a aceitar nossa ordinariedade e nossa impermanência. Isso é complicado, já que envolve um paradoxo. A maioria de nós está naturalmente muito empenhada em importar, e, de certa perspectiva, nós importamos muito. Importamos para nossa família, nossos amigos e nossos colegas de trabalho. Nós tocamos inúmeras pessoas, e isso se soma às várias contribuições que fazemos para o mundo ao longo de nossas vidas. Nossos esforços beneficiam os outros de maneiras sutis e expressivas, e cada ato de bondade e compaixão realmente pode ajudar o mundo a se tornar um lugar melhor.

Porém, de uma perspectiva mais ampla, nós realmente não importamos muito de forma duradoura (pense novamente no rei e no futuro do nosso planeta). Nossas tentativas de importar, de ser importantes, atrapalham tanto nossa utilidade quanto nosso bem-estar.

Uma vez, uma colega minha me consultou sobre Júlio, um paciente que perdeu sua posição no setor de recursos humanos de um hospital comunitário quando o hospital foi comprado por um grande conglomerado. Ele tinha sido um gerente valioso e dedicado, e havia, inclusive, recebido um prêmio por seu trabalho pouco antes da aquisição. Mesmo que ele tenha recebido um pacote de indenização decente e tivesse vontade de tirar algum tempo de folga, quando ele voltou ao mercado de trabalho, a sua área de atuação estava mudando, e Júlio se sentiu deprimido por ter que se contentar com uma posição de nível menor. Explorando seus sentimentos na terapia, ele percebeu o quanto se apegou ao sentimento de que era importante. "No meu antigo trabalho, todos me consultavam quando tinham problemas." O novo trabalho dele recrutando fornecedores era interessante, e ele conheceu muitas pessoas, mas "eu definitivamente não estou mais no centro do palco".

Minha colega, pessoalmente interessada em deixar de lado as preocupações quanto a ser especial, começou a conversar com Júlio sobre a possibilidade de ele abraçar sua insignificância. No começo, ele não comprou a ideia. Parecia uma perspectiva perturbadora que ia contra a maneira como ele viveu toda a sua vida. Mas ela apontou que a insignificância pode não ser tão ruim. Se ele não precisasse ser importante, ele conseguiria aproveitar melhor os momentos comuns da vida. Talvez ele conseguisse se sentir menos estressado, se envolver mais com seus amigos e seus familiares, e encontrar satisfação em atividades como tocar piano e cuidar do jardim, para as quais ele não tinha tempo antes. Talvez ele pudesse gostar de conhecer novas perspectivas no trabalho sem precisar se sentir indispensável. Talvez ele pudesse criar um novo hábito, usando cada momento comum como uma chance de ser mais consciente, mais conectado e mais engajado, mas ainda assim relaxado.

Embora assustadora, já que significava desistir de se sentir importante, essa ideia fazia sentido para ele. Júlio lembrou que em seu antigo trabalho ele estava sempre tentando participar de todas as reuniões e ser incluído em todas as grandes decisões. "Não era realmente consciente, mas acho que imaginei que, se todos vissem o quão importante eu era, eu sempre seria necessário e garantiria meu emprego." Perder o emprego fez com que ele enxergasse a realidade de que, em última análise, nenhum de nós é realmente tão importante. Qualquer que seja nosso papel, podemos e seremos substituídos (ou "tornados redundantes", como se diz tão comoventemente na Inglaterra).

Enquanto Júlio tentava manter em mente a impermanência de todas as coisas e abraçar deliberadamente sua insignificância, ele descobriu que, na verdade, ele realmente *gostava mais* do momento presente e começou a sentir mais amor e uma conexão mais forte com as pessoas que importavam para ele. Mesmo que ainda trabalhe duro em sua posição atual, ele não tem mais a fantasia de que é insubstituível, o que na verdade torna o trabalho menos estressante e mais divertido. Ele finalmente é capaz de passar mais tempo cuidando de seu jardim, tocando piano e até mesmo *desfrutando* a companhia de sua família na praia ou passando momentos de silêncio sozinho.

Por mais contraintuitivo que possa parecer, nossa melhor chance de viver bem e de importar de maneiras significativas para aqueles ao nosso redor pode vir de abraçar exatamente as realidades a que mais resistimos: nossa mortalidade, nossa ordinariedade e nossa insignificância no final das contas. Como outras abordagens para superarmos nossas preocupações com a autoavaliação e o *status*, abraçar a ordinariedade ajuda a abrir a porta para nossas fontes mais confiáveis de bem-estar: conectar-se com segurança uns aos outros e estar mais plenamente presentes em qualquer coisa que estivermos fazendo no momento. Isso até mesmo tem o potencial de nos fazer parar de nos sentirmos um "eu" separado que luta para ser bom o suficiente ou para permanecer no topo. Assim, podemos começar a experimentar a paz, a alegria e o amor que surgem naturalmente à medida que descobrimos que somos células na vasta teia da vida, o que às vezes é descrito como despertar espiritual.

Parece bom? Apenas vire a página. A seguir, veremos para onde seus esforços para se libertar da tirania da autoavaliação estão indo.

14
Além do eu, de mim e do que é meu

> Tudo o que você precisa é de amor!
> — JOHN LENNON

EM 1895, Sigmund Freud escreveu que o máximo que poderíamos esperar da psicanálise era transformar "miséria histérica em infelicidade comum". Não exatamente uma aspiração muito ambiciosa. Cerca de cem anos depois, após décadas estudando como ajudar as pessoas a irem de -10 a 0 em uma escala de bem-estar, os psicólogos começaram a sistematicamente se perguntar: "Será que podemos fazer melhor? A felicidade é realmente possível?".

É sobre as outras pessoas

Isso deu origem ao campo da psicologia positiva, que explora os fatores que levam ao bem-estar e aqueles que o atrapalham. Algumas décadas depois, o júri tomou uma decisão. Já me referi ao veredicto dele muitas vezes. Como o psicólogo Chris Peterson, um dos fundadores do campo da psicologia positiva, afirmou perto do fim de sua vida: "As outras pessoas importam!".

Sentir-se seguramente conectado aos outros é o ingrediente central do florescimento humano, enquanto estar desconectado é um fator de risco para todos os tipos de males. Não são as pessoas ricas, privilegiadas, bonitas ou poderosas que são as mais felizes, são aquelas que têm entes queridos, amigos, uma comunidade e um trabalho significativo.

Neste ponto, espero que você esteja convencido: tentar aumentar ou manter implacavelmente a autoestima, se esforçando para se provar bom, agradável ou capaz de algo, ou tentar cumprir algum padrão estabelecido, vencer competições ou lutar para evitar sentimentos de vergonha ou fracasso não é o caminho para a felicidade. Felizmente, o antídoto mais poderoso não apenas funcionou para mim e meus pacientes, mas também é respaldado por centenas de estudos que demonstram uma estreita correlação entre conexões sociais seguras e saúde.

Quando você se pergunta: "O que realmente importa?", há uma boa chance de sua resposta ter a ver com outras pessoas. Quase todos nós desenvolvemos um senso de significado a partir de nossas conexões uns com os outros. Lembre-se da observação de Desmond Tutu de que, em muitas sociedades africanas, as pessoas medem seu bem-estar como um grupo, e não como indivíduos. Pais em todo o mundo sabem muito bem disso: só conseguimos ficar tão contentes quanto nosso filho menos contente. E as pesquisas confirmam: quando nossos amigos, nossos cônjuges, nossos irmãos ou nossos vizinhos são mais felizes, nós também somos. Na verdade, quanto mais nos aproximamos de uma pessoa feliz, mais forte é o efeito.

Infelizmente, no entanto, estamos cada vez mais desconectados. Como o cientista político Robert Putnam documentou em seu livro de referência *Bowling alone*, nos Estados Unidos, pelo menos, a participação em atividades comunitárias diminuiu constantemente nas últimas décadas. Também vivemos mais sozinhos e somos menos propensos a convidar amigos para jantar, visitar vizinhos ou ter alguém próximo com quem possamos conversar. O fato de estarmos preocupados com a autoavaliação contribui para o problema. Isso reforça nosso senso de ser um "eu" separado que se esforça para prosperar em um mundo competitivo.

Redefinindo o "eu"

Já vimos que, quanto mais cultivamos relacionamentos que nos dão apoio, praticamos a compaixão e abraçamos nossa ordinariedade, mais conseguimos nos conectar aos outros. É possível, no entanto, ir além, expandindo a noção de indivíduo que associamos a nós mesmos para nos sentirmos menos como indivíduos separados e notarmos mais claramente quem realmente somos, parte de uma família humana maior e da teia da vida. Mudar nosso senso de "eu" dessa maneira é uma ferramenta poderosa para nos libertar ainda mais do autojulgamento. Aqui, novamente, precisamos engajar nossa cabeça, nosso coração e nossos costumes.

Como podemos mudar a forma como pensamos a respeito de nós mesmos? Primeiro, lembre-se do experimento de pensamento no Capítulo 12 em que vimos que a fronteira entre "nós" e o mundo exterior é apenas um conceito, desafiado pela troca de moléculas toda vez que comemos, defecamos ou respiramos. Em seguida, considere que os cientistas, já em 1700, cunharam o termo "superorganismo" para descrever espécies nas quais a ideia de um "indivíduo" separado parecia particularmente questionável.

Veja as formigas, por exemplo. A colônia inclui uma rainha, trabalhadoras com vários papéis, soldados e assim por diante. Nenhuma formiga sobrevive muito tempo sem o apoio das demais, e todas elas agem para o bem do coletivo. Assim, os primeiros biólogos concluíram que o "organismo" é realmente a colônia, não a formiga individual. À medida que nossa compreensão da ecologia cresceu, aprendemos que todas as criaturas fazem parte de sistemas interdependentes maiores, e a ideia de "indivíduos" separados nunca realmente fez sentido.

Em vez disso, todos os organismos são como se fossem células do nosso corpo. Não olhamos para as células da pele do nosso rosto e dizemos: "Esta é Sally, que mora ao lado de Darnell, que é vizinha da Isabel. Todas elas se dão bem e compartilham nutrientes, mas, na verdade, são indivíduos separados com seus próprios núcleos e suas mitocôndrias".

De maneira similar, quando cortamos um dedo, nossos outros dedos não reagem dizendo: "Ufa! Ainda bem que não foi comigo! É melhor eu manter distância desse outro dedo para evitar patógenos transmitidos pelo sangue".

Do mesmo modo, à medida que afrouxamos nosso apego às nossas histórias sobre nós mesmos e nosso *status*, nos tornamos mais inclinados a nos conectar e cuidar uns dos outros. Descobrimos que não somos bons ou maus, dignos ou não, vencedores ou perdedores, nem manchas de poeira sem sentido em um universo impessoal, mas parte de uma família humana em evolução e, além disso, de uma incrível teia da vida.

Por mais que possamos esquecer, estamos intrinsecamente interligados. Você é um agricultor de subsistência? Eu também não. Isso significa que você e eu dependemos também de outras pessoas para termos comida, sem mencionar abrigo, eletricidade, cuidados médicos e todas as nossas outras necessidades. Quanto mais notamos nossa interdependência, mais nosso sistema de preocupação com o próximo é estimulado, então sentimos mais amor, enquanto nossos sistemas de luta ou fuga e de busca de conquistas se tornam mais silenciosos, fazendo com que nos sintamos menos assustados, menos estressados, com menos raiva e mais motivados.

A alegria da generosidade

> Nenhum ato de bondade, não importa o quão pequeno seja,
> é um desperdício.
> — Esopo, "O leão e o rato"

A maioria das abordagens para o desenvolvimento espiritual envolve percebermos que somos parte de algo maior do que nós mesmos: somos todos filhos de Deus, membros da família humana ou partes da natureza e do universo mais amplo. Praticamente todas as tradições religiosas e de sabedoria do mundo exaltam o serviço aos outros como uma forma de honrar, expressar e reforçar esse entendimento.

A ciência moderna concorda. Os psicólogos que estudam o florescimento humano descobriram que a generosidade é um caminho muito eficaz para o bem-estar. Embora seja verdade que dinheiro não compra felicidade (ao menos depois que as necessidades básicas são atendidas), doá-lo pode trazê-la. Pesquisadores abordaram pessoas em um *campus* universitário no Canadá e deram dinheiro a elas. Eles instruíram metade delas a gastarem o dinheiro consigo mesmas e metade a gastá-lo com outra pessoa. Adivinha qual grupo se sentiu melhor?

Um estudo diferente envolveu pessoas que receberam transplantes de células-tronco para tratar um câncer. Os pesquisadores pediram a um dos grupos que escrevesse sobre os desafios emocionais da experiência, uma prática bem estabelecida para tratar de traumas. Foi solicitado a outro grupo que escrevesse sobre a experiência, mas também que imaginasse que alguém que faria o procedimento no futuro iria ler a história e se beneficiar dela. Adivinha qual grupo teve o maior alívio? Só *imaginar* ajudar os outros já foi terapêutico psicologicamente.

Depois de levar em consideração fatores de controle como a renda familiar, pesquisadores da Notre Dame University descobriram que as pessoas que eram mais generosas com suas finanças, com seu tempo e em seus relacionamentos pessoais eram significativamente mais felizes, fisicamente mais saudáveis e sentiam mais propósito na vida do que aquelas que eram menos generosas.

A relação entre ajudar os outros ou ser generoso e o bem-estar é tão previsível que podemos resumi-la em um par de equações:

Ação egoísta = Mais riquezas materiais + Menor bem-estar

Ação altruísta = Menos riquezas materiais + Maior bem-estar

Ou, como o dalai-lama costuma dizer: "Sejam egoístas; amem uns aos outros". Uma vez eu o vi colocar isso em prática de maneira muito comovente.

Um colega e eu tivemos o privilégio de convidar pessoalmente o dalai-lama para um evento na Harvard Medical School. Depois de seis longas horas discutindo pesquisas com clínicos e neurocientistas em uma conferência, ele foi conduzido a um corredor dos fundos, onde graciosamente nos encontrou e aceitou nosso convite. Sua próxima parada foi uma sala em que uma dúzia de alunos de graduação, membros do grupo Estudantes por um Tibete Livre, estavam esperando. Claramente exausto, ele mesmo assim presenteou cada um dos estudantes com um xale de oração e agradeceu pessoalmente a um por um pelos esforços deles, como um avô amoroso. Testemunhar isso foi inspirador.

A MOTIVAÇÃO IMPORTA, MAS ESQUEÇA A PERFEIÇÃO

O consenso é claro: a generosidade nos ajuda a nos sentirmos mais conectados aos outros e, como resultado, mais felizes. Mas nossas motivações importam? Afinal, existem muitos tipos de doação. Às vezes fazemos doações com a esperança de receber algo em troca. Esse é o altruísmo recíproco biologicamente baseado discutido anteriormente. Faz sentido para nossa sobrevivência conjunta que eu compartilhe quando tenho mais na esperança de que você compartilhará quando tiver mais.

Outro tipo de doação envolve nossa autoimagem. Queremos pensar em nós mesmos e ser vistos pelos outros como generosos. Em experimentos de laboratório, economistas demonstraram que não apenas damos mais quando pensamos que outras pessoas estão assistindo, como nossas preocupações privadas sobre nossa autoimagem nos influenciam mesmo quando não tem ninguém olhando. Esse tipo de ajuda nos conecta aos outros, mas pode nos prender ainda mais a preocupações de autoavaliação, mesmo que seja melhor do que tentar parecer uma boa pessoa tendo um comportamento de autopromoção.

O terceiro tipo de ajuda nasce ao reconhecermos a necessidade do outro e percebermos nossa humanidade compartilhada, entendendo que *somos privilegiados por não estarmos na mesma situação*. A compaixão surge espontaneamente, e nos sentimos impelidos a dar sem esperar algo em troca nem polir nossa autoimagem.

Embora fosse bom ser suficientemente santo ou iluminado para sempre ajudar dessa maneira altruísta e sábia, suspeito que ela seja incomum em sua forma pura. Quando sou generoso, muitas vezes há uma parte de mim esperando por algum tipo de reciprocidade algum dia, e quase sempre penso mais em mim mesmo. Embora esses outros elementos possam causar problemas (talvez eu fique chateado se meu amigo não retribuir, ou minha autoestima diminua quando eu enxergar minha ganância), o ato de ajudar estimula nossas conexões de qualquer maneira.

Em algumas tradições budistas, a generosidade altruísta é representada por indivíduos *bodisatvas* que alcançam a iluminação, mas, em vez de entrar no nirvana, deliberadamente ficam por aqui para aliviar o sofrimento dos outros. E se vivêssemos como se *nosso* propósito central fosse ajudar os outros? O psicólogo Charles Styron projetou uma prática simples de mudança de hábito para nos levar nessa direção.

Exercício: a lista de tarefas de um bodisatva*

Elabore uma lista de coisas que você fará para outras pessoas em cada dia da semana. Você pode fazer coisas para muitas pessoas ou apenas para algumas. Podem ser coisas grandes ou pequenas que você faz rotineiramente. Tente fazer dois ou três itens por dia. Se você tiver mais tempo livre disponível no fim de semana, veja se consegue preparar algo que precise de mais comprometimento.

Tire alguns minutos para elaborar a lista de tarefas agora. Quais pensamentos e sentimentos surgem à medida que você faz sua lista? Você está preocupado em ser muito generoso ou não generoso o suficiente? Sentimentos negativos em relação aos outros atrapalham? Tente estar aberto a todas as suas reações.

Depois de fazer sua lista, coloque-a em ação. Faça os atos generosos o mais conscientemente possível durante a próxima semana, para que você perceba como se sente ao fazê-los e como os outros respondem a eles. Risque os itens da lista ao concluí-los, como você faria com qualquer outra lista de tarefas.

Todos os dias, antes de dormir, reflita por alguns momentos sobre suas atividades generosas do dia. Como você se sentiu ao fazê-las? Tente ser autocompassivo, perdoando a si mesmo pelo que você não conseguiu fazer.

Ashley, uma mulher solteira na casa dos 20 anos, virou motorista de Uber depois de largar o emprego de vendedora e terminar com o namorado. Ela queria

---

* Adaptado de *Positive psychology and the bodhisattva path*, de Charles Styron.

voltar a estudar, mas não sabia para que tipo de trabalho. A autoimagem dela era muito instável. Toda vez que falava com uma amiga que tivesse uma carreira sólida ou estivesse em um bom relacionamento, ela tinha um sentimento de fracasso e inadequação.

Então, a tia favorita dela foi diagnosticada com câncer. "Quando falei com ela e ouvi o quão assustada ela estava, de repente tive um clique na minha cabeça; eu estava completamente focada em mim mesma." Cansada de estar infeliz e preocupada só consigo mesma, Ashley decidiu, na semana seguinte, concentrar sua atenção em ajudar os outros. Aparentemente, em um número surpreendente de suas corridas de Uber, as pessoas estavam passando por momentos difíceis e queriam conversar. Ela começava cada viagem com a intenção de ser o mais gentil e solidária possível, ouvindo com compaixão as histórias dos passageiros. Às vezes, as conversas eram muito comoventes, e ela sentia que tinha feito um amigo, por mais breve que fosse. Ashley também fez questão de manter contato com a tia. "Realmente funcionou. Em vez de ficar presa em autopiedade, me senti envolvida e viva novamente."

Gratidão

> Quem é rico? Aquele que está feliz com o seu destino.
> — Mishná (lei oral judaica)

De todas as intervenções para melhorar o bem-estar que os psicólogos estudaram, as práticas de gratidão provaram ser as mais poderosas. A gratidão aumenta nossa capacidade de lidar e nos recuperar dos desafios da vida, além de estar ligada a ter mais energia, dormir melhor, sentir-se menos solitário, ter melhor saúde física e experimentar mais alegria, entusiasmo e amor. Mas por quê?

Primeiro, a gratidão é um antídoto para o desejo. Sempre que queremos que as coisas sejam diferentes do que são, experimentamos o desejo. E, como os sábios ao longo da história têm apontado, isso causa muito sofrimento. Lembre-se de um momento recente de angústia (dos tantos para escolher). Você estava desejando que algo fosse diferente do que era naquele momento? Você ainda está desejando isso agora? Quando somos gratos, notamos, em vez disso, em que medida as coisas *são* como gostaríamos que fossem, concluindo que nosso copo está meio cheio em vez de meio vazio. A gratidão, portanto, naturalmente suaviza nossos desejos de realizações, *status*, reconhecimento ou valor.

Além disso, como a generosidade, a gratidão promove a conexão com algo maior do que nós mesmos, mudando nosso senso de "eu" no processo. Quando sentimos gratidão, a sentimos *em relação a* algo ou alguém. Podemos nos sentir gratos por uma pessoa que tem sido útil, ou pela natureza, pelo destino ou por Deus. Em momentos de gratidão, nos sentimos conectados a alguém ou algo fora de nós mesmos e encaramos o outro como alguém *bom*, talvez amoroso, generoso ou gentil. A gratidão também estimula a generosidade. Naturalmente, queremos "pagar adiantado" e dar aos outros quando somos gratos pelo que temos. E já vimos como as conexões deixam nossas preocupações autoavaliativas mais leves.

O *mindfulness* como prática de gratidão

Uma ótima forma de cultivar a gratidão é por meio da prática de *mindfulness*. O mestre zen Suzuki Roshi famosamente disse que, "na mente do iniciante, há muitas possibilidades; na mente do especialista, há poucas". As práticas de *mindfulness* nos ajudam a ver com novos olhos, a não nos habituar ou ficar "calejados". Seja o sabor de uma tangerina, a cor de um pôr do sol ou o calor de um sorriso, o *mindfulness* nos sensibiliza para o que realmente está acontecendo no momento e nos ajuda a vivenciá-lo mais plenamente.

À medida que praticamos estar cientes do que realmente está acontecendo agora com a aceitação amorosa, nos tornamos mais inclinados a apreciar o que *é*, em vez de nos perdermos em nossos desejos de que as coisas sejam diferentes do que são. Experiências pequenas e comuns se tornam completas, ricas e valiosas. Percebemos também como tudo é fugaz, o que nos lembra de saborear cada momento. Descobrimos que a gratidão pelas experiências simples do dia a dia é muito mais fácil de renovar do que os "altos" que vêm de ganhar na loteria, se apaixonar ou ser promovido.

A consciência com atenção plena também nos ajuda a transformar os limões em uma limonada. Em vez de pensar em como os outros carros são irritantes quando estamos presos no trânsito, podemos apreciar a música no rádio, as cores das folhas ou a forma das nuvens. Em vez de reclamar da pilha de pratos na pia, podemos notar as sensações da água com sabão ou o modo como os pratos estão distribuídos na bancada. Só podemos ser gratos pelas coisas que notamos, e a prática de *mindfulness* nos ajuda a notar tudo.

Fredricka, uma assistente administrativa de 48 anos que atuava em uma empresa de investimento, entrou em crise. Ela odiava seu trabalho. "É *esmagador*. Qual é a moral de ajudar pessoas ricas a ficarem mais ricas?" Ela havia se tornado uma fonte de negatividade: nada mais parecia importante, o mundo estava realmente confuso, e ela era apenas uma engrenagem em uma máquina.

Ciente de que a sua atitude não era a ideal, Fredricka se inscreveu em uma aula de meditação. Quando ela começou a meditar regularmente, as coisas começaram a ficar mais claras. Ela ainda não gostava de seu trabalho, mas começou a notar e apreciar pequenas coisas. "Adoro a aparência da luz quando o sol entra pela janela." "Eu provei de verdade o gosto de uma maçã pela primeira vez em meses." "Eu amo o aconchego da minha cama no final do dia." Esses eram pequenos momentos, mas que davam a ela a esperança de que havia uma forma de apreciar a vida.

Aprendendo com a perda

Em algumas tradições de sabedoria, os alunos são encorajados a desejar dificuldades. Pergunte a si mesmo: "Quando você desenvolveu mais compaixão? Quando seu coração ficou mais sábio? Quando você apreciou o que você tem? Foi durante os bons momentos ou quando as coisas desmoronaram?". É verdade que muitos dos nossos surtos de crescimento são desencadeados pela dor. Como se diz em alguns círculos cristãos, "sofrimento é graça".

Pesquisadores testaram essa noção. Como as pessoas muitas vezes expressam mais gratidão por suas vidas após experiências de quase morte ou doenças que ameaçam a vida, eles avaliaram se contemplar deliberadamente nossa mortalidade aumentaria a gratidão — e aumentou. Assim, podemos usar o exercício *O futuro do nosso "eu" social*, apresentado no capítulo anterior, não apenas para apreciar nossa ordinariedade e nossa impermanência, mas também para cultivar a gratidão por ainda estarmos vivos.

Percebendo o sofrimento dos outros

Outra maneira eficaz de cultivar a gratidão é perceber como a vida é difícil para os outros. No mundo desenvolvido, a maioria de nós tem eletricidade, refrigeração, aquecimento, água corrente quente e fria, banheiros e acesso a antibióticos. Dormimos em camas confortáveis, livres de roedores e insetos. Muitos de nós lutam para *não* comer toda a comida maravilhosa à nossa disposição.

Vivemos muito melhor do que as pessoas mais ricas de outros tempos, para não mencionar todas as pessoas mais pobres dos dias atuais. De acordo com o Banco Mundial, cerca de *689 milhões de pessoas* vivem com menos de US$ 1,90 por dia. Você pode ver como sua renda se compara à do resto do mundo em *https://howrichami.givingwhatwecan.org/how-rich-am-i* (em inglês). Perceber o que temos pode ajudar muito quando estamos nos sentindo privados de algo.

Outro caminho fácil para acessarmos nossa gratidão é comparar nosso estado atual com nosso próprio passado. Thich Nhat Hanh convida seus alunos a realizar um experimento simples: lembre-se da última vez que você teve uma dor de dente. Você se lembra da sua dor, da sua preocupação e do seu desejo de alívio? Tenho ótimas notícias para o você de hoje: você não está com dor de dente!

Contando suas bênçãos

Pesquisadores testaram uma ampla gama de outros exercícios para cultivar a gratidão. Uma das abordagens mais validadas é manter um diário de gratidão. É um ótimo hábito de se desenvolver. Em vários estudos, em comparação aos grupos-controle, as pessoas que mantinham diários de gratidão se exercitavam mais regularmente, relatavam menos sintomas físicos e se sentiam melhor com relação a suas vidas. Elas também relataram maior atenção, entusiasmo, determinação e energia, e eram mais propensas a relatar ter ajudado alguém com um problema pessoal. Parece bom? Veja como fazer.

> **Exercício: diário de gratidão**
>
> Uma vez por semana, dedique alguns minutos para refletir sobre os presentes que você recebeu em sua vida. Esses presentes podem ser simples prazeres cotidianos, pessoas em sua vida, pontos fortes ou talentos pessoais, momentos de beleza natural ou gestos de bondade dos outros. Um item pode ser uma conversa, uma vista bonita, um evento no trabalho, um objeto precioso, um amigo amado, uma conexão com Deus — o que quer que lhe ocorra.
>
> Anote vários presentes. Ao escrever, tente ser específico e aberto a sentimentos que surgem à medida que você traz cada presente à mente. Deixe-se saborear os presentes e esteja ciente da profundidade de sua gratidão.

Alguns itens podem se repetir de semana a semana, mas tente manter a lista atualizada, refletindo sobre experiências recentes e dedicando um tempo para explorar atentamente os sentimentos associados a cada um.

Talvez seja útil considerar diferentes áreas nas quais você pode sentir gratidão e ver se consegue se lembrar de um presente em cada categoria. Liste esses presentes nos espaços em branco abaixo, se quiser (se precisar de mais espaço, utilize a versão editável dos formulários acessando a página do livro em *loja.grupoa.com.br*).

Trabalho: _____

_____

Família e amigos: _____

_____

Natureza: _____

_____

Saúde: _____

_____

Momentos edificantes: _____

_____

Confortos materiais: _____

_____

Se você não é muito de escrever, sinta-se à vontade para falar ou contemplar seus presentes em silêncio; expresse gratidão por seus presentes como parte de uma reflexão ou uma oração noturna; ou encontre um "amigo de gratidão" com quem possa compartilhar suas reflexões pessoalmente ou por telefone, mensagens ou *e-mail*.

Fonte: *The extraordinary gift of being ordinary*, de Ronald D. Siegel. Copyright © 2022 Ronald D. Siegel. Publicado pela Guilford Press.

Pesquisas sobre práticas de gratidão sugerem que elas são mais eficazes se observarmos o máximo de detalhes possível, incluirmos a gratidão por outras pessoas e saborearmos as surpresas, as oportunidades ou os presentes inesperados. Um truque adicional para aumentar nossa apreciação é imaginar a vida sem qualquer uma de nossas bênçãos diárias. Como a avó da minha esposa costumava dizer: "Se você perdesse tudo o que tem hoje e o recuperasse amanhã, isso seria felicidade".

Conectando-se por meio da gratidão

Um dos estudos mais famosos da psicologia positiva testou cinco intervenções diferentes para ver qual teria o efeito mais poderoso no bem-estar das pessoas. O vencedor disparado foi a *carta de gratidão*. Os indivíduos que participaram do exercício tiveram aumento dramático nos escores de felicidade e diminuição na depressão, e os benefícios duraram um mês inteiro. O exercício consiste em usar a gratidão para se conectar com os outros.

Exercício: uma carta de gratidão*

Comece trazendo à mente alguém em sua vida que fez uma diferença positiva e a quem você nunca agradeceu adequadamente. Pode ser qualquer um, seu pai ou sua mãe, outro parente, um amigo, um mentor ou um colega de trabalho.

Em seguida, reserve algum tempo e escreva uma carta de uma a duas páginas para essa pessoa.

Deixe claro e concreto, contando a história do que a pessoa fez, como a ação dela fez a diferença para você e onde você está na vida agora como resultado. Compartilhe com essa pessoa seus sentimentos ao escrever a carta.

Se a pessoa que você escolheu ainda estiver viva e você estiver se sentindo corajoso, depois de concluir sua carta, entre em contato com ela e diga que gostaria de visitá-la. Se ela perguntar por que, sugira que você prefere não dizer, que é uma surpresa. Por fim, visite a pessoa e leia sua carta lentamente, compartilhando seus sentimentos e fazendo contato visual, se puder.

---

* Adaptado de *Positive psychology progress*, de Martin Seligman, Terry Steen, Nansook Park e Christopher Peterson.

Esse exercício não é fácil. Mesmo imaginar colocá-lo em prática pode parecer demais. Se a pessoa faleceu, podemos nos arrepender de nunca termos agradecido adequadamente quando ela estava viva. Se a pessoa estiver viva, podemos esbarrar em nossos medos de vulnerabilidade, de mostrar o quanto ela significa para nós. O exercício também pode desencadear pensamentos sobre todas as outras pessoas que nunca agradecemos adequadamente. Veja se você consegue tentar de qualquer maneira e se abrir a quaisquer sentimentos que surjam.

Uma abordagem alternativa é expressar nossa gratidão a alguém em uma conversa. Meu bom amigo Michael morreu há alguns anos. Embora fôssemos próximos desde o ensino médio, tínhamos um relacionamento típico de dois caras, compartilhando experiências e ideias, fazendo piadas, provocando um ao outro, mas não falando muito sobre nosso afeto mútuo ou o que nossa amizade significava para cada um.

À medida que sua morte se aproximava, percebi que tinha medo de realmente dizer a ele, de coração aberto, o quão grato eu estava por tê-lo tido em minha vida e o quanto eu sentiria falta dele. Parecia muito íntimo, muito vulnerável e fora de contexto de nossa maneira usual de estarmos juntos. Um dia ele disse à minha esposa: "Ron tem me apoiado muito, mas ele não me diz como se sente de verdade". Ouvir isso me fez acordar. Enfrentando o grande nivelador da morte, e não querendo decepcioná-lo ou perder a oportunidade de me conectar, superei meu medo. Compartilhei com Michael o quanto eu o apreciava, o quanto aprendi com ele e a influência importante que ele teve na minha vida. Tivemos algumas das conversas mais importantes da nossa amizade depois disso, pelas quais eu sou profundamente grato.

Cultivar a gratidão nem sempre é intenso e profundamente comovente, no entanto. Às vezes, envolve pequenos experimentos mais leves.

- Fique na cama um momento a mais quando acordar e considere com gratidão as possibilidades que um novo dia traz.
- Agradeça antes ou depois de uma refeição.
- Sorria para um estranho sabendo que, assim como você, ele também quer ser feliz.
- Tire tempo para dizer "obrigado" e observe como sua gentileza afeta você e os outros.
- Identifique algo que você aprendeu com um desafio.

- Expresse sua gratidão a alguém.
- Seja grato pelos frutos da prática da gratidão!

Perdão

Conversamos sobre como a raiva pode estragar relacionamentos no Capítulo 9. Apegar-nos à nossa raiva, revisando infinitamente como fomos bons e a outra pessoa foi má, é uma forma particularmente problemática de autopreocupação. Estudos documentam todos os tipos de problemas de saúde mental e física decorrentes desse tipo de ressentimento crônico. Embora possamos nos sentir ligados a alguém que tenha se sentido igualmente maltratado, o ressentimento crônico reforça nosso senso de indivíduo separado, nos impedindo de nos sentirmos totalmente parte da humanidade e da teia da vida.

Um antídoto poderoso é o perdão. Ele é uma forma de deixarmos de lado nossas histórias de injustiças, nos reconectarmos com os outros e nos reunirmos com a família humana. Não surpreendentemente, pesquisas dizem que o perdão está ligado à redução de ansiedade, de depressão, de sintomas físicos e até mesmo de mortalidade. Porém, para que o perdão seja eficaz, não podemos apenas maquiar nossos sentimentos negativos, já que, como discutimos anteriormente, quando enterramos sentimentos, os enterramos vivos. Em vez disso, precisamos nos conectar com nosso coração para sentir nossos sentimentos plenamente antes que possamos deixá-los de lado. Isso geralmente começa com o reconhecimento da dor por trás da nossa raiva.

Exercício: a dor por trás da raiva

Passe alguns minutos praticando *mindfulness* para abrir seu coração e tomar consciência de seus pensamentos, suas imagens e suas sensações. Em seguida, reserve um momento para lembrar de alguém ou de algo que o deixe com raiva. (Há tantos candidatos, basta escolher um.) Você consegue identificar a vulnerabilidade, a dor ou o medo sob sua raiva? Em geral, eles não estão enterrados muito profundamente.

Você pode tentar usar a técnica do acrônimo RAIN, do Capítulo 11, para ficar com e explorar a dor (reconhecer, aceitar, investigar e naturalmente consciente) e, em seguida, usar as práticas de autocompaixão do Capítulo

> 10 para se acalmar, permitindo que a dor apenas exista. É claro que dói. É natural, e você é humano. Note quaisquer impulsos que surjam para se distanciar da dor ou para fazê-la desaparecer. Use seu julgamento. Se você sentir que é capaz de ficar com ela, passe algum tempo com a dor ou com o medo.
> Você pode notar, durante essa prática, que a raiva surge e nos distancia um pouco da dor. Se você se sentir pronto, veja se você consegue deixá-la de lado e voltar para a dor subjacente.

Conectar-se com a dor por trás da nossa raiva é um primeiro passo importante para nos livrarmos dela. Não podemos apressar isso. Às vezes, a dor é grande demais para a suportarmos por longos períodos; às vezes, não nos sentimos suficientemente seguros para superarmos a raiva. Mas sempre podemos experimentar para ver o que o coração consegue tolerar.

Você se lembra do Tom, o cara que preferia se demitir do que ser destratado pelo chefe? Ele finalmente entendeu que era a dor de ser diminuído por seu pai, e provocado por outras crianças na escola, que alimentava sua raiva atual. Ele teve que sentir para curar. O mesmo é verdade para todos nós. É apenas nos conectando com nossa dor mais delicada, tolerando-a e investigando-a amorosamente que conseguimos começar a deixar a raiva de lado. E precisamos ser capazes de nos livrar da raiva para conseguirmos perdoar e nos conectar com os outros.

De vez em quando, nos deparamos com histórias de atos extraordinários de perdão. Lembro de ouvir falar de um casal que perdeu a filha para a violência do bairro. Ela era uma menina inocente que acabou no meio do fogo cruzado entre gangues rivais. Depois de um período de luto intenso, o casal arrecadou dinheiro a fim de iniciar um programa para ajudar as crianças envolvidas em gangues. Eles inclusive mantiveram contato com o jovem que atirou na filha deles e fizeram o possível para ajudá-lo a se reabilitar.

Ou considere Nelson Mandela. Chegando ao poder depois de décadas de encarceramento nas mãos do governo do *apartheid*, na África do Sul, ele teve a sabedoria de criar um caminho para seus antigos opressores serem integrados em uma nova sociedade democrática.

Como as pessoas perdoam aqueles que as machucaram tão profundamente? Como elas chegam à perspectiva de que o agressor não é uma pessoa do mal?

Uma forma é ver como todos os nossos comportamentos são, na verdade, o resultado de fatores e forças.

Você se lembra da discussão sobre culpa no Capítulo 10? Quando culpamos outra pessoa, ou pensamos nela como alguém má, geralmente não estamos vendo os fatores e as forças que fizeram a pessoa agir como ela agiu. Estamos implicitamente assumindo que, se tivéssemos o DNA e a história de vida dela, não teríamos agido da mesma forma. Porém, como na verdade *seríamos* a outra pessoa, é claro que teríamos feito exatamente o que ela fez.

Como psicoterapeuta, ver os fatores e as forças que impulsionam nossos comportamentos é fundamental para o meu trabalho. Se um paciente se comporta de certa maneira, ou tem certos sentimentos, reações ou crenças, quero entender o *porquê*, tanto para ajudá-lo a ser mais autocompassivo quanto para ver como podemos trabalhar juntos a fim de mudar o seu comportamento futuro.

No entanto, não é assim que eu vejo as coisas quando estou com raiva. Em vez disso, eu sou uma boa pessoa chateada com uma pessoa má, injusta, egoísta e %&#$ (preencha com seu xingamento favorito). Entender por que as pessoas fazem o que fazem é um elemento essencial no perdão. É o que nos permite ver que somos todos seres humanos comuns, cercados por nossos medos, nossos desejos, nossas mágoas do passado e nossos mal-entendidos. Aqui está um exercício que pode nos ajudar a mudarmos nossa perspectiva quando achamos difícil perdoar.

Exercício: perdoando um %&#$

Comece com alguns minutos de *mindfulness* para tomar consciência de seus pensamentos e seus sentimentos. Então traga à mente alguém que o tenha injustiçado, de quem você sinta raiva ou ressentimento.

Agora, imagine que você é o psicoterapeuta dessa pessoa e ela está lhe explicando o que ela fez. Você fica curioso. O que você imagina que motivou esse comportamento? Quais aspectos do temperamento dela (que podem ser herdados) contribuíram para o processo? Que mágoas do passado, ou padrões de recompensa, podem ter levado a pessoa a seguir esse caminho?

Agora, imagine por um momento ser a pessoa que o machucou. Pergunte a si mesmo: "Por que eu fiz isso?". Permita-se estar no lugar dela, sinta o que ela pode ter sentido, pense no que ela pode ter pensado.

Amy estava com raiva da irmã mais velha há anos. Sentia-se humilhada por ela o tempo todo. "Espero que você tenha gostado das suas férias na Flórida. Para onde é a sua próxima viagem?" O comentário parecia inocente na superfície, mas por baixo havia uma alfinetada; Amy tinha os recursos para viajar, e sua irmã, não.

Era Natal, e Amy percebeu que precisava fazer algo a respeito de sua raiva ou arruinaria a reunião familiar. Então, ela decidiu tentar se colocar no lugar da irmã. Ela percebeu que sua irmã sempre se comparou a ela. "Deve ter sido muito difícil eu ser a favorita do papai." "Deve ser difícil para ela que meu casamento seja muito bom, mas que o dela esteja desmoronando." Quanto mais Amy era capaz de ver e entender a dor de sua irmã, mais fácil ficava perdoá-la (embora ela ainda não gostasse das alfinetadas).

PERDOAR NÃO É COMPACTUAR

À medida que consideramos as motivações de outra pessoa e começamos a suavizar nosso ressentimento, podemos pensar, como Amy pensou, "Ok, mas isso ainda não está certo!". Sem discussão. Perdoar alguém por suas transgressões não é o mesmo que perdoar o comportamento. Um júri de nossos pares pode muito bem concordar conosco: o que a outra pessoa fez foi *errado*. Talvez ela devesse enfrentar consequências, seja para aprender uma lição ou como um aviso para os outros. Mas impor uma consequência é muito diferente de se agarrar à raiva. É possível até sentir amor e conexão enquanto punimos alguém (fazemos isso com crianças e animais de estimação o tempo todo).

PEDIDO DE DESCULPAS

Às vezes, é melhor trabalharmos com o perdão sozinhos. A outra pessoa pode ter falecido, ou pode não ser emocionalmente seguro, ou sábio, termos ela em nossas vidas. Porém, se estivermos magoados e com raiva de alguém com quem queremos ter um relacionamento contínuo, precisamos resolver o problema juntos para nos reconectarmos. Esse pode ser um processo delicado, uma vez que a raiva ou o ressentimento ativa as preocupações autoavaliativas de todo mundo. Se estou brabo com você, acredito que tenho sido bom e você tem sido mau. Você ouve isso e imediatamente responde que não, que na verdade *você* tem sido bom e *eu* tenho sido mau. Essa não é uma boa base para nos sentirmos parte da teia da vida juntos.

Quando nos sentimos injustiçados, geralmente é mais fácil perdoar a outra pessoa se ela entender como o seu comportamento nos machucou e expressar remorso com sinceridade. O mesmo vale para as pessoas que nós machucamos. Inúmeros livros e artigos já foram escritos sobre como se desculpar de forma eficaz. A maioria sugere alguns princípios básicos.

- Reconheça o que você fez para machucar a outra pessoa e tente explicar com o máximo de detalhes possível sua compreensão do motivo pelo qual seu comportamento foi prejudicial.
- Peça desculpas apenas se você realmente se sentir mal por machucar o outro. Não diga: "Sinto muito *se* te machuquei" ou "Sinto muito, *mas*...". Espere até sentir remorso antes de tentar expressá-lo.
- Peça perdão e, se ele não for possível, tente entender o porquê. Pode ser que a outra pessoa não sinta que você realmente entende por que ela está sofrendo ou não sinta que você está sendo realmente sincero.
- Tente colocar suas preocupações com autoestima de lado. Debates sobre quem estava certo ou errado, ou quem machucou mais quem, geralmente não funcionam muito bem. Da mesma forma, apontar que a outra pessoa é "sensível demais" provavelmente não vai ajudar. Atenha-se à realidade emocional de que o seu comportamento machucou a outra pessoa.
- Não culpe a outra pessoa pelo seu comportamento. Dizer a alguém "Você me provocou" ou "Você foi mau primeiro" geralmente não cai muito bem.
- Seja paciente. A outra pessoa pode se sentir magoada demais para ser capaz de perdoá-lo imediatamente, então você pode precisar abordá-la várias vezes. Dizer que você já se desculpou e que ela já deveria ter esquecido disso geralmente não é uma boa estratégia.
- Comprometa-se a tentar não fazer isso novamente e, em seguida, tente não fazer isso novamente.

Essas diretrizes também podem ser úteis se você estiver esperando um pedido de desculpas de alguém que o machucou. Se o pedido de desculpas não o convencer e não ajudar você a se reconectar com a pessoa, talvez sua mágoa seja muito profunda e precise de mais tempo para passar, ou talvez algum dos elementos discutidos esteja faltando. Se você puder identificar e comunicar o que está faltando, a pessoa que o machucou pode ser capaz de lhe dar o que você precisa.

Independentemente de como nós cultivamos o perdão quando perdoamos, por conta própria ou por meio de uma comunicação aberta e cuidadosa, nós estamos escolhendo deixar de lado nosso ressentimento, abrir o coração e arriscar sermos vulneráveis novamente. No final, é um presente para nós mesmos, já que, quanto mais perdoarmos, menos nos preocuparemos com estarmos certos, sermos bons ou sermos amáveis, ou com outras inquietações autoavaliativas, e mais conectados estaremos aos outros.

Deixar de se sentir um "eu" separado, preocupado com o que está fazendo, para se sentir parte não apenas da família humana, mas também da teia mágica e em constante mudança da vida, talvez seja o antídoto final para as preocupações de autoavaliação. Cultivar gratidão, generosidade e perdão sempre pode ajudar. Há também inúmeros outros caminhos sobrepostos de diversas tradições espirituais e seculares, incluindo oração, ioga, arte e dança sagradas e até mesmo medicamentos psicodélicos. Convido você a experimentar e explorar o que mais ajudá-lo a se sentir parte deste mundo incrível, que é tão maior do que nós.

O   O   O

No final das contas, eu estava errado sobre algo. Embora a maioria de nós seja comum, *você* é de fato uma pessoa muito especial; você chegou ao final de um livro de não ficção (o que, estatisticamente, a maioria das pessoas não faz).

Espero que tenha sido uma jornada útil. Mas todos nós herdamos tendências poderosas de nos compararmos com os outros, de querermos nos sentir amados ou incluídos e de ficarmos viciados em estímulos de autoestima. Além disso, vivemos em um mundo cheio de mensagens que insistem que, se ao menos pudéssemos ser melhores e fazer melhor, seríamos felizes.

Portanto, é possível que simplesmente ler este livro e experimentar os exercícios propostos nele ainda não tenha transformado você em um ser totalmente desperto, capaz de ver a loucura do orgulho, do ego, da popularidade e da busca por *status* enquanto ama ilimitadamente a si mesmo e a todos os outros seres em nosso planeta. Eu mesmo certamente não estou nem perto disso, e me esforçar demais para ser essa pessoa inclusive pode rapidamente se tornar mais uma armadilha de autoavaliação.

Em vez disso, espero que este livro tenha trazido à tona a proposta sugerida no início: usar cada nova decepção, fracasso ou momento de dúvida como uma oportunidade de aprender e crescer. Isso significa que, cada vez que você se sentir terrível com relação a si mesmo, se preocupar com o que as outras pessoas estão pensando de você ou se enxergar como alguém inferior aos outros, você pode usá-lo como uma chance de ver o absurdo desses julgamentos, de amar a si mesmo e aos outros mais profundamente e de voltar sua atenção para o que mais importa para você.

Toda vez que usamos esses autojulgamentos dolorosos dessa maneira, alimentamos nosso lobo interior mais gentil. Por causa da força da nossa biologia e do nosso condicionamento, esse é um projeto para a vida toda. Precisamos trabalhar repetidamente com nossa cabeça, percebendo cada vez que ficamos presos à busca por algum estímulo positivo para nossa autoimagem; trabalhar com o coração, nos abrindo para nossas mágoas, para o sofrimento dos outros e para o amor; e trabalhar com nossos costumes, escolhendo atividades que reflitam nossos valores e enriqueçam nossos relacionamentos. Praticar *mindfulness*, bondade amorosa e compaixão conosco e com os outros pode nos fornecer um apoio importante, assim como praticar gratidão, generosidade e perdão. Você também pode achar útil revisitar outros exercícios deste livro sempre que estiver atolado em uma armadilha autoavaliativa ou outra.

Trabalhando dessa forma, espero que você continue a experimentar alguns dos frutos que provei ao escrever este livro, vendo mais claramente o fascínio sedutor e as limitações dos estímulos para a autoestima, nutrindo sua natureza amorosa e compassiva, celebrando sua ordinariedade e sua humanidade compartilhada, e se envolvendo mais em atividades significativas. Eu também espero que você comece a achar um pouco mais fácil relaxar para se conectar com segurança com os outros, pois todos nós tentamos ajudar uns aos outros, nem que seja um pouquinho, em direção à sanidade, por mais difícil que isso possa ser às vezes. Não é fácil ser humano. Que os seus esforços lhe tragam paz, alegria e realizações, beneficiando todas as vidas que você tocar, enquanto você aproveita cada vez mais o dom extraordinário de ser comum.

Notas

AGRADECIMENTOS

Página xi **Como disse o astrônomo Carl Sagan: "Se você quer fazer uma torta de maçã do zero, deve começar inventando o universo".**
Sagan, C., Druyan, A., & Soter, S. (1980). Cosmos: A personal voyage. *The Lives of the Stars* (Episódio 9), PBS. Disponível em: *www.youtube.com/watch?v=lMc3WqkSWKI*. Acesso em: 7 de abr. de 2021.

CAPÍTULO 1: ESTAMOS CONDENADOS?

Página 3 **Às vezes, fico acordado à noite e me pergunto: "Onde eu errei?". Então uma voz me diz: "Isso vai levar mais de uma noite".**
Cubillas, S. (14 de outubro de 2019). Peanuts: Charlie Brown's 10 saddest quotes. Disponível em: *www.cbr.com/peanuts-charlie-brown-saddest-quotes*. Acesso em: 19 de mar. de 2021.

Página 7 **William Masters e Virginia Johnson, os famosos pesquisadores do sexo, descreveram como nosso "espectador interno" interfere no funcionamento sexual.**
Masters, W. H., & Johnson, V. E. (1970). *Human sexual inadequacy.* New York: Bantam Books.

Página 8 **Pesquisadores estudaram as interações que precederam brigas no recreio em escolas na Grã-Bretanha. Acontece que geralmente as discussões eram sobre quem é superior ou quem estava certo.**
Blatchford, P., & Sharp, S. (Eds.). (1994). *Breaktime and the school: Understanding and changing playground behaviour.* London: Routledge. (p. 43)
Blatchford, P. (1998). *Social life in school: Pupils' experience of breaktime and recess from 7 to 16 years.* London: Routledge. (p. 156)

Página 15 "Se você deseja glória, você pode invejar Napoleão, mas Napoleão invejava César, César invejava Alexandre, e Alexandre, ouso dizer, invejava Hércules, que sequer existiu."
Russell, B. (2019). *The conquest of happiness*. Snowballpublishing.com, 2019. (p. 84)

Página 16 De fato, também há algumas evidências de que as pessoas que se sentem bem com elas mesmas muitas vezes estão vivendo vidas que estão indo razoavelmente bem.
Baumeister, R. F., Campbell, J. D., Krueger, J. I., & Vohs, K. D. (2003). Does high self-esteem cause better performance, interpersonal success, happiness, or healthier lifestyles? *Psychological Science in the Public Interest, 4*(1), 1–44.

Página 16 Uma autoestima particularmente elevada está ligada a problemas como arrogância, presunção, excesso de confiança e comportamento agressivo.
Baumeister, R. F., Smart, L., & Boden, J. M. (1996). Relation of threatened egotism to violence and aggression: The dark side of high self-esteem. *Psychological Review, 103*(1), 5.

Página 18 A neurose é o adubo do *bodhi*.
Trungpa, C. (2002). *The myth of freedom and the way of meditation*. Shambhala Publications.

CAPÍTULO 2: A CULPA É DE DARWIN

Página 21 Todos os animais são iguais, mas alguns são mais iguais do que outros.
Orwell, G. (1945). *Animal farm*. Toronto: Penguin. (Capítulo 10)

Página 22 As aves têm suas hierarquias, assim como peixes, répteis e até alguns grilos.
Buss, D. (2012). *Evolutionary psychology: The new science of the mind* (4 ed.). Boston: Allyn & Bacon. (p. 349)

Página 22 Como o conhecido neuroendocrinologista Robert Sapolsky concluiu após passar anos estudando primatas escondido atrás de arbustos na África, "é muito ruim para sua saúde ser um macho de baixo escalão em um grupo de babuínos".
Entrevista com Terry Gross, *Fresh Air*, NPR, August 17, 1998. Disponível em: www.npr.org/templates/story/story.php?storyId=1110280.

Página 23 Os psicólogos evolucionistas passaram as últimas décadas tentando discernir quais aspectos da natureza humana são instintos universais que evoluíram por causa de seu valor de sobrevivência.
Buss, D. (2017). *Evolutionary psychology: The new science of the mind* (5 ed.). New York: Routledge.
Pinker, S. (2003). *How the mind works*. London: Penguin.

Página 25	Essa observação levou a uma famosa piada do biólogo J. B. S. Haldane, a quem uma vez foi perguntado se ele daria a própria vida pela de seu irmão: "Não, mas eu daria por pelo menos dois irmãos ou duas irmãs, quatro primos, ou oito sobrinhos ou sobrinhas".
	Ricard, M., Mandell, C., & Gordon, S. (2015). *Altruism: The power of compassion to change yourself and the world*. New York: Little, Brown & Company. (p. 161)
Página 26	Além de nossa propensão a cuidar de nossas famílias, os psicólogos evolucionistas identificaram um instinto chamado de *altruísmo recíproco*.
	Buss, D. (2015). *Evolutionary psychology: The new science of the mind* (5 ed.). London: Routledge. (p. 269)
Página 26	Há uma história bem conhecida, frequentemente apresentada como uma lenda dos cherokee (embora suas origens não sejam claras), que sugere um caminho a ser seguido.
	Existem muitas versões dessa história. As melhores fontes que encontrei da origem dela estão disponíveis em *https://en.wikipedia.org/wiki/Two_Wolves*.
Página 28	É um instinto poderoso — a palavra para *líder*, na maioria das sociedades coletoras, está conectada a "grande homem".
	Pinker, S. (2003). *How the mind works*. London: Penguin. (p. 495)

CAPÍTULO 3: O PODER LIBERTADOR DO *MINDFULNESS*

Página 33	Você pode observar muita coisa apenas assistindo.
	Kaplan, D., & Berra, Y. (2008). *You can observe a lot by watching: What I've learned about teamwork from the Yankees and life*. Hoboken, NJ: Wiley.
Página 39	Como já bem disse o monge budista Bhante Gunaratana: "Em alguma parte desse processo, você ficará cara a cara com a repentina e chocante revelação de que você é completamente louco".
	Gunaratana, B. H. (2010). *Mindfulness in plain English*. Somerville, MA: Wisdom Publications. (pp. 69–70)
Página 40	Em um estudo agora clássico, pesquisadores designaram aleatoriamente os participantes do estudo para oito semanas de treinamento de *mindfulness* ou para um grupo-controle que não recebeu treinamento nenhum.
	Farb, N. A., Segal, Z. V., Mayberg, H., Bean, J., McKeon, D., Fatima, Z., & Anderson, A. K. (2007). Attending to the present: Mindfulness meditation reveals distinct neural modes of self-reference. *Social Cognitive and Affective Neuroscience, 2*(4), 313–322.
Página 42	Você também pode escutar uma variedade de práticas de *mindfulness* em meu *site* (em inglês), *DrRonSiegel.com*, e pode encontrar sugestões mais detalhadas sobre como estabelecer uma prática de atenção plena em meu livro *The mindfulness solution: everyday practices for everyday problems*.
	Siegel, R. D. (2009). *The mindfulness solution: Everyday practices for everyday problems*. New York: Guilford Press.

CAPÍTULO 4: DESCOBRINDO QUEM REALMENTE SOMOS

Página 44   "Quem é você?", perguntou a Lagarta. Esse não era um início encorajador para uma conversa.
> Carroll, L. (2015). *Alice's adventures in wonderland*. London: Puffin Books. (p. 27)

Página 46   O psiquiatra Carl Jung notou que tendemos a nos identificar com algumas partes de nós mesmos, que ele chamou de *persona*, e rejeitar outras, que ele chamou de *sombra*.
> Jung, C. G. (2014). *Two essays on analytical psychology*. Mansfield Center, CT: Martino Publishing.

Página 47   O Dr. Richard Schwartz desenvolveu uma forma de psicoterapia chamada sistemas familiares internos (IFS, na sigla em inglês), que ajuda as pessoas a integrarem suas várias partes.
> Schwartz, R. C. (2021). *No bad parts: Healing trauma and restoring wholeness with the internal family systems model*. Boulder, CO: Sounds True.
>
> Schwartz, R. C., & Sweezy, M. (2019). *Internal family systems therapy*. New York: Guilford Press.

Página 48   Talvez você tenha ouvido uma versão deste popular conto de fadas europeu.
> Von Franz, M. L. (1978). *An introduction to the psychology of fairy tales*. Irving, TX: Spring Publications. (p. 33)

Página 50   Arqueólogos especulam que os humanos não tinham nada como nosso senso atual de consciência até cerca de 40 a 60 mil anos atrás. Foi quando aconteceu a transição do Paleolítico Médio para o Paleolítico Superior, o nosso *big bang cultural*.
> Leary, M. R., & Buttermore, N. R. (2003). The evolution of the human self: Tracing the natural history of self-awareness. *Journal for the Theory of Social Behaviour*, 33(4), 365–404.

Página 50   Como o psicólogo Mark Leary aponta, é "improvável que gatos, vacas ou borboletas pensem conscientemente sobre si mesmos e suas experiências enquanto se sentam silenciosamente, pastam ou voam de flor em flor".
> Leary, M. R. (2004). *The curse of the self: Self-awareness, egotism, and the quality of human life*. Oxford: Oxford University Press. (p. 27)

Página 50   Foi apenas durante o *big bang* cultural que de repente começamos a fazer ferramentas sofisticadas, a nos adornar com colares e pulseiras, a criar arte representacional e a planejar o futuro construindo barcos.
> Leary, M. R., & Buttermore, N. R. (2003). The evolution of the human self: Tracing the natural history of self-awareness. *Journal for the Theory of Social Behaviour*, 33(4), 365–404.

Página 52   "Nós não vemos o mundo como ele é. Nós o vemos como nós somos."
> Nin, A. (1961). *Seduction of the minotaur*. Athens, OH: Swallow Press. (p. 124)

Página 55	**Elas são o resultado de um cérebro que, como disse o neurocientista Wolf Singer, é como "uma orquestra sem um maestro".**
Singer, W. (2005). *The brain: An orchestra without a conductor*. Max Planck Research, 3, 14–18.
Página 57	**Na verdade, a palavra inglesa *ecstasy* vem do grego e significa algo como "ficar fora de si mesmo".**
Oxford Online Dictionary. Disponível em: *https://en.oxforddictionaries.com/definition/ecstasy*. Acesso em: 19 mar. de 2021.
Página 57	**Einstein, que era decididamente secular e científico em sua compreensão do universo, via a transcendência como nosso projeto mais importante.**
Sullivan, W. (1972, March 29). The Einstein papers: A man of many parts. *New York Times*.

CAPÍTULO 5: O FRACASSO DO SUCESSO

Página 63	**Talvez não haja nada pior do que chegar ao topo da escada e descobrir que estamos na parede errada.**
Disponível em: *www.goodreads.com/quotes/429115-there-is-perhaps-nothing--worse-than-reaching-the-top-of*. Acesso em: 19 de mar. de 2021.
Página 65	**Em vez de serem duradouros, descobrimos que os estímulos positivos para a autoimagem são ainda mais propensos ao que os psicólogos chamam de *esteira hedônica*.**
Brickman, P., & Campbell, D. T. (1971). Hedonic relativism and planning the good society (pp. 287–302). In M. H. Apley (Ed.), *Adaptation level theory: A symposium*. New York: Academic Press.
Página 66	**Como mostram estudos com ganhadores da loteria, geralmente não demora muito para voltarmos ao nosso nível anterior de felicidade.**
Frederick, S., & Loewenstein, G. F. (1999). Hedonic adaptation. In D. Kahneman, E. Diener, & N. Schwarz (Eds.), *Wellbeing: The foundations of hedonic psychology* (pp. 302–329). New York: Sage.
Página 73	**Ou, como a poeta Mary Oliver pergunta: "Diga-me, o que você planeja fazer com sua única, fantástica e preciosa vida?".**
Oliver, M. (1992). The summer day. *New and selected poems*, 22–23. Boston: Beacon Press.
Página 76	**Existe uma maneira de descobrir se um homem é honesto: pergunte a ele; se ele disser que sim, você sabe que ele tem algo de errado.**
Finn, A. (26 de fevereiro de 2021). *80 Mark Twain quotes on life*. Quote Ambition. Disponível em: *www.quoteambition.com/marktwain-quotes*. (Menos frequentemente atribuída a Groucho Marx.)
Página 76	**Essa forma particular de enganação é chamada de *superioridade ilusória*, ou de algo mais rebuscado, o *efeito do Lago Wobegon*.**
Cannell, J. J. (1988). The Lake Wobegon effect revisited. *Educational Measurement: Issues and Practice*, 7(4), 12–15.

Página 76 — Em um amplo estudo, 70% dos alunos do ensino médio se classificaram como acima da média na capacidade de liderança, 85% se classificaram como acima da média na capacidade de se dar bem com os outros e 25% se classificaram no *top* 1%.
College Board. (1976–1977). Student descriptive questionnaire. Princeton, NJ: Educational Testing Service.

Página 76 — Estudantes universitários foram convidados a avaliar a si mesmos e a "estudantes universitários médios" em 20 características positivas e 20 negativas. O aluno médio classificou-se como melhor do que a média em 38 das 40 características.
Alicke, M. D., Klotz, M. L., Breitenbecher, D. L., Yurak, T. J., & Vredenburg, D. S. (1995). Personal contact, individuation, and the better-than-average effect. *Journal of Personality and Social Psychology, 68*(5), 804–825.

Página 77 — 87% dos alunos de MBA em Stanford classificaram seu desempenho acadêmico como acima da média.
It's academic. (2000). *Stanford GSB Reporter*, pp. 14–15.

Página 77 — 96% dos professores universitários acham que são melhores professores do que seus colegas.
Cross, P. (1977). Not can but will college teachers be improved? *New Directions for Higher Education, 17*, 1–15.

Página 77 — Em um estudo, 93% dos motoristas americanos se classificam como acima da média na questão da segurança no trânsito.
Svenson, O. (1981). Are we all less risky and more skillful than our fellow drivers? *Acta Psychologica, 47*(2), 143–148.

Página 77 — Um estudo com mil americanos pediu para que eles dissessem quem teria maior probabilidade de ir para o céu, eles próprios ou certos indivíduos famosos.
New science suggests a "grand design" and ways to imagine eternity. (31 de março de 1997). *US News and World Report*, 65–66.

Página 77 — A maioria de nós acha que nossa capacidade de nos avaliar com precisão está acima da média!
Pronin, E., Lin, D. Y., & Ross, L. (2002). The bias blind spot: Perceptions of bias in self versus others. *Personality and Social Psychology Bulletin, 28*(3), 369–381.

Página 77 — Minha observação favorita na psicologia social, o efeito Dunning-Kruger, ajuda a prever quando nossas autoavaliações são mais infladas. Pesquisadores descobriram repetidamente que, em todos os tipos de domínios e atividades humanas, a *competência real é inversamente proporcional à competência percebida.*
Kruger, J., & Dunning, D. (1999). Unskilled and unaware of it: How difficulties in recognizing one's own incompetence lead to inflated self-assessments. *Journal of Personality and Social Psychology, 77*(6), 1121.

Notas **247**

Página 77 **Se, por exemplo, encontramos alguém que seja mais talentoso do que nós em alguma área, assumimos que ele ou ela deve ser extraordinário (porque *não tem como* estarmos abaixo da média).**
Alicke, M. D., LoSchiavo, F. M., Zerbst, J., & Zhang, S. (1997). The person who outperforms me is a genius: Maintaining perceived competence in upward social comparison. *Journal of Personality and Social Psychology, 73*(4), 781.

Página 78 **Se pesquisadores nos disserem que fomos melhor do que a média em algum teste, concluímos que somos inteligentes ou habilidosos. No entanto, se nos disserem que fomos mal, supomos que o teste foi injusto ou excessivamente difícil, que as condições do teste foram ruins ou que tivemos azar.**
Blaine, B., & Crocker, J. (1993). Self-esteem and self-serving biases in reactions to positive and negative events: An integrative review. In R. F. Baumeister, *Self-esteem: The puzzle of low self-regard* (pp. 55–85). New York: Plenum Press.

Página 78 **Quando nos comportamos de maneira imoral, tendemos a atribuir isso a condições externas: "Todo mundo faz isso" ou "Eu estava apenas seguindo ordens".**
Forsyth, D. R., Pope, W. R., & McMillan, J. H. (1985). Students' reactions after cheating: An attributional analysis. *Contemporary Educational Psychology, 10*(1), 72–82.

Página 78 **Em atividades em grupo, quando o resultado é positivo, superestimamos nossa contribuição; mas quando o resultado é negativo, a subestimamos.**
Schlenker, B. R., & Miller, R. S. (1977). Egocentrism in groups: Self-serving biases or logical information processing? *Journal of Personality and Social Psychology, 35*(10), 755.

Página 78 **Aqui está uma breve experiência do cientista de dados Seth Stephens-Davidowitz, em que você pode tentar ver essa tendência de enganar a nós mesmos e aos outros.**
Stephens-Davidowitz, S., & Pabon, A. (2017). *Everybody lies: Big data, new data, and what the Internet can tell us about who we really are*. New York: HarperCollins. (p. 106)

CAPÍTULO 6: RESISTINDO À SELFIE-ESTIMA

Página 82 **Você sem parar**
"Nonstop you" — Lufthansa launches new ad campaign. (13 de março de 2012). *Travel Daily News*. Disponível em: www.traveldailynews.com/post/%E2%80%9Cnonstop-you%E2%80%9D---lufthansa-launches-new-ad-campaign-48206. Acesso em: 19 de mar. de 2021.

Página 82 **Em resposta a isso, o governador da Califórnia e os membros da legislatura daquela época criaram a Força-Tarefa Californiana de Promoção da Autoestima e da Responsabilidade Pessoal. A ideia era de que se sentir bem consigo poderia ser uma espécie de "vacina social" que impediria todo tipo de problema.**
Baumeister, R. F., Campbell, J. D., Krueger, J. I., & Vohs, K. D. (2005). Exploding the self-esteem myth. *Scientific American, 292*(1), 84–91.

Página 82 **Depois de gastar mais de um quarto de milhão de dólares, a força-tarefa concluiu que as associações entre doenças sociais e autoestima eram mistas, insignificantes ou totalmente ausentes, e não havia evidências científicas de que a baixa autoestima realmente causasse *qualquer* problema social.**
Smelser, N. J. (1989). Self-esteem and social problems: An introduction. In A. M. Mecca, N. J. Smelser, & J. Vasconcellos (Eds.), *The social importance of self-esteem* (pp. 1–23). Berkeley: University of California Press.

Página 83 **Dizia-se para os pais: "Não tenha medo de dizer aos seus filhos várias vezes como eles são inteligentes e talentosos".**
Folkins, M. J. (1988, May). Can do: Tips for helping your child. *Parents, 63*, 70.

Página 83 **As escolas ofereceram cursos chamados "autociência", em que o assunto era o "eu".**
Stone, K. F., & Dillehunt, H. Q. (1978). *Self science: The subject is me*. Disponível em: https://eric.ed.gov/?id=ED165056.

Página 83 **Os consultores de gestão diziam aos empreendedores que eles deveriam criar organizações em que "todos se sentissem bem consigo".**
Tracey, B. (1986). I can't, I can't: How self-concept shapes performance. *Management World, 15*(April-May), 1, 8.

Página 83 **Dizia-se para os agricultores que havia apenas uma habilidade que determinaria seu sucesso, e não era obter informações sobre "pestes, sementes, raças e rações": era saber como "desenvolver e manter uma autoimagem positiva".**
Brown, J. (1986). How to rekindle confidence and esteem. *Successful Farming, 84*(March), 11.

Página 83 **Kim Jong-il, o falecido "querido líder" da Coreia do Norte, aparentemente tinha uma autoestima muito alta. Em sua biografia oficial, ele afirma que nasceu no topo da montanha mais alta do país e que naquele momento uma geleira se abriu e dela saiu um arco-íris duplo. Ele aprendeu a andar com 3 semanas de vida, a falar com 8 semanas e escreveu 1.500 livros enquanto era um estudante universitário.**
Ricard, M., Mandell, C., & Gordon, S. (2015). *Altruism: The power of compassion to change yourself and the world*. New York: Little, Brown, & Company.

Página 84 **De qualquer forma, em medidas objetivas, verifica-se que as pessoas que se consideram boas demais não são mais inteligentes, mais atraentes ou superiores àquelas com menor autoestima, elas apenas pensam que são.**
Baumeister, R. F., Campbell, J. D., Krueger, J. I., & Vohs, K. D. (2003). Does high self-esteem cause better performance, interpersonal success, happiness, or healthier lifestyles? *Psychological Science in the Public Interest, 4*(1), 1–44.

Página 84	No entanto, em crianças, isso torna mais provável que elas sejam desinibidas, dispostas a desconsiderar riscos e propensas a fazer sexo mais cedo, por exemplo. Os valentões também tendem a ser mais seguros de si mesmos e a ter menos ansiedade do que as outras crianças. Baumeister, R. F., Campbell, J. D., Krueger, J. I., & Vohs, K. D. (2005). Exploding the self-esteem myth. *Scientific American, 292*(1), 84–91.
Página 84	Em jogos de *videogame* projetados por cientistas políticos para simular conflitos geopolíticos do mundo real, quanto mais confiantes os jogadores eram, mais frequentemente eles perdiam. "Líderes" confiantes demais frequentemente lançavam ataques precipitados que levavam a retaliações devastadoras para ambos os lados. Johnson, D. D., McDermott, R., Barrett, E. S., Cowden, J., Wrangham, R., McIntyre, M. H., & Rosen, S. P. (2006). Overconfidence in wargames: Experimental evidence on expectations, aggression, gender and testosterone. *Proceedings of the Royal Society B: Biological Sciences, 273*(1600), 2513–2520.
Página 86	O Pew Center for People and the Press abordou centenas de jovens adultos, perguntando aos *millennials*, que foram criados durante o período em que o movimento pela autoestima se destacou, sobre os objetivos de vida da geração deles. Os resultados e o contraste com a geração anterior (entre parênteses) foram marcantes: 81% (vs. 62%) disseram que queriam ficar ricos, 51% (vs. 29%) queriam se tornar famosos, mas apenas 10% (vs. 33%) disseram que queriam se tornar mais espiritualizados. Twenge, J. M., & Campbell, W. K. (2009). *The narcissism epidemic: Living in the age of entitlement.* New York: Simon & Schuster. (pp. 162–163)
Página 86	Uma pesquisa na Grã-Bretanha perguntou aos adolescentes qual era "a melhor coisa do mundo". Suas três principais respostas foram "ser uma celebridade", "ter boa aparência" e "ser rico". Twenge, J. M., & Campbell, W. K. (2009). *The narcissism epidemic: Living in the age of entitlement.* New York: Simon & Schuster. (p. 94)
Página 87	Na década de 1890, as mulheres jovens normalmente resolviam se interessar mais pelos outros e se abster de se concentrar em si mesmas. Seus objetivos eram contribuir para a sociedade, construir caráter e desenvolver relacionamentos mutuamente gratificantes. Na década de 1990, seus objetivos eram perder peso, encontrar um novo penteado ou comprar roupas, maquiagem e acessórios. Brumberg, J. J. (1998). *The body project: An intimate history of American girls.* New York: Vintage.
Página 87	Em 1951, apenas 12% dos jovens de 14 a 16 anos concordaram com a afirmação "Eu sou uma pessoa importante". Em 1989, 80% o fizeram. Newsom, C. R., Archer, R. P., Trumbetta, S., & Gottesman, I. I. (2003). Changes in adolescent response patterns on the MMPI/MMPI-A across four decades. *Journal of Personality Assessment, 81*(1), 74–84.

Página 87	Em 2012, 58% dos alunos do ensino médio tinham expectativa de ir para o ensino superior ou o profissionalizante, o dobro de 1976. No entanto, o número real de participantes permaneceu inalterado em 9%. Twenge, J. M. (2014). *Generation me: Why today's young Americans are more confident, assertive, entitled—and more miserable than ever before* (ed. rev.). New York: Simon & Schuster. (p. 109)
Página 87	Dois terços dos alunos do ensino médio esperam estar entre os 20% melhores em desempenho no trabalho. Twenge, J. M., & Campbell, W. K. (2009). *The narcissism epidemic: Living in the age of entitlement*. New York: Simon & Schuster. (p. 36)
Página 89	No Facebook, as frases mais comuns que as pessoas usam para descrever seus maridos são "o melhor", "meu melhor amigo", "incrível" e "tão fofo". Nas pesquisas anônimas do Google, as palavras mais frequentes que as pessoas digitam junto com "meu marido" são "mau", "irritante", "um idiota" e *"gay"*. Stephens-Davidowitz, S., & Pabon, A. (2017). *Everybody lies: Big data, new data, and what the Internet can tell us about who we really are.* New York: Harper-Collins. (p. 160)
Página 89	A intelectual *Atlantic Magazine* e a não tão intelectual *National Enquirer* têm circulação semelhante e números semelhantes de resultados de pesquisa no Google. No entanto, a *Atlantic Magazine* tem 27 vezes mais curtidas no Facebook. Stephens-Davidowitz, S., & Pabon, A. (2017). *Everybody lies: Big data, new data, and what the Internet can tell us about who we really are.* New York: Harper-Collins. (p. 151)
Página 89	No mundo do Facebook, o adulto médio parece estar feliz em seu casamento, de férias no Caribe e lendo a *Atlantic Magazine*. Stephens-Davidowitz, S., & Pabon, A. (2017). *Everybody lies: Big data, new data, and what the Internet can tell us about who we really are.* New York: Harper-Collins. (p. 153)
Página 89	*Selfie* foi a palavra do ano em 2013. Brumfield, B. (20 de novembro de 2013). Selfie named word of the year for 2013. Disponível em: *www.cnn.com/2013/11/19/living/selfie-word-of-the-year/index.html*. Acesso em: 16 de mar. de 2021.
Página 90	O aumento da comunicação por meio do Zoom e do FaceTime levou a uma explosão do *transtorno de dismorfia do Zoom*. Rice, S. M., Siegel, J. A., Libby, T., Graber, E., & Kourosh, A. S. (2021). Zooming into cosmetic procedures during the COVID-19 pandemic: The provider's perspective. *International Journal of Women's Dermatology*, 7(2), 213-216.

Página 90	Roy Baumeister, indiscutivelmente o maior pesquisador do mundo em autoestima, chegou a esta conclusão em uma revisão de literatura científica: "Depois de todos esses anos, lamento dizer, minha recomendação é a seguinte: esqueça a autoestima e concentre-se mais no autocontrole e na autodisciplina".
	Baumeister, R. (25 de janeiro de 2005). The lowdown on high self-esteem. Disponível em: *www.latimes.com/archives/la-xpm-2005-jan-25-oe-baumeister25-story.html*. Acesso em: 17 de mar. de 2021.

CAPÍTULO 7: CONSUMO CONSPÍCUO E OUTROS SINAIS DE *STATUS*

Página 95	Compramos coisas que não precisamos com dinheiro que não temos para impressionar pessoas de quem não gostamos.
	Disponível em: *https://quoteinvestigator.com/2016/04/21/impress*. Acesso em: 19 de mar. de 2021.
Página 95	Em 1899, Thorstein Veblen escreveu um livro chamado *A teoria da classe do lazer*. Ele foi o primeiro economista a usar a expressão *consumo conspícuo*.
	Veblen, T. (1912). *The theory of the leisure class: An economic study of institutions*. New York: B. W. Huebsch.
Página 97	Acontece que as penas são, na verdade, uma forma de consumo conspícuo. Elas sinalizam para as pavoas: "Eu sou tão extraordinariamente forte e saudável que posso me dar ao luxo de colocar todos esses recursos em minhas penas e, mesmo assim, sobreviver".
	Zahavi, A., & Zahavi, A. (1999). *The handicap principle: A missing piece of Darwin's puzzle*. New York: Oxford University Press.
Página 97	Antes da época de reprodução, os machos coletam presas comestíveis, como caracóis, e objetos úteis, como penas e pedaços de pano (de 90 a 120 itens no total). Eles, então, penduram tudo em espinhos e galhos em seus territórios para mostrar sua "fortuna".
	Yosef, R. (1991). Females seek males with ready cache. *Natural History, 6*, 37.
Página 97	Portanto, não é de surpreender que, historicamente, os pescadores contem histórias sobre peixes que eles pescaram, os fazendeiros se gabem do tamanho de seus vegetais e os caçadores se vangloriem dos grandes animais que mataram.
	Hill, K., & Hurtado, A. M. (2017). *Ache life history: The ecology and demography of a foraging people*. London: Routledge. Holmberg, A. R. (1950). *Nomads of the long bow: The Siriono of Eastern Bolivia*. Washington, DC: Smithsonian Institution.
Página 97	Em um estudo recente com mais de 3 mil pessoas de 36 países, as mulheres ainda atribuíram um valor mais alto a boas perspectivas financeiras na escolha de um parceiro, enquanto os homens atribuíram um valor mais alto à aparência, independentemente de viverem ou não em uma sociedade mais igualitária de gênero, em que as mulheres têm maior renda do que em sociedades menos igualitárias.

Zhang, L., Lee, A. J., DeBruine, L. M., & Jones, B. C. (2019). Are sex differences in preferences for physical attractiveness and good earning capacity in potential mates smaller in countries with greater gender equality? *Evolutionary Psychology, 17*(2), 1–6.

Página 101 **Os psicólogos sociais nos dizem que fazemos julgamentos sobre a classe social de outras pessoas dentro de poucos minutos depois de conhecê-las.**

Kraus, M. W., Park, J. W., & Tan, J. J. (2017). Signs of social class: The experience of economic inequality in everyday life. *Perspectives on Psychological Science, 12*(3), 422–435.

Kraus, M. W., Torrez, B., Park, J. W., & Ghayebi, F. (2019). Evidence for the reproduction of social class in brief speech. *Proceedings of the National Academy of Sciences, 116*(46), 22998–23003.

Página 105 **Atraímos parceiros sexuais, impressionamos potenciais clientes, fregueses ou empregadores e podemos até tentar evitar perseguições (se formos membros de um grupo marginalizado) com nossa escolha de roupas.**

Bell, Q. (1948). *On human finery*. London: Hogarth Press.

Página 105 **Os criadores de tendências são membros das classes mais altas que adotam os estilos das classes mais baixas para se diferenciar das classes médias, que preferem morrer do que se vestir ao estilo da classe mais baixa, porque são elas que correm um risco real de serem confundidas com a população de menor renda.**

Pinker, S. (2003). *How the mind works*. London: Penguin. (p. 502)

Página 107 **No final do século XIX, o industrialista J. P. Morgan disse que nunca investiria em uma empresa em que os diretores recebessem mais de seis vezes o salário médio dos funcionários.**

Piketty, T., & Saez, E. (2001). *Income inequality in the United States, 1913–1998* (atualizado para até 2000). Cambridge, MA: National Bureau of Economic Research.

Página 107 **Em 1982, os CEOs nos Estados Unidos recebiam em média 42 vezes a renda média dos trabalhadores.**

Twenge, J. M., & Campbell, W. K. (2009). *The narcissism epidemic: Living in the age of entitlement*. New York: Simon & Schuster. (p. 52)

Página 107 **Mais recentemente, o CEO da JPMorgan Chase chegou a ganhar *395 vezes* o salário do funcionário médio da empresa.**

Kilgore, T. (8 de abril de 2021). JPMorgan CEO Jamie Dimon's total pay in the year of COVID-19 was the most since the 2008 financial crisis. Disponível em: *www.marketwatch.com/story/jpmorgan-ceo-jamie-dimons-total-pay-in-the--year-of-covid-19-wasthe-most-since-the-2008-financial-crisis-11617887608*. Acesso em: 15 de jul. de 2021.

Página 107 **Acontece que, quando as diferenças de renda são maiores, as distâncias sociais se tornam maiores, e a estratificação social desempenha um papel maior em nossas vidas. Quando há mais desigualdade, também nos sentimos menos conectados um ao outro, temos um menor sentimento de humanidade compartilhada e uma maior necessidade de sinalizar onde estamos na hierarquia.**

Wilkinson, R., & Pickett, K. (2011). *The spirit level: Why greater equality makes societies stronger.* New York: Bloomsbury. (pp. 27, 43)

Página 109 Em uma pesquisa com jovens americanos de 18 a 23 anos, 91% indicaram que não tinham ou tinham apenas pequenos problemas com o consumismo em massa.
Smith, C., Christoffersen, K., Davidson, H., & Herzog, P. S. (2011). *Lost in transition: The dark side of emerging adulthood.* New York: Oxford University Press.

Página 109 Em outro estudo, 93% das meninas adolescentes relataram que fazer compras era sua atividade favorita.
Twenge, J. M., & Campbell, W. K. (2009). *The narcissism epidemic: Living in the age of entitlement.* New York: Simon & Schuster. (p. 163)

Página 109 Estudos mostram que, quando nos concentramos em valores materiais, temos mais conflitos com os outros, nos envolvemos mais em comparações sociais e somos menos propensos a nos motivar com a alegria intrínseca de nossas atividades.
Kasser, T. (2002). *The high price of materialism.* Cambridge: MIT Press.

Página 109 Um estudo fascinante confirma isso: pessoas foram convidadas a imaginar estar em uma sociedade mais pobre na qual seriam mais pobres do que são hoje, mas estando entre os indivíduos mais ricos. Cinquenta por cento dos sujeitos disseram que trocariam até metade de sua renda por uma situação melhor do que a dos outros.
Solnick, S. J., & Hemenway, D. (1998). Is more always better?: A survey on positional concerns. *Journal of Economic Behavior & Organization, 37*(3), 373–383.

Página 109 Cerca de 6 a 7 milhões de anos atrás, nossa árvore evolucionária se dividiu e levou a duas espécies de macaco: chimpanzés e bonobos. Estamos próximos de ambos geneticamente.
de Waal, F. B., & Lanting, F. (1997). *Bonobo: The forgotten ape.* Berkeley: University of California Press.

Página 110 Os chimpanzés passam por rituais elaborados nos quais um indivíduo comunica seu *status* ao outro.
de Waal, F. B., & Lanting, F. (1997). *Bonobo: The forgotten ape.* Berkeley: University of California Press. (p. 30)

Página 110 Como de Waal aponta, "o sexo é a cola da sociedade dos bonobos".
de Waal, F. B., & Lanting, F. (1997). *Bonobo: The forgotten ape.* Berkeley: University of California Press. (p. 99)

Página 110 A boa notícia é que os humanos, na verdade, têm os padrões dos bonobos, e não os dos chimpanzés.
Hammock, E. A., & Young, L. J. (2005). Microsatellite instability generates diversity in brain and sociobehavioral traits. *Science, 308*(5728), 1630–1634.

Página 110   Outra maneira de relaxar nossos julgamentos de *status*, incluindo aqueles sinalizados por meio do consumo conspícuo, é baseada em uma observação de Ram Dass, pesquisador de psicologia em Harvard que se tornou um professor espiritual bem reconhecido.
Dass, R. (4 de agosto de 2020). Ram Dass on self judgment. Disponível em: *www.ramdass.org/ram-dass-on-self-judgement*. Acesso em: 17 de mar. de 2021.

CAPÍTULO 8: TRATANDO NOSSO VÍCIO EM AUTOESTIMA

Página 113   Parar de fumar é fácil; já fiz isso centenas de vezes.
Citação na maioria das vezes atribuída a Mark Twain. Disponível em: *www.quotes.net/quote/1624*. Acesso em: 19 de mar. de 2021.

Página 113   Elas só têm cerca de 20 mil células nervosas, contra os cerca de 100 bilhões dos humanos.
Dobbs, D. (2007). Eric Kandel. *Scientific American Mind, 18*(5), 32–37.

Página 114   Um princípio básico da aprendizagem animal é conhecido há mais de cem anos: se um comportamento for seguido por uma experiência agradável, um animal tenderá a repeti-lo; se ele for seguido por uma experiência desagradável, será evitado.
Thorndike, E. L. (1913). *The psychology of learning* (Vol. 2). New York: Teachers College, Columbia University.

Página 114   Desde a década de 1950, James Olds e Peter Milner, da Universidade McGill, já colocavam eletrodos nas regiões septais do cérebro de ratos para essa pesquisa. Eles criaram um experimento no qual os ratos poderiam enviar um pouco de eletricidade para essa região pressionando uma alavanca. Os ratos rapidamente aprenderam a fazer isso, e com entusiasmo, com a frequência de 2 mil vezes por hora, presumivelmente porque fazia eles se sentirem muito bem.
Olds, J., & Milner, P. (1954). Positive reinforcement produced by electrical stimulation of septal area and other regions of rat brain. *Journal of Comparative and Physiological Psychology, 47*(6), 419.

Página 115   Pesquisadores descobriram mais tarde que o neurotransmissor *dopamina* é liberado em um centro de recompensa relacionado, o núcleo *accumbens*, em resposta a vários tipos de comportamentos viciantes, desde o amor romântico até o uso de drogas como anfetaminas, cocaína e morfina. A área também é ativada por reforços positivos, como comida, água, sexo e, o que mais nos interessa aqui, *estímulos positivos para a autoestima*.
Brewer, J. (2017). *The craving mind: From cigarettes to smartphones to love: Why we get hooked and how we can break bad habits*. New Haven: Yale University Press.

Página 115   Psicólogos dizem que já aos 4 anos as crianças podem identificar de forma confiável seus colegas mais populares.
Prinstein, M. J. (2017). *Popular: The power of likability in a status-obsessed world*. New York: Penguin. (p. 33)

Página 115   Como uma criança formulou recentemente, "Se você é popular, se todos estão falando de você, você pode sair com quem quiser. Você pode ser amigo de qualquer um. Você só, tipo, se sente bem".
Prinstein, M. J. (2017). *Popular: The power of likability in a status-obsessed world*. New York: Penguin. (p. 61)

Página 115   Segundo os psicólogos sociais, há dois caminhos para a popularidade.
Prinstein, M. J. (2017). *Popular: The power of likability in a status-obsessed world*. New York: Penguin. (p. 44)

Página 116   Para complementar nosso tema "a adolescência pode ser um inferno", pontuamos que a simpatia é muito mais importante para as crianças mais novas do que para os adolescentes, para quem o *status* passa a ser mais importante.
Prinstein, M. J. (2017). *Popular: The power of likability in a status-obsessed world*. New York: Penguin. (p. 33)

Página 116   Aqueles que buscam relacionamentos íntimos e atenciosos, que almejam o crescimento pessoal e que gostam de ajudar os outros, recompensas intrínsecas e qualidades associadas à simpatia, tendem a ser mais felizes e fisicamente mais saudáveis.
Sheldon, K. M., Ryan, R. M., Deci, E. L., & Kasser, T. (2004). The independent effects of goal contents and motives on wellbeing: It's both what you pursue and why you pursue it. *Personality and Social Psychology Bulletin, 30*(4), 475–486.

Página 116   Você deve conhecer a história: no início dos anos 2000, um estudante de Harvard escreveu o *software* para um *site* chamado Facemash. Usando fotos de alunos de graduação disponíveis no sistema da universidade, ele postava pares de fotos e pedia aos usuários que escolhessem a pessoa "mais atraente". O *site* teve mais de 450 visitantes e 22 mil visualizações de fotos em suas primeiras quatro horas *on-line*.
Kaplan, K. (19 de novembro de 2003). Facemash creator survives Ad Board. *Harvard Crimson*. Disponível em: *www.thecrimson.com/article/2003/11/19/facemash-creator-survives-ad-board-the*. Acesso em: 17 de mar. de 2021.

Página 117   Por exemplo, em 2016, psicólogos da UCLA examinaram cérebros de adolescentes enquanto eles assistiam a um *feed* simulado do Instagram.
Sherman, L. E., Payton, A. A., Hernandez, L. M., Greenfield, P. M., & Dapretto, M. (2016). The power of the like in adolescence: Effects of peer influence on neural and behavioral responses to social media. *Psychological Science, 27*(7), 1027–1035.

Página 117   Como uma criança disse quando questionada sobre por que uma presença (bem-sucedida) nas redes sociais é tão importante: "É como ser famoso... É legal. Todo mundo conhece você, e você é, tipo, a pessoa mais importante da escola".
Prinstein, M. J. (2017). *Popular: The power of likability in a status-obsessed world*. New York: Penguin. (p. 61)

Página 118   Somos como peixes na água. Afinal, todos os outros estão verificando seus telefones o dia inteiro (96 vezes por dia, para o americano médio).

Asurion Research (21 de novembro de 2019). Americans check their phones 96 times a day. Disponível em: *www.asurion.com/about/press-releases/americans-check-their-phones-96-times-a-day/*. Acesso em: 17 de mar. de 2021.

Página 120 **Alan Marlatt, um especialista em vícios da Universidade de Washington, em Seattle, inventou uma ótima prática para isso, chamada de surfar o impulso.**
Bowen, S., Chawla, N., Grow, J., & Marlatt, G. A. (2021). *Mindfulness-based relapse prevention for addictive behaviors: A clinician's guide*. New York: Guilford Press.

Página 121 **Adaptado de *Reclaim your brain*, de Susan Pollak.**
Pollak, S. M. (28 de março de 2018). Reclaim your brain. Disponível em: *www.psychologytoday.com/us/blog/theart-now/201803/reclaim-your-brain*. Acesso em: 11 de abr. de 2021.

Página 126 **"O que os outros chamam de felicidade é o que os Nobres [Despertados] declaram ser o sofrimento. O que os outros chamam de sofrimento é o que os Nobres descobriram ser a felicidade."**
Dvayatanupassana Sutta: The Noble One's happiness. In *The discourse collection: Selected texts from the Sutta Nipata*. Disponível em: *www.accesstoinsight.org/tipitaka/kn/snp/snp.3.12.irel.html*. Acesso em: 17 de mar. de 2021.

CAPÍTULO 9: FAÇA CONEXÕES, NÃO CAUSE IMPRESSÕES

Página 129 **Você faz mais amigos em dois meses se mostrando interessado em outras pessoas do que em dois anos tentando fazer com que as outras pessoas se interessem por você.**
Carnegie, D. (1998). *How to win friends & influence people*. New York: Pocket Books. (p. 52)

Página 130 **Essas conexões são o ingrediente essencial do sucesso na criação dos filhos, bem como o molho secreto na terapia, gerando melhores resultados do que qualquer outra abordagem.**
Miller, S. D., Hubble, M. A., Chow, D. L., & Seidel, J. A. (2013). The outcome of psychotherapy: Yesterday, today, and tomorrow. *Psychotherapy, 50*(1), 88–97.

Página 130 **Nosso sistema nervoso evoluiu para fazer com que elas nos ajudassem ainda mais a acalmar nossa resposta ao estresse.**
Porges, S. W., & Dana, D. (2018). *Clinical applications of the polyvagal theory: The emergence of polyvagal-informed therapies*. New York: Norton.

Página 133 **Quando os cérebros de pessoas apaixonadas foram digitalizados enquanto elas olhavam para fotos de seus amados, uma região do cérebro relacionada à recompensa, produtora de dopamina e conectada ao núcleo *accumbens* (o centro ativado por curtidas nas redes sociais e por drogas como a cocaína) aumentou seu nível de ativação.**
Aron, A., Fisher, H., Mashek, D. J., Strong, G., Li, H., & Brown, L. L. (2005). Reward, motivation, and emotion systems associated with early-stage intense romantic love. *Journal of Neurophysiology, 94*(1), 327–337.

Página 134	Acontece que, quando as pessoas estão envolvidas em relacionamentos amorosos românticos apaixonados, elas mostram maior ativação de uma região cerebral associada ao pensamento autoavaliativo, chamada de *córtex cingulado posterior* (CCP). Aron, A., Fisher, H., Mashek, D. J., Strong, G., Li, H., & Brown, L. L. (2005). Reward, motivation, and emotion systems associated with early-stage intense romantic love. *Journal of Neurophysiology, 94*(1), 327–337.
Página 134	Estudos têm mostrado que tanto mães cuidando de seus filhos quanto pessoas que amam outra pessoa sem serem obcecadas têm menor ativação do CCP ao pensar em seus filhos ou seus parceiros. Quando as pessoas praticam a meditação da bondade amorosa, na qual geram sentimentos amorosos desejando bem aos outros, as conexões neurais de recompensa ativadas pelo amor romântico apaixonado ficam menos ativas. Brewer, J. (2017). *The craving mind: From cigarettes to smartphones to love: Why we get hooked and how we can break bad habits*. New Haven: Yale University Press. (p. 129)
Página 142	"As pessoas esquecerão o que você disse, as pessoas esquecerão o que você fez, mas elas nunca vão esquecer como você as fez se sentirem." Citação comumente atribuída a Maya Angelou, apesar de também aparecer em outras fontes. Disponível em: *https://quoteinvestigator.com/2014/04/06/they--feel/#note-8611–16*. Acesso em: 3 de abr. de 2021.
Página 142	Os outros animais ficam com raiva por uma boa razão. Eles respondem com agressividade quando eles próprios, seus filhos ou seus parentes são fisicamente atacados; quando competem por comida ou por um companheiro; ou quando outro animal invade seu território. Leary, M. R. (2004). *The curse of the self: Self-awareness, egotism, and the quality of human life*. Oxford: Oxford University Press. (p. 88)
Página 143	Nas tradições budistas, a raiva é descrita como sedutora, tendo *um fruto doce, mas uma raiz envenenada*. *Ghatva sutta: Having killed* (T. Bhikkhu, Trans.). (2 de junho de 2010). Disponível em: *www.accesstoinsight.org/tipitaka/sn/sn01/sn01.071.than.html*. Acesso em: 17 de mar. de 2021.
Página 144	A própria Bíblia aponta para este perigo: "Não julgueis para não ser julgado". *King James Bible* (Matthew 7:1–3). (2008). New York: Oxford University Press. (Original publicado em 1769)
Página 144	Um poderoso primeiro-ministro chinês pediu a um mestre da meditação a perspectiva budista sobre o egocentrismo. Leary, M. R. (2004). *The curse of the self: Self-awareness, egotism, and the quality of human life*. Oxford: Oxford University Press. (p. 88)
Página 144	Pesquisas sugerem que pessoas com autoestima elevada (que se classificam como muito boas) são na verdade *mais* propensas a se tornarem agressivas quando ameaçadas simbolicamente do que pessoas com autoestima média ou baixa.

Baumeister, R. F., Smart, L., & Boden, J. M. (1996). Relation of threatened egotism to violence and aggression: The dark side of high self-esteem. *Psychological Review, 103*(1), 5.

Página 149 **Eles chamam o processo de *recategorização de identidade*.**
Dovidio, J. F., Gaertner, S. L., & Saguy, T. (2008). Another view of "we": Majority and minority group perspectives on a common ingroup identity. *European Review of Social Psychology, 18*(1), 296–330.

CAPÍTULO 10: O PODER DA COMPAIXÃO

Página 150 **Se você quer que os outros sejam felizes, pratique a compaixão. Se você quer ser feliz, pratique a compaixão.**
Dalai-lama. (27 de dezembro de 2010). Disponível em: *https://twitter.com/dalailama/status/19335233497210880?lang=en*. Acesso em: 14 de set. de 2021.

Página 153 **Pesquisadores suspeitam que fazemos isso em parte ativando nossos *neurônios-espelho*, que nos permitem experimentar em nossos próprios corpos os sentimentos que imaginamos que estão ocorrendo em alguém.**
Iacoboni, M. (2009). Imitation, empathy, and mirror neurons. *Annual Review of Psychology, 60*, 653–670.

Página 159 **Ele também conta uma história sobre um monge tibetano sênior que foi libertado após anos de encarceramento em um campo de concentração chinês.**
Dalai-lama. (1º de maio de 2009). *On compassion*. Presentation, Harvard Medical School Conference, Meditation and Psychotherapy, Boston, MA.

Página 160 **A psicóloga Kristin Neff, pioneira na pesquisa sobre autocompaixão, uniu-se a Chris Germer para desenvolver o popular Programa de Autocompaixão (*Mindful Self-Compassion*, ou MSC) de oito semanas, que ensina como desenvolver compaixão por nós mesmos (consulte *centerformsc.org*).**
Neff, K., & Germer, C. (2018). *The mindful self-compassion workbook: A proven way to accept yourself, build inner strength, and thrive*. New York: Guilford Press.

Página 162 **Em um estudo, a mãe de arame segurou uma mamadeira com comida, enquanto a mãe de pano não tinha nenhuma mamadeira. De forma esmagadora, os macacos bebês prefeririam passar seu tempo agarrados à mãe de pano, visitando a mãe de arame apenas brevemente para se alimentar.**
Harlow, H. F., & Zimmermann, R. R. (1958). The development of affective responsiveness in infant monkeys. *Proceedings of the American Philosophical Society, 102*, 501–509.

Página 162 **Em humanos, há inclusive nervos especializados em nossa pele programados para reagir a um carinho no ritmo que a maioria de nós instintivamente usa quando estamos sendo afetuosos. E os nervos respondem apenas a mãos na temperatura corporal, não a mãos mais quentes ou mais frias.**

Ackerley, R., Wasling, H. B., Liljencrantz, J., Olausson, H., Johnson, R. D., & Wessberg, J. (2014). Human C-tactile afferents are tuned to the temperature of a skin-stroking caress. *Journal of Neuroscience, 34*(8), 2879–2883.

Página 163 **Exercício: abraço e carinho afetuosos**
Germer, C., & Neff, K. (2019). *Teaching the mindful self-compassion program: A guide for professionals.* New York: Guilford Press. (p. 171)

Página 163 **Exercício: respiração afetuosa**
Germer, C., & Neff, K. (2019). *Teaching the mindful self-compassion program: A guide for professionals.* New York: Guilford Press. (p. 181)

Página 164 **Exercício: carta de autocompaixão**
Neff, K. (15 de maio de 2015). *Mindful self-compassion.* Workshop at FACES Conference, May 15. Outra versão deste exercício pode ser encontrada no livro *Self-Compassion*, de 2011, da mesma autora (p. 16).

Página 166 **Exercício: *tonglen* adoçado**
Germer, C., & Neff, K. (2019). *Teaching the mindful self-compassion program: A guide for professionals.* New York: Guilford Press. (pp. 251–252)

CAPÍTULO 11: PRECISAMOS SENTIR PARA CURAR

Página 169 **Kathy Love Ormsby tinha tudo.**
Demak, R. (16 de junho de 1986). "And then she just disappeared." *Sports Illustrated.* Disponível em: *https://vault.si.com/vault/1986/06/16/and-then-she--just-disappeared.* Acesso em: 18 de mar. de 2021.

Página 176 **Como formulou Proust, "só nos curamos de um sofrimento depois de o haver suportado até o fim".**
Proust, M. (1982). *Remembrance of things past* (Vol. 3, *Time regained*). (Trans. C. K. Scott Moncrieff, Terence Kilmartin, & Andreas Mayor). New York: Vintage. (p. 546)

Página 180 **Os gregos antigos eram especialistas quando o assunto era vergonha. Todos os anos perguntavam aos cidadãos de Atenas se desejavam realizar um ostracismo, o processo democrático de expulsar alguém da cidade.**
Forsdyke, S. (2009). *Exile, ostracism, and democracy: The politics of expulsion in ancient Greece.* Princeton, NJ: Princeton University Press.

Página 182 **Há um poema maravilhoso de Daniel Ladinsky baseado nas escritas de Hafez, um poeta persa do século XIV, que pode nos encorajar.**
Ladinsky, D. (Ed.). (2002). *Love poems from God: Twelve sacred voices from the East and West.* New York: Penguin.

Página 184 O Dr. Richard Schwartz desenvolveu a terapia de sistemas familiares internos (IFS, na sigla em inglês) para ajudar as pessoas a fazer amizade com essas diversas partes de si mesmas.
  Schwartz, R. C. (2021). *No bad parts: Healing trauma and restoring wholeness with the internal family systems model*. Boulder, CO: Sounds True.
  Schwartz, R. C., & Sweezy, M. (2019). *Internal family systems therapy*. New York: Guilford Press.

CAPÍTULO 12: SEPARANDO A PESSOA DE SUAS AÇÕES

Página 189 Por que você está infeliz? Porque 99,9% de tudo o que você pensa, e tudo o que você faz, é para você mesmo. Mas "você" não existe.
  Wei, W. W. (2002). *Ask the awakened: The negative way*. Boulder, CO: Sentient Publications.

Página 190 Ellis chamou o tipo problemático e viciante de autoavaliação que discutimos ao longo deste livro de *autoestima condicional*.
  Ellis, A. (2010). *The myth of self-esteem: How rational emotive behavior therapy can change your life forever*. Amherst, NY: Prometheus Books.

Página 191 Em vez disso, assumimos, como Ellis já dizia em 1957, que "uma pessoa deve ser completamente competente, adequada, talentosa e inteligente em todos os aspectos possíveis; o principal objetivo e o propósito da vida são a realização e o sucesso; incompetência em qualquer coisa é uma indicação de que uma pessoa é inadequada ou sem valor".
  Ellis, A. (2010). *The myth of self-esteem: How rational emotive behavior therapy can change your life forever*. Amherst, NY: Prometheus Books. (p. 278)

Página 192 Quase todos os pais eram encorajados a comunicar uma ideia simples, mas notavelmente difícil de entender, para seus filhos quando eles se comportavam mal: "Você não é mau, seu comportamento que é inapropriado".
  Ginott, H. G. (2003). *Between parent and child* (rev. ed.). New York: Three Rivers Press.

Página 193 O psicólogo pioneiro Carl Rogers identificou a autoaceitação como um ingrediente central na psicoterapia: "Por aceitação [...] quero dizer uma consideração afetuosa pelo [cliente] como uma pessoa de valor próprio incondicional, independentemente de sua condição, seu comportamento ou seus sentimentos".
  Rogers, C. R. (1995). *On becoming a person: A therapist's view of psychotherapy*. Boston: Houghton Mifflin Harcourt. (p. 34)

Página 195 Tecelões navajos, que são famosos por seus tapetes, rotineiramente incluem pelo menos um nó incorreto em cada tapete para temperar o egoísmo do perfeccionismo.
  Landry, A. (16 de março de 2009). Navajo weaver shares story with authentic rugs. Disponível em: www.nativetimes.com/archives/22/1217-navajo-weaver-shares-story-with-authentic-rugs. Acesso em: 18 de mar. de 2021.

Notas **261**

Página 198 **Cientistas cognitivos nos dizem que a maioria de nós localiza nossa consciência em algum lugar da cabeça, atrás dos olhos.**
Barbeito, R., & Ono, H. (1979). Four methods of locating the egocenter: A comparison of their predictive validities and reliabilities. *Behavior Research Methods & Instrumentation, 11*(1), 31–36.

Página 199 **O que é ou onde está o centro unificado da senciência que entra e sai da existência, que muda ao longo do tempo, mas permanece a mesma entidade, e que tem um valor moral supremo?**
Pinker, S. (2003). *How the mind works*. London: Penguin. (p. 558)

Página 200 **Começamos a vislumbrar o *insight* sugerido no título do livro *Pensamentos sem pensador*, do psiquiatra Mark Epstein.**
Epstein, M. (2013). *Thoughts without a thinker: Psychotherapy from a Buddhist perspective*. New York: Basic Books.

Página 204 **A nuvem na folha de papel**
Hanh, T. N. (2005). *Being peace*. Berkeley: Parallax Press. (p. 51)

CAPÍTULO 13: VOCÊ NÃO É TÃO ESPECIAL ASSIM (E OUTRAS BOAS NOTÍCIAS)

Página 205 **Quando o jogo termina, os peões, as torres, os cavalos, os bispos, os reis e as rainhas voltam todos para a mesma caixa.**
Steen, F. F. (8 de novembro de 2003). Italian proverbs. Disponível em: http://cogweb.ucla.edu/Discourse/Proverbs/Italian.html. Acesso em: 5 de abr. de 2021.

Página 205 **Você sabe quem era o rei da Inglaterra em 1387?**
Ricardo II. O fato de que a maioria de nós não sabe disso, apesar da grande importância dele em outra época, foi compartilhado em uma comunicação pessoal com o Dr. Robert Waldinger, em 4 de abril de 2021.

Página 205 **Existem estimativas de que em apenas 50 mil anos a Terra entrará em outra era do gelo. Em 600 milhões de anos, conforme o sol for ficando mais quente, o CO_2 desaparecerá da nossa atmosfera e todas as plantas morrerão. Em um bilhão de anos, os oceanos evaporarão e toda a vida restante na Terra será aniquilada.**
Future of earth. (2021). *Wikipedia*. Disponível em: https://en.wikipedia.org/wiki/Future_of_Earth. Acesso em: 18 de mar. de 2021.

Página 206 **Nos Estados Unidos, em 1950, um em cada três meninos recebeu um dos 10 nomes mais comuns naquele ano, assim como uma em cada quatro meninas. Ser "normal" era valorizado. Em 2012, menos de um em cada 10 meninos e uma em cada 11 meninas receberam um nome comum.**
Twenge, J. M., Abebe, E. M., & Campbell, W. K. (2010). Fitting in or standing out: Trends in American parents' choices for children's names, 1880–2007. *Social Psychological and Personality Science, 1*(1), 19–25.

Página 206	Como o pesquisador pioneiro na pesquisa sobre felicidade humana, Martin Seligman, brincou: "É como se algum idiota tivesse aumentado o nível do que é preciso fazer para ser um ser humano comum". Seligman, M. E. (1988). Boomer blues. *Psychology Today, 22*, 50–55.
Página 206	Joel Osteen, pastor da maior igreja evangélica dos Estados Unidos, costuma dizer: "Deus não criou nenhum de nós para ser mediano". Osteen, J. (2007). *Become a better you: 7 keys to improving your life every day.* New York: Simon & Schuster. (p. 109)
Página 206	*Deus quer que você seja rico* (no original, *God wants you to be rich*). Pilzer, P. Z. (1997). *God wants you to be rich.* New York: Simon & Schuster.
Página 207	"Bem-aventurados são os humildes, porque herdarão a terra." *King James Bible* (Matthew 5:5). (2008). New York: Oxford University Press. (Original publicado em 1769)
Página 207	"O Senhor destruirá a casa dos soberbos." *King James Bible* (Proverbs 15:25). (2008). New York: Oxford University Press. (Original publicado em 1769)
Página 207	"Humildade, modéstia [...], ausência de ego; diz-se que isso é conhecimento." Mitchell, S. (2000). *Bhagavad Gita: A new translation.* New York: Three Rivers Press. (Capítulo 13)
Página 207	Mike Robbins, que ensina líderes a serem mais autênticos, nos convida a completar esta frase: "Se você realmente me conhecesse, saberia que _____". Robbins, M. (12 de maio de 2009). Express yourself. Disponível em: https://mike-robbins.com/express-yourself. Acesso em: 18 de mar. de 2021.
Página 208	O pai da psicologia americana, William James, refletiu em 1882 sobre o quão libertador isso pode ser: "Estranhamente, uma pessoa se sente extremamente leve depois de aceitar de boa-fé a incompetência em um campo específico". André, C. (2012). *Feelings and moods.* Cambridge: Polity Press. (p. 88)
Página 208	Mais recentemente, o psiquiatra Michael Miller deu seguimento a esse pensamento: "Conheço muitas pessoas que foram arruinadas pelo sucesso, mas poucas que foram arruinadas pelo fracasso". Comunicação pessoal, 22 de agosto de 2019.
Página 209	Pesquisas sugerem que, quando pensamos que somos superiores, nos tornamos hipócritas e julgamos os outros mais severamente por suas falhas, considerando-as menos perdoáveis. Bushman, B. J., & Baumeister, R. F. (1998). Threatened egotism, narcissism, self-esteem, and direct and displaced aggression: Does self-love or self-hate lead to violence? *Journal of Personality and Social Psychology, 75*(1), 219.

Página 209   **Inclusive, um experimento muito inteligente que fez com que sujeitos se sentissem superiores aos colegas demonstrou que isso diminuiu a capacidade deles de identificar e se importar com os sentimentos dos outros.**
Galinsky, A. D., Magee, J. C., Inesi, M. E., & Gruenfeld, D. H. (2006). Power and perspectives not taken. *Psychological Science, 17*(12), 1068–1074.

Página 209   **Uma nova e maravilhosa aplicação do *big data* é aliviar nossa vergonha nos mostrando o quão comuns todos nós somos.**
Stephens-Davidowitz, S., & Pabon, A. (2017). *Everybody lies: Big data, new data, and what the Internet can tell us about who we really are.* New York: HarperCollins. (p. 161)

Página 210   **Eu gosto muito de uma história que ouvi de Barry Magid, um psiquiatra e padre zen de Nova York.**
Magid, B. (2012). *Ordinary mind: Exploring the common ground of Zen and psychoanalysis.* New York: Simon & Schuster. (p. 177)

Página 215   **O psiquiatra Bob Waldinger dirige o Harvard Longitudinal Study, o estudo mais longo sobre bem-estar humano já realizado (começou em 1938).**
Mineo, L. (26 de novembro de 2018). Over nearly 80 years, Harvard study has been showing how to live a healthy and happy life. Disponível em: https://news.harvard.edu/gazette/story/2017/04/over-nearly-80-years-harvard-study-has-been-showinghow-to-live-a-healthy-and-happy-life. Acesso em: 18 de mar. de 2021.

Página 215   **Cerca de 30 anos atrás, eu estava viajando em Krabi, na Tailândia, quando me deparei com um fascinante mosteiro budista.**
Wat Tham Suea (Tiger Cave Temple). Disponível em: www.watthumsua-krabi.com.

Página 216   **"Lembra-te que és pó e ao pó voltarás."**
King James Bible (Genesis 3:19). (2008). New York: Oxford University Press. (Original publicado em 1769)

Página 216   **"Todos nós vamos para um só lugar."**
King James Bible (Ecclesiastes 3:20). (2008). New York: Oxford University Press. (Original publicado em 1769)

Página 216   **Durante a Guerra Civil Americana, quando a morte estava sempre à espreita, tornou-se costume lembrar-se da mortalidade todos os dias a fim de melhor apreciar a vida.**
Faust, D. G. (2009). *This republic of suffering: Death and the American Civil War.* New York: Vintage.
Gross, T. (24 de outubro de 2008). In a "Republic of Suffering," death's unifying effect. Disponível em: www.npr.org/transcripts/96076929. Acesso em: 18 de mar. de 2021.

CAPÍTULO 14: ALÉM DO EU, DE MIM E DO QUE É MEU

Página 221 **Tudo o que você precisa é de amor!**
Lennon, J. (1967). All you need is love. *Yellow Submarine* [gravação de áudio]. EMI Parlophone.

Página 221 **Em 1895, Sigmund Freud escreveu que o máximo que poderíamos esperar da psicanálise era transformar "miséria histérica em infelicidade comum".**
Freud, S. (1955). *The standard edition of the complete psychological works of Sigmund Freud, Volume II (1893–1895): Studies on hysteria*. London: Hogarth Press. (p. 308)

Página 221 **Como o psicólogo Chris Peterson, um dos fundadores do campo da psicologia positiva, afirmou perto do fim de sua vida: "As outras pessoas importam!".**
Peterson, C. (17 de junho de 2008). Other people matter: Two examples. Disponível em: www.psychologytoday.com/us/blog/the-good-life/200806/other-people-matter-two-examples. Acesso em: 18 de mar. de 2021.

Página 221 **Sentir-se seguramente conectado aos outros é o ingrediente central do florescimento humano, enquanto estar desconectado é um fator de risco para todos os tipos de males.**
Eisenberger, N. I., & Cole, S. W. (2012). Social neuroscience and health: Neurophysiological mechanisms linking social ties with physical health. *Nature Neuroscience, 15*(5), 669.
Cacioppo, J. T., & Patrick, W. (2008). *Loneliness: Human nature and the need for social connection*. New York: Norton.

Página 221 **Não são as pessoas ricas, privilegiadas, bonitas ou poderosas que são as mais felizes, são aquelas que têm entes queridos, amigos, uma comunidade e um trabalho significativo.**
Pinker, S. (2003). *How the mind works*. London: Penguin. (p. 393)

Página 222 **Felizmente, o antídoto mais poderoso não apenas funcionou para mim e meus pacientes, mas também é respaldado por centenas de estudos que demonstram uma estreita correlação entre conexões sociais seguras e saúde.**
Holt-Lunstad, J., Smith, T. B., & Layton, J. B. (2010). Social relationships and mortality risk: A meta-analytic review. *PLoS medicine, 7*(7).

Página 222 **E as pesquisas confirmam: quando nossos amigos, nossos cônjuges, nossos irmãos ou nossos vizinhos são mais felizes, nós também somos. Na verdade, quanto mais nos aproximamos de uma pessoa feliz, mais forte é o efeito.**
Fowler, J. H., & Christakis, N. A. (2008). Dynamic spread of happiness in a large social network: Longitudinal analysis over 20 years in the Framingham Heart Study. *BMJ, 337*.

Página 222 **Como o cientista político Robert Putnam documentou em seu livro de referência *Bowling alone*, nos Estados Unidos, pelo menos, a participação em atividades comunitárias diminuiu constantemente nas últimas décadas.**
Putnam, R. D. (2000). *Bowling alone: The collapse and revival of American community*. New York: Simon & Schuster.

Página 222 **Também vivemos mais sozinhos e somos menos propensos a convidar amigos para jantar, visitar vizinhos ou ter alguém próximo com quem possamos conversar.**
McPherson, M., Smith-Lovin, L., & Brashears, M. E. (2006). Social isolation in America: Changes in core discussion networks over two decades. *American Sociological Review, 71*(3), 353– 375.

Página 223 **Em seguida, considere que os cientistas, já em 1700, cunharam o termo "superorganismo" para descrever espécies nas quais a ideia de um "indivíduo" separado parecia especialmente questionável.**
Wilson, E. O. (1988). The current state of biological diversity. *Biodiversity, 521*(1), 3–18. (Capítulo 56)

Página 224 **Nenhum ato de bondade, não importa o quão pequeno seja, é um desperdício.**
Aesop, A. (2016). *Aesop's fables*. Xist Publishing. (O leão e o rato)

Página 224 **Pesquisadores abordaram pessoas em um *campus* universitário no Canadá e deram dinheiro a elas. Eles instruíram metade delas a gastarem o dinheiro consigo mesmas e metade a gastá-lo com outra pessoa.**
Dunn, E. W., Aknin, L. B., & Norton, M. I. (2008). Spending money on others promotes happiness. *Science, 319*(5870), 1687–1688.

Página 224 **Um estudo diferente envolveu pessoas que receberam transplantes de células-tronco para tratar um câncer.**
Rini, C., Austin, J., Wu, L. M., Winkel, G., Valdimarsdottir, H., Stanton, A. L., . . . & Redd, W. H. (2014). Harnessing benefits of helping others: A randomized controlled trial testing expressive helping to address survivorship problems after hematopoietic stem cell transplant. *Health Psychology, 33*(12), 1541.

Página 224 **Depois de levar em consideração fatores de controle como a renda familiar, pesquisadores da Notre Dame University descobriram que as pessoas que eram mais generosas com suas finanças, com seu tempo e em seus relacionamentos pessoais eram significativamente mais felizes, fisicamente mais saudáveis e sentiam mais propósito na vida do que aquelas que eram menos generosas.**
Smith, C., & Davidson, H. (2014). *The paradox of generosity: Giving we receive, grasping we lose*. New York: Oxford University Press.

Página 225 **Ou, como o dalai-lama costuma dizer: "Sejam egoístas; amem uns aos outros".**
Ricard, M., Mandell, C., & Gordon, S. (2015). *Altruism: The power of compassion to change yourself and the world*. New York: Little, Brown & Company. (Citado por André Comte-Sponville, p. 240)

Página 225   Em experimentos de laboratório, economistas demonstraram que não apenas damos mais quando pensamos que outras pessoas estão assistindo, como nossas preocupações privadas sobre nossa autoimagem nos influenciam mesmo quando não tem ninguém olhando.

         Tonin, M., & Vlassopoulos, M. (2013). Experimental evidence of self-image concerns as motivation for giving. *Journal of Economic Behavior & Organization, 90*, 19–27.

Página 226   **Exercício: a lista de tarefas de um bodisatva**

         Styron, C. W. (2013). Positive psychology and the bodhisattva path. In C. K. Germer, R. D. Siegel, & P. R. Fulton (Eds.), *Mindfulness and psychotherapy* (2 ed., pp. 295–308). New York: Guilford Press. (p. 307)

Página 227   **Quem é rico? Aquele que está feliz com o seu destino.**

         Pirkei Avot 4:1. Disponível em: *www.chabad.org/library/article_cdo/aid/2032/jewish/Chapter-Four.htm*. Acesso em: 5 de abr. de 2021.

Página 227   **A gratidão aumenta nossa capacidade de lidar e nos recuperar dos desafios da vida, além de estar ligada a ter mais energia, dormir melhor, sentir-se menos solitário, ter melhor saúde física e experimentar mais alegria, entusiasmo e amor.**

         Davis, D. E., Choe, E., Meyers, J., Wade, N., Varjas, K., Gifford, A., . . . & Worthington, E. L., Jr. (2016). Thankful for the little things: A meta-analysis of gratitude interventions. *Journal of Counseling Psychology, 63*(1), 20.

         Emmons, R. A., & Stern, R. (2013). Gratitude as a psychotherapeutic intervention. *Journal of Clinical Psychology, 69*(8), 846–855.

Página 228   **O mestre zen Suzuki Roshi famosamente disse que, "na mente do iniciante, há muitas possibilidades; na mente do especialista, há poucas".**

         Suzuki, S. (1973). *Zen mind, beginner's mind.* New York: John Weatherhill.

Página 229   **Pesquisadores testaram essa noção. Como as pessoas muitas vezes expressam mais gratidão por suas vidas após experiências de quase morte ou doenças que ameaçam a vida, eles avaliaram se contemplar deliberadamente nossa mortalidade aumentaria a gratidão — e aumentou.**

         Frias, A., Watkins, P. C., Webber, A. C., & Froh, J. J. (2011). Death and gratitude: Death reflection enhances gratitude. *Journal of Positive Psychology, 6*(2), 154–162.

Página 230   **De acordo com o Banco Mundial, cerca de 689 *milhões de pessoas* vivem com menos de US$ 1,90 por dia.**

         World Bank. (2020). *Poverty and shared prosperity 2020: Monitoring global poverty.* Washington, DC: World Bank. (p. 28)

Página 230   **Thich Nhat Hanh convida seus alunos a realizar um experimento simples: lembre-se da última vez que você teve uma dor de dente. Você se lembra da sua dor, da sua preocupação e do seu desejo de alívio? Tenho ótimas notícias para o você de hoje: você não está com dor de dente!**

         Hanh, T. N. (2011). *Making space: Creating a home meditation practice.* New York: Parallax Press. (p. 3)

Página 230	**Uma das abordagens mais validadas é manter um diário de gratidão.** Davis, D. E., Choe, E., Meyers, J., Wade, N., Varjas, K., Gifford, A., . . . & Worthington, E. L., Jr. (2016). Thankful for the little things: A meta-analysis of gratitude interventions. *Journal of Counseling Psychology, 63*(1), 20.
Página 230	**Em vários estudos, em comparação aos grupos-controle, as pessoas que mantinham diários de gratidão se exercitavam mais regularmente, relatavam menos sintomas físicos e se sentiam melhor com relação a suas vidas. Elas também relataram maior atenção, entusiasmo, determinação e energia, e eram mais propensas a relatar ter ajudado alguém com um problema pessoal.** Emmons, R. A., & Stern, R. (2013). Gratitude as a psychotherapeutic intervention. *Journal of Clinical Psychology, 69*(8), 846–855.
Página 232	**Pesquisas sobre práticas de gratidão sugerem que elas são mais eficazes se observarmos o máximo de detalhes possível, incluirmos a gratidão por outras pessoas e saborearmos as surpresas, as oportunidades ou os presentes inesperados.** Marsh, J. (17 de novembro de 2011). Tips for keeping a gratitude journal. Disponível em: *https://greatergood.berkeley.edu/article/item/tips_for_keeping_a_gratitude_journal*. Acesso em: 19 de mar. de 2021.
Página 232	**Um dos estudos mais famosos da psicologia positiva testou cinco intervenções diferentes para ver qual teria o efeito mais poderoso no bem-estar das pessoas. O vencedor disparado foi a *carta de gratidão*.** Seligman, M. E., Steen, T. A., Park, N., & Peterson, C. (2005). Positive psychology progress: Empirical validation of interventions. *American Psychologist, 60* (5), 410–421.
Página 234	**Estudos documentam todos os tipos de problemas de saúde mental e física decorrentes desse tipo de ressentimento crônico.** Toussaint, L. L., Worthington, E. L. J., & Williams, D. R. (2015). *Forgiveness and health*. Dordrecht: Springer Netherlands.
Página 234	**Não surpreendentemente, pesquisas dizem que o perdão está ligado à redução de ansiedade, de depressão, de sintomas físicos e até mesmo de mortalidade.** Toussaint, L. L., Worthington, E. L. J., & Williams, D. R. (2015). *Forgiveness and health*. Dordrecht: Springer Netherlands.
Página 238	**Inúmeros livros e artigos já foram escritos sobre como se desculpar de forma eficaz.** Lazare, A. (2005). *On apology*. New York: Oxford University Press.
Página 239	**Você chegou ao final de um livro de não ficção (o que, estatisticamente, a maioria das pessoas não faz).** Heyman, S. (2015, February 4). Keeping tabs on bestseller books and reading habits. Disponível em: *www.nytimes.com/2015/02/05/arts/international/keeping-tabs-on-best-sellerbooks-and-reading-habits.html*. Acesso em: 19 de mar. de 2021.

Índice

A

"A neurose é o adubo do *bodhi*" conceito, 18–19
Abordagem dos três Cs
  conexão e, 149, 222–223
  cuidando dos outros e, 28
  decepção como oportunidade e, 19
  encontrando o fracasso do sucesso, 66–72
  mindfulness e, 33
  recuperando-se do vício em autoavaliação e, 125–126
  vergonha e sentimentos de inadequação e, 187–188
  visão geral, 6–7
Abuso, vergonha de, 181. *Ver também* Experiências precoces
Aceitação amorosa, cultivando a, 35, 49–50. *Ver também* Aceitação; *Mindfulness*
Aceitação. *Ver também* Aceitação gentil, cultivo da; Autoaceitação incondicional; *Mindfulness*
  abraçando a mortalidade e, 215–220
  abrindo-se à dor e, 171–174
  aceitando nossa ordinariedade e, 205–214
  autoavaliações realistas e, 192–198
  de sentimentos, 38–39
  emoções e, 55–56
  escolhendo a ordinariedade, 92–94
  ficar com a dor e o desconforto, 122–124
  ficar com os sentimentos, 174–177
  ficar ok com estar na média e, 87–88
  insignificância e, 218–220
  mensagens que reforçam a autoavaliação, 91–92
  obstáculos para a conexão e, 146–147
  partes ou estados de ser e, 48–50
  transcendendo o "eu" e, 58
  vendo quem você realmente é, 198–204
  vergonha e, 178
  visão geral, 35
Aceitar (acrônimo RAIN)
  ficar com os sentimentos, 174–177
  perdão e, 234–235
Acrônimo RAIN
  perdão e, 234–235
  visão geral, 174–177
Adequação. *Ver* Inadequação, sentimentos de; Sucesso
Ágape, 134. *Ver também* Amor
Agressão, 142–143
Altruísmo recíproco, 26, 225
Amizade, 134, 139–142. *Ver também* Relacionamentos
Amor apaixonado, 134. *Ver também* Amor; Romance
Amor próprio, 161–165, 187–188. *Ver também* Autocompaixão; Meditação da bondade amorosa
Amor. *Ver também* Conexão; Cuidar dos outros; Relacionamentos
  cuidado, 136–142
  decepção como oportunidade e, 19
  diferentes formas de, 133–135
  ganhando perspectiva e, 187–188
  meditação da bondade amorosa e, 157
  necessidade de conexão e, 129–130
  processos evolutivos e, 25–29
  romance e, 130–133
  transcendendo o "eu" e, 59
  visão geral, 16–17, 129

Ansiedade de *performance*. *Ver também* Medo
  aceitando a mortalidade e, 217
  avaliação autofocada e, 7-8
Ansiedade. *Ver também* Ansiedade de *performance*
  busca de popularidade e, 116
  identificando e lidando com emoções e, 54-55
  meditação da bondade amorosa e, 156
Aparência
  como símbolo de *status*, 97-98, 104-107
  popularidade e, 116
  sinalização de classe e, 101-107
Aprendizagem animal, 114-115
Atenção, 36-40
Autenticidade, 206, 210-213
Autoaceitação incondicional, 193-195. *Ver também* Aceitação; Autoaceitação
Autoaceitação, 197-198. *Ver também* Aceitação; Autoaceitação incondicional
Autoavaliação inflada
  benefícios da humildade e, 85
  obstáculos à conexão e, 144-145
  visão geral, 84
Autoavaliações
  aceitando nossa ordinariedade e, 210-213
  autoavaliação útil e, 189-192
  autoavaliações realistas, 192-198
  decepção como oportunidade e, 85-86
  definindo nosso próprio valor ou adequação, 197-198
  enxergando quem você realmente é, 198-204
Autocompaixão. *Ver* Compaixão; Compaixão por si mesmo
Autocompaixão consciente, 160-165, 166. *Ver também* Compaixão por si mesmo; *Mindfulness*
Autoconsciência. *Ver também* Consciência das experiências presentes; Construção de identidade; Múltiplos "eus"
  explorando a, 198-204
  identificando e lidando com emoções e, 53-56
  partes ou estados de ser e, 45-50
  transcendendo o "eu" e, 56-60
  visão geral, 44-45
Autocontrole em vez de autoestima, 90-94

Autocrítica. *Ver também* Criticismo
  fazendo amizade com nosso crítico interno, 184-185
  superestimando conquistas para nos sentirmos melhor com relação a nós mesmos, 78
Autodisciplina em vez de autoestima, 90-94
Autoenganação. *Ver também* Autoengrandecimento
  superestimando conquistas para nos sentirmos melhor com relação a nós mesmos, 78
  autoengrandecimento e, 84
  redes sociais e, 88-90
Autoengrandencimento. *Ver também* Autoenganação
  benefícios da humildade, 85
  estar ocupado como, 104
  obstáculos à conexão e, 144-145
  visão geral, 84
Autoestima. *Ver também* Vício em estímulos de autoestima
  acrônimo RAIN para feridas de autoestima, 175-177
  benefícios da humildade, 85
  buscando fama e fortuna e, 86-87
  buscar ser melhor, 5-10
  condicional, 190-192, 193
  cultivando conexões e, 136-142
  decepção como oportunidade e, 85-86
  escolhendo a ordinariedade, 92-94
  estando ok com estar na média, 87-88
  ficar com os sentimentos, 174-177
  mindfulness e, 34-35
  obstáculos à conexão e, 144-146
  papel na felicidade, 16
  reconhecendo consumo ou frugalidade conspícuos, 99-101
  recuperando-se do vício em autoavaliação e, 117-126
  redes sociais e, 88-90, 116-117
  romance e, 130-133
  substituindo com foco no autocontrole, 90-94
  vergonha e, 177-183
  visão geral, 82-86, 239-240

Autoestima positiva. *Ver também* Autoestima
    obstáculos à conexão e, 144-145
    reconhecendo consumo ou frugalidade
    conspícuos, 99-101
    visão geral, 83
Autoimagem, 53
    positiva, limitações da, 16
Autojulgamento. *Ver também* Sentir-se julgado
    autoaceitação incondicional e, 194
    desenvolvendo uma prática regular de
    mindfulness e, 41-43
    foco narrativo e, 40-41
    melhorando a busca por autoestima e,
    5-10
    relacionado a práticas de *mindfulness*,
    39-40
    vergonha e, 177-183
Autopreocupação, 44-45, 59. *Ver também*
    Autotranscendência
Autorreferência, narrativa *versus* experiencial,
    40-41
Autotranscendência, 56-60. *Ver também*
    Estados de ser
Avaliação autofocada
    abordagem dos três Cs e, 6-7
    alternativa à, 16-20
    autoavaliação útil, 189-192
    autoavaliações realistas, 192-198
    comparações e, 15
    critérios utilizados na, 10-15
    cuidando dos outros e, 25-29
    decepção como oportunidade e, 18-19
    e seu papel na felicidade, 16
    ganhando perspectiva e, 187-188
    identificando e lidando com emoções e,
    53-56
    mindfulness e, 34, 41-43
    processos evolutivos e, 22-25
    recuperando-se do vício em autoavaliações
    e, 117-126
    redes sociais e, 88-90
    romance e, 131
    superestimando conquistas para nos
    sentirmos melhor com relação a nós
    mesmos, 76-81
    visão geral, 3-4, 19-20, 239-240

Avaliação geral de valor. *Ver também*
    Autoavaliações; Valor, sentimentos de
    autoaceitação incondicional e, 194-195
    definindo nosso próprio valor ou adequação,
    197-198
    desafiando a, 195-197
    enxergando quem você realmente é, 198-
    204
    visão geral, 190-192
Avaliações do valor próprio. *Ver*
    Autoavaliações

B

Backdraft, 157
Bem-estar
    aceitando a mortalidade e, 215-220
    aceitando nossa ordinariedade e, 206
    conexão e, 221-227
    cuidando dos outros, 26
    físico, 26
    generosidade e, 224-227
    mental, 26
Bodisatvas, 226-227. *Ver também*
    Generosidade

C

Cabeça (abordagem dos três Cs)
    conexões e, 149, 222-223
    cuidando dos outros e, 28
    decepção como uma oportunidade e, 19
    mindfulness e, 33
    recuperando-se do vício em autoavaliação e,
    125-126
    vergonha e sentimentos de inadequação e,
    187-188
    visão geral, 6-7
Carinho
    autocompaixão e, 161-163
    vergonha e, 179
Classe social
    desigualdade e, 107-108
    resistindo às tendências do consumismo e,
    109-112
    sinalização de classe e, 101-107

Compaixão. *Ver também* Compaixão por si mesmo; Cuidar dos outros
  cultivando para os outros, 165-168
  instinto de, 27
  não levar para o lado pessoal, 159-160
  sistema de proteção e afiliação, 150-160
  transcendendo a culpa e, 157-159
  visão geral, 150
Compaixão por si mesmo. *Ver também* Compaixão
  comparada a autoaceitação incondicional, 193
  cultivando, 160-165
  meditação da bondade amorosa e, 153-157
  perdão e, 234-235
  transcendendo o "eu" e, 58
  vergonha e, 183
Comparação aos outros. *Ver também* Símbolos de *status*
  aceitando nossa ordinariedade e, 210-213
  avaliação autofocada e, 4
  conexão pelo cuidado e, 139-142
  critérios utilizados na autoavaliação, 10-15
  cultivando compaixão pelos outros e, 166-168
  desenvolvendo uma prática regular de *mindfulness* e, 41-43
  frugalidade conspícua e, 98-101
  gratidão e, 227
  melhorando a busca da autoestima e, 5-10
  pensamentos e, 38
  processos evolutivos e, 22-25
  redes sociais e, 88-90
  resistindo às tendências do consumismo e, 109-112
  sinalização de classe e, 101-107
  superestimar conquistas para nos sentirmos melhor com relação a nós mesmos, 76-81
  visão geral, 15
Comparações sociais. *Ver* Comparação aos outros
Competição
  conexão pelo cuidado e, 139-142
  cultivando compaixão pelos outros e, 166-168
  fracasso do sucesso e, 80
  movimento pela autoestima e, 92
  natureza animal e, 22-25
  transcendendo o "eu" e, 59
Comprar coisas para nos sentirmos melhor com relação a nós mesmos. *Ver* Consumo conspícuo
Comunicação
  conexão pelo cuidado e, 136
  perdão e, 239
Condicionamento, 114-115
Conexão. *Ver também* Amor; Relacionamentos
  autoestima e, 88
  bem-estar e, 221-227
  classe social e, 103
  cuidado, 136-142
  decepção como oportunidade e, 19
  diferentes formas de amor, 133-135
  escolhendo a ordinariedade, 94
  estar ocupado como símbolo de *status*, 104
  fora da família ou do romance, 139-142
  gratidão e, 228, 232
  instinto de, 27
  necessidade de, 129-130
  perdão e, 237-239
  popularidade e, 115-117
  processos evolutivos e, 25-29
  recategorização de identidade e, 148-149
  recuperando-se do vício em autoavaliação e, 126
  resistindo às tendências do consumismo e, 111-112
  sistema de proteção e afiliação, 151
  superando obstáculos para a, 142-148
  transcendendo o "eu" e, 59
  vergonha e, 182-183
  visão geral, 16-17, 129, 240
Conflitos, 8
Conquistas. *Ver também* Sucesso
  contratempos nas, 72
  satisfação com as ao longo do tempo, 64-76
  superestimar para nos sentirmos melhor com relação a nós mesmos, 76-81
Consciência
  metacognitiva, 37
  processos evolutivos e, 50-51
  vendo quem você realmente é, 198-204

Consciência das experiências presentes.
Ver também Autoconsciência; Experiência presente; Mindfulness;
consciência de mensagens que reforçam a autoavaliação, 91-92
desenvolvendo uma prática regular de mindfulness e, 41-43
exercício de atenção plena à respiração, 36-37
foco experiencial e, 40-41
transcendendo o "eu" e, 58
visão geral, 35
Consciência-testemunha, 200-201
Construção de identidade. Ver também Estados de ser
classe social e, 102-103
conexão e, 148-149
reavaliando nossa identidade, 148-149
visão geral, 51-53
Consumo conspícuo. Ver também Símbolos de status
frugalidade conspícua como uma forma de, 98-101
gratidão e, 227
natureza universal do, 96-98
reconhecendo o, 99-101
resistindo às tendências do, 109-112
sinalização de classe e, 101-107
visão geral, 95-98
Consumo de cigarros, 126
Contratempos, inevitabilidade de, 72
Cooperação
instinto de, 27
processos evolutivos e, 25-29
visão geral, 16-17
Coração (abordagem dos três Cs)
conexão e, 149, 222-223
cuidando dos outros e, 28
decepção como uma oportunidade e, 19
encontrando o fracasso do sucesso, 66-72
mindfulness e, 33
recuperando-se do vício em autoavaliação e, 125-126
vergonha e sentimentos de inadequação e, 187-188
visão geral, 6-7

Córtex cingulado posterior (CCP), 134
Córtex pré-frontal medial (mPFC), 41. Ver também Funções cerebrais
Costumes (abordagem dos três Cs)
conexões e, 149, 222-223
cuidando dos outros e, 28
decepção como uma oportunidade e, 19
mindfulness e, 33
mudança de objetivos e, 74-76
recuperando-se do vício em autoavaliação e, 125-126
vergonha e sentimentos de inadequação e, 187-188
visão geral, 6-7
Crenças. Ver também Pensamentos
autoaceitação incondicional e, 194
ganhando perspectiva e, 187-188
Crescimento pessoal, 116
Critérios utilizados na autoavaliação. Ver também Avaliação autofocada
comparações e, 15
exercícios para examinar e refletir sobre, 12-15
visão geral, 10-15
Criticismo. Ver também Autocrítica; Julgar os outros
cultivando compaixão pelos outros e, 167
fazendo amizade com o nosso crítico interno, 184-185
obstáculos à conexão e, 143-144
Cuidado, 27. Ver também Cuidar dos outros
Cuidar dos outros. Ver também Amor; Compaixão; Conexão
conexão pelo cuidado e, 137
cultivando, 153
processos evolutivos e, 25-29
sistema de proteção e afiliação e, 150-160
Culpa
não levar para o lado pessoal, 159-160
perdão e, 235-236, 238
transcendendo a, 157-159
vergonha e, 183
Curiosidade na prática de mindfulness, 37

D

Dar. *Ver* Generosidade
Decepção. *Ver também* Dor emocional
   como oportunidade, 18–19, 85–86
   ficando com a dor e o desconforto, 122–124
   movimento da autoestima e, 91
   recuperando-se do vício em autoavaliação e, 122–124
   romance e, 131–132
Defensividade, superando a, 183
Demonstrações materiais de *status*. *Ver* Consumo conspícuo; Símbolos de *status*
Depressão, causadores de, 116
Desconexão, aumento da prevalência de, 222. *Ver também* Conexão
Desconforto. *Ver também* Dor emocional
   ficando com a dor e o desconforto, 122–124
   reconhecendo o, 103
   recuperando-se do vício em autoavaliação e, 122–124
Desculpas, 237–239
Desejabilidade, 22–25
Desejar sentimentos positivos, 59
Desejo, gratidão como antídoto, 227
Desigualdade
   classe social e, 107–108
   resistindo às tendências do consumismo e, 109–112
Diários, 230–232. *Ver também* Exercícios
Dinheiro. *Ver também* Classe social; Consumo conspícuo; Símbolos de *status*
   desigualdade e, 107–108
   popularidade e, 116
   sinalização de classe e, 101–107
Discussões, 234–239. *Ver também* Raiva
   avaliação autofocada e, 8
   identificando e lidando com emoções e, 54–55
   meditação da bondade amorosa e, 156
   não levando para o lado pessoal e, 159–160
   obstáculos para a conexão e, 142–143
   transcendendo a culpa e, 157–159
Divagação, 37–38, 39–40. *Ver também* Pensamentos
Dominância, preocupações com, 24
Dor emocional. *Ver também* Decepção; Emoções
   abrindo-se à, 171–174
   cultivando conexões e, 138
   ficando com a dor e o desconforto, 122–124
   ganhando perspectiva e, 187–188
   identificando e nomeando, 172–174
   meditação da bondade amorosa e, 156, 157
   não levar para o lado pessoal e, 159–160
   raiva e, 235
   recuperando-se do vício em autoavaliação e, 122–124
   transcendendo a culpa e, 157–159
   vergonha e, 177–183
   visão geral, 169–171
Duvidando de nós mesmos, 3–4, 7–8

E

Efeito do Lago Wobegon, 76–81
Ego, 56
Egocentrismo. *Ver também* Autoavaliação inflada
   aceitando nossa ordinariedade e, 208–209
   desafiando avaliações gerais de valor e, 195–197
   obstáculos à conexão e, 144–145
Elogios na parentalidade, 91
Emoções. *Ver também* Reações a emoções
   abrindo-se à dor, 171–174
   desafiando avaliações gerais de valor e, 195–197
   ficando com as, 174–177
   ganhando perspectiva e, 187–188
   identificando e nomeando as, 53–56, 172–174
   lidando com as, 53–56
   meditação da bondade amorosa e, 156, 157
   mindfulness e, 38–39
   obstáculos à conexão e, 142–143
   tolerando e aceitando as, 55–56
   visão geral, 169–171

Empatia, 153
Enganando a nós mesmos. *Ver* Autoenganação
Engrandecimento próprio. *Ver* Autoengrandecimento
Envelhecimento, 213–214
Eros, 134. *Ver também* Amor
Erros, aceitando, 195–197
Estados de ser. *Ver também* Autoconsciência; Construção da identidade; Múltiplos "eus"; Partes
   identificando e lidando com emoções e, 53–56
   obstáculos à conexão e, 146–148
   processos evolutivos e, 50–51
   trabalhando com, 184–188
   transcendendo o "eu" e, 56–60
   visão geral, 45–50
Estar ocupado, 104
Estilo como símbolo de *status*, 104–107. *Ver também* Símbolos de *status*
Ética, avaliação destorcida da, 78
"Eu" narrativo, 40–41
"Eu" social, impermanência do, 217–220
Eudaimonia, 125–126. *Ver também* Felicidade
Exercícios. *Ver também* Lista de exercícios
   aceitando nossa ordinariedade e, 211–213, 214
   acrônimo RAIN para feridas da autoestima, 175–177
   amor próprio e, 161–165
   aprendendo a ter atenção plena, 36–40
   autoaceitação, 194–195
   autobiografia da autoestima, 172–174, 175
   autobiografia da classe social, 102
   benefícios da humildade, 85
   bodisatva, 226–227
   consciência de mensagens que reforçam autoavaliação, 91–92
   critérios utilizados na autoavaliação, 12–15
   cultivando compaixão pelos outros e, 166, 167–168
   cultivando conexões e, 138–139, 140–141
   desafiando avaliações gerais de valor e, 196–197
   escolhendo a ordinariedade, 92–93
   ficando com a dor e o desconforto, 123–124
   fracasso do sucesso, 66–72
   futuro do nosso "eu" social, 217–218
   gratidão e, 230–234
   identificando e lidando com emoções, 54
   meditação da bondade amorosa, 154–155
   mudança de objetivos e, 74–76
   partes exiladas, 147–148
   perdão e, 234–235, 236–237
   reconhecendo consumo ou frugalidade conspícuos, 99–101
   recuperando-se do vício em autoavaliação e, 119–120, 121–122, 123–124
   resistindo às tendências do consumismo e, 111–112
   separando o amor da autoavaliação, 135
   sinais de *status*, 106
   superando obstáculos à conexão, 147–148
   superestimando conquistas para nos sentirmos melhor com relação a nós mesmos, 79
   surfando impulsos, 121–122
   ter atenção plena no trabalho, 108
   tonglen, 166
   trabalhando com nossas partes, 184–188
   transcendendo o "eu", 58
   vendo quem você realmente é, 200–201
Exercícios autobiográficos. *Ver também* Exercícios
   autobiografia da autoestima, 172–174, 175, 186, 194
   autobiografia da classe social, 102
Exercícios de respiração. *Ver também* Exercícios; *Mindfulness*
   aprendendo a ter atenção plena, 36–37
   autocompaixão e, 163–164
   cultivando compaixão pelos outros e, 166
Expectativas
   mensagens que reforçam a autoavaliação, 91–92
   movimento da autoestima e, 90–91
Experiência presente. *Ver também* Consciência das experiências presentes; *Mindfulness*
   escolhendo a ordinariedade, 92–94
   gratidão e, 227
   insignificância e, 220

transcendendo o "eu" e, 58
visão geral, 35
Experiências precoces
  autobiografia da autoestima, 172-174
  classe social e, 102-103
  emoções e, 170-171
  ficando com os sentimentos e, 172-174
  romance e, 130-131
  vergonha e, 181
Experimentando o interser, 202-204

F

Fama, busca por, 86-87, 116
Felicidade
  autoimagem e, 16
  buscando fama e fortuna e, 86-87
  recuperando-se do vício em autoavaliação e, 125-126
Fracasso, medo do
  avaliação autofocada e, 8-10
  definindo nosso próprio valor ou adequação, 197-198
  ficando com a dor e o desconforto, 122-124
  ganhando perspectiva e, 187-188
  vergonha e, 177
Frugalidade. *Ver* Frugalidade conspícua
Frugalidade conspícua como uma forma de consumo conspícuo, 98-101
  reconhecendo a, 99-101
Funções cerebrais
  amor e, 134
  avaliação autofocada e, 21-22
  cuidar dos outros, 25-29
  focos narrativos e experienciais e, 41
  recuperando-se do vício em autoavaliação e, 118
  redes sociais e, 117
  romance e, 132-133
  sistema de proteção e afiliação, 150-151
  vergonha e, 178

G

Gatilhos, 119-122, 169-171
Generosidade, 28, 224-227

Gentileza, reconhecendo a, 27. *Ver também* Amor próprio; Compaixão; Cuidar dos outros
Gratidão, 16-17, 149, 227-234

H

Hábitos de consumo. *Ver* Consumo conspícuo; Símbolos de *status*
Habituação, 64-65, 66-72, 119
Hedonia, 65-66, 125-126. *Ver também* Felicidade
Honestidade em relacionamentos, 136
Humildade
  a maldição de ser especial e, 206
  aceitando nossa ordinariedade e, 206, 208-209
  benefícios da, 85
Humilhação, 179. *Ver também* Vergonha

I

Identidade de grupo e aceitação, 24, 181-182
Identidade experiencial, 40-41
Ilusões sobre si mesmo. *Ver* Autoenganação
Imperfeição
  aceitando nossa ordinariedade e, 207-210
  desafiando avaliações gerais de valor e, 195-197
Importância, sentimentos de, 104
Inadequação, sentimentos de. *Ver também* Sucesso
  aceitando nossa ordinariedade e, 210-213
  avaliação autofocada e, 8-10
  critérios utilizados para medir adequação e, 10-15
  cuidando das partes feridas, 185-186
  definindo nosso próprio valor ou adequação, 197-198
  ganhando perspectiva e, 187-188
  obstáculos à conexão e, 145-146
  visão geral, 63-64
Indignação, efeitos em relacionamentos, 142-143
Individualismo
  desigualdade e, 107-108
  priorizando, 88
Injustiça, respondendo à, 158

Insignificância, aceitando a, 218-220
Instintos
　cuidando dos outros e, 25-29
　processos evolutivos e, 22-25
Integrando partes ou estados de ser, 47-48, 185-186. *Ver também* Estados de ser
Interdependência, reconhecendo a, 57, 202-204, 223
Interpretações, 38. *Ver também* Pensamentos
Interser, 202-204
Investigar (acrônimo RAIN)
　ficando com os sentimentos, 175-177
　perdão e, 234-235

J

Julgamento pelos outros. *Ver também* Sentir-se julgado
　classe social e, 103
　cultivando compaixão pelos outros e, 167
　melhorando a busca pela autoestima e, 5
Julgar os outros. *Ver também* Comparar-se aos outros
　não levar para o lado pessoal e, 159-160
　obstáculos à conexão e, 143-144, 146-147
　sinalização de classe e, 101-107
　transcendendo a culpa e, 157-159
Justiça, instinto de, 27

L

Liberdade
　aceitando a mortalidade e, 215-220
　aceitando nossa ordinariedade e, 207-210
Limitações pessoais, 189-190
Lista de exercícios
　A dor por trás da raiva, 234-235
　A lista de tarefas de um bodisatva, 226
　Abraçando uma autoestima ferida, 123
　Abraço e carinho afetuosos, 162-163
　Acrônimo RAIN para ferimentos da autoestima, 174-175
　Andando na montanha-russa da autoavaliação, 14
　Andando na montanha-russa da autoavaliação ao estilo mindfulness, 42-43
　Apenas um dia comum, 79
　As alegrias da autotranscendência, 58
　Atenção plena à respiração, 36-37
　Autobiografia da minha classe social, 102
　Carta de autocompaixão, 164
　Como eu me tornei eu, 211-212
　Compaixão pela competição, 167
　Conectando-se em vez de competir, 140
　Consciência-testemunha, 200-201
　Controlando nossa sombra, 147
　Cuidando de nossas partes feridas, 185
　Diário de gratidão, 230-231
　Educando a criança interior, 194-195
　Encontrando o fracasso do sucesso, 66-69
　Escolhendo ser comum, 92-93
　Escorando-se na parede certa, 74-75
　Fazendo amizade com nosso crítico interno, 184
　Identificando emoções no corpo, 54
　Imperfeição deliberada, 196
　Limitando a exposição aos gatilhos de autoavaliação, 119-120
　Nadando contra a corrente, 91-92
　Ninguém em casa, 200
　O futuro do nosso "eu" social, 217-218
　O que importa para mim?, 12-13
　Olhando para além das roupas um do outro, 106
　Os benefícios da humildade, 85
　Perdoando um %&#$, 236
　Prática da bondade amorosa, 154-155
　Reconhecendo o consumo e a frugalidade conspícuos, 99-101
　Respiração afetuosa, 163
　Separando o amor da autoavaliação, 135
　Somos como árvores, 111
　Surfando impulsos, 121
　Tonglen adoçado, 166
　Trabalhando com dignidade, 108
　Três objetos de atenção, 138-139
　Tudo muda, 214
　Uma autobiografia da autoestima, 172-173
　Uma carta de gratidão, 232

M

Mansplaining, 145
Meditação da bondade amorosa, 153-157, 167-168. *Ver também* Compaixão; Mindfulness
Meditação. *Ver também* Lista de exercícios; Mindfulness
  desenvolvendo uma prática regular de *mindfulness*, 41-43
  exercício de atenção plena à respiração, 36-37
Medo de rejeição. *Ver* Rejeição
Medo. *Ver também* Ansiedade de performance; Fracasso, medo do
  avaliação autofocada e, 7-8
  cultivando conexões e, 136
  identificando e lidando com emoções e, 54-55
  mindfulness e, 38-39
  obstáculos à conexão e, 145-146
  raiva e, 143
Memórias. *Ver* Experiências precoces
Microagressões, 103
Mindfulness. *Ver também* Exercícios
  abrindo-se à dor e, 171-174
  aceitando nossa ordinariedade e, 214
  aprendendo a ter consciência, 36-40
  autocompaixão, 160-165
  cultivando conexões e, 138-139
  desenvolvendo uma prática regular de, 41-43
  enxergando quem você realmente é, 199-201
  ficando com a dor e o desconforto, 122-124
  ficando com os sentimentos e, 174-177
  foco experiencial, 40-41
  gratidão e, 228-229
  identificando e lidando com emoções e, 53-56
  meditação da bondade amorosa, 153-157
  recuperando-se do vício em autoavaliação e, 118
  visão geral, 29, 33-35, 165
Moda como um símbolo de *status*, 104-107. *Ver também* Símbolos de *status*
Mortalidade, confrontando a, 215-220

Morte, superando a negação da, 215-220
Múltiplos "eus", 45-50, 184-188. *Ver também* Autoconsciência; Estados de ser

N

Narcisismo
  aceitando nossa ordinariedade e, 208-209
  autoengrandecimento e, 84
Naturalmente consciente (acrônimo RAIN)
  ficando com sentimentos, 175-177
  perdão e, 234-235
Natureza animal
  aprendizagem animal, 114-115
  compaixão, 150-151
  necessidade de afeto, 161-162
  raiva, 142
  visão geral, 22-25
Natureza humana, 22-25, 160-165, 177-179
Necessidades dos outros, 137. *Ver também* Cuidar dos outros
Negligência, vergonha decorrente de, 181. *Ver também* Experiências precoces
Neurobiologia. *Ver* Funções cerebrais

O

Objetividade, crença na nossa, 77
Objetivos
  conexão como, 137-138
  movimento da autoestima e, 87-88
  sistema de busca de, 150-151
  sucesso e, 73-76

P

Parentalidade, amor na, 134
Partes. *Ver também* Autoconsciência; Múltiplos "eus";
  obstáculos à conexão e, 146-148
  trabalhando com as, 184-188
  visão geral, 45-50
Partes exiladas. *Ver também* Estados de ser
  cuidando das partes feridas, 185-186
  obstáculos à conexão e, 146-148
  visão geral, 47-48

Pensamentos
  autoaceitação incondicional e, 194
  autoavaliação útil e, 189-192
  conexão e, 222-223
  definindo nosso próprio valor ou adequação, 197-198
  desenvolvendo uma prática regular de *mindfulness* e, 41-43
  durante os exercícios de *mindfulness*, 37-38, 39-40
  enxergando quem você realmente é, 198-204
  estados de ser e, 44-45, 46
  focos experienciais e narrativos e, 40-41
  ganhando perspectiva e, 187-188
  identificando e lidando com emoções e, 53-56
  questionando avaliações gerais de valor e, 195-197
  transcendendo o "eu" e, 57-58, 59-60
  vergonha e, 177-183
Perda, aprendendo com a, 229
Perdão
  meditação da bondade amorosa e, 156
  raiva e, 143
  visão geral, 234-239
Perder, medo de, 8-10
Perfeccionismo, 195-197, 207-210
Persona, 46-50. *Ver também* Estados de ser
Perspectiva
  aceitando a mortalidade e, 215-220
  insignificância e, 218-220
  perdão e, 235
  trabalhando com nossas partes e, 187-188
Pobreza. *Ver também* Classe social
  desigualdade e, 107-108
  sinalização de classe e, 101-107
Poder, busca por, 116
Popularidade, 24, 115-117
Posição social
  cuidando dos outros e, 26
  gratidão e, 227
  processos evolutivos e, 22-25
  resistindo às tendências do consumismo e, 109-111

Posse, sentimento de, 46
Prática formal de meditação, 42. *Ver também* Mindfulness
Preocupações interferindo com o carinho, 156
Presunção, 144-145
Primeira classe como símbolo de *status*. *Ver* Consumo conspícuo; Símbolos de *status*
Prioridades
  escolhendo a ordinariedade, 92-94
  estar ocupado como símbolo de *status*, 104
  sucesso e, 73-76
Processos evolutivos
  cuidando dos outros, 25-29
  natureza humana e animal, 22-25
  necessidade de conexão e, 129-130
  resistindo às tendências do consumismo e, 109-111
  senso de "eu" e, 50-51
  vergonha e, 177-178
  visão geral, 21-22
Psicologia positiva, 221

R

Raiva. *Ver também* Discussões
Reações a emoções. *Ver também* Emoções
  abrindo-se à dor e, 171-174
  estados de ser e, 184-188
  lidando com, 55-56
  vergonha, 177-183
  visão geral, 170-171
Realizações. *Ver também* Sucesso
  visão geral, 63-64
  e satisfação ao longo da vida, 64-76
  contratempos nas, 72
  critérios utilizados para medir as, 10-15
Recalibração narcisista
  buscando fama e fortuna e, 86-87
  encontrando o fracasso do sucesso e, 69, 72
  visão geral, 64
Recategorização da identidade, 148-149
Reconexão. *Ver também* Conexão
  perdão e, 237-239
  vergonha e, 182-183

Reconhecer (acrônimo RAIN)
  ficando com os sentimentos, 174–177
  perdão e, 234–235
Redes sociais
  popularidade e, 116–117
  recuperando-se do vício em autoavaliação e, 117–118, 119–120, 125–126
  visão geral, 88–90
Rejeição
  busca da popularidade e, 116
  cultivando compaixão pelos outros e, 167
  ficando com a dor e o desconforto, 122–124
  obstáculos à conexão e, 145–146
  partes ou estados de ser, 47
  pensamentos e, 38
  processos evolutivos e, 23, 24
  romance e, 132
  vergonha e, 178, 179–181, 182–183
Relacionamentos. *Ver também* Amor; Conexão
  autoavaliações realistas, 193
  bem-estar e, 221–227
  busca da popularidade e, 116
  cultivando conexões e, 136–142
  diferentes formas de amor, 133–135
  obstáculos à conexão e, 142–148
  partes e, 47
  perdão e, 237–239
  processos evolutivos e, 25–29
  recuperando-se do vício em autoavaliação e, 126
  romance e, 130–133
  transcendendo o "eu" e, 59
  vergonha e, 182–183
  visão geral, 129
Renda, 107–108. *Ver também* Classe social; Dinheiro; Pobreza; Símbolos de *status*
Render-se, em relacionamentos íntimos, 136–137
Ressentimento
  não levar para o lado pessoal, 159–160
  transcendendo a culpa e, 157–159
Riqueza, busca pela, 86–87. *Ver também* Consumo conspícuo; Símbolos de *status*

Romance. *Ver também* Amor; Relacionamentos
  diferentes formas de amor e, 133–135
  estímulos positivos para a autoestima por meio de, 130–133
  sexo, 24
  vergonha e, 179
Roupas como símbolo de *status*, 104–107. *Ver também* Símbolos de *status*

S

Seleção natural, 22–25
Selfies, 90. *Ver também* Redes sociais
Sensações corporais
  desafiando avaliações gerais de valor e, 195–197
  gatilhos e, 120–122
  identificando e lidando com emoções e, 53–56
  recuperando-se do vício em autoavaliação e, 120–122
Sensações físicas, 178. *Ver também* Sensações do corpo
Sentimentos. *Ver* Emoções
Sentimentos de vergonha. *Ver* Vergonha
Sentindo-se julgado, 5–10. *Ver também* Autojulgamento; Julgamento pelos outros
Sentir vergonha
  desafiando avaliações gerais de valor e, 195–197
  vergonha e, 179
Ser especial, a maldição de, 205–214
Sexo, 24. *Ver também* Romance
Símbolos de *status*. *Ver também* Consumo conspícuo
  estar ocupado como símbolo de *status*, 104
  gratidão e, 227
  natureza universal dos, 96–98
  resistindo às tendências dos, 109–112
  roupas e moda como, 104–107
  sinalização de classe e, 101–107
  visão geral, 95–98
Simpatia
  popularidade e, 115–117
  processos evolutivos e, 24

Sinalização de classe, 101–107
Sistema de proteção e afiliação. *Ver também* Compaixão
   cultivando compaixão pelos outros e, 165–168
   interdependência e, 223
   meditação da bondade amorosa, 153–157
   transcendendo a culpa e, 157–159
   visão geral, 150–160
Sistema de resposta a ameaças, 150–151
Sistema nervoso parassimpático, 178
Sistemas familiares internos (IFS), 47–48, 184
Sistemas motivacionais
   sistema de busca de objetivos, 150–151
   sistema de proteção e afiliação, 150–160
   sistema de resposta a ameaças, 150–151
Socialização, como fonte de vergonha, 177–179
Sofrimentos dos outros, 229–230
Sombras, 46–50. *Ver também* Estados de ser
Status de classe alta. *Ver* Consumo conspícuo; Símbolos de *status*
Status econômico. *Ver* Consumo conspícuo; Símbolos de *status*
Status social. *Ver* Posição social; Símbolos de *status*
Sucesso. *Ver também* Inadequação, sentimentos de
   autoestima condicional e, 190–192
   buscando fama, fortuna e, 86–87
   contratempos para o, 72
   critérios utilizados para medir o, 10–15
   definindo nosso próprio valor ou adequação, 197–198
   encontrando o fracasso do, 66–72
   mudando propósitos e, 73–76
   recuperando-se do vício em autoavaliação e, 118
   satisfação ao longo do tempo, 64–76
   superestimar para nos sentirmos melhor com relação a nós mesmos, 76–81
   visão geral, 63–64
Superestimando conquistas, 76–81. *Ver também* Autoenganação; Conquistas
Superioridade ilusória, 76–81
Surfando impulsos, 120–122

T

Tolerância ao efeito, 55. *Ver também* Emoções
Tolerando comportamentos, 237
Tolerando emoções, 38–39, 55–56, 122–124. *Ver também* Emoções
Tonglen, 166
Toque afetuoso, 161–164
Trabalho
   cultivando conexões e, 139
   mindfulness e, 108
Tradições e crenças religiosas
   a maldição de ser especial e, 205–206
   amor e, 134
   autoavaliações realistas e, 193
   conexão e, 149
   transcendendo o "eu" e, 56–58
Transtorno de dismorfia do Zoom, 90. *Ver também* Redes sociais
Transtorno de personalidades múltiplas, 46. *Ver também* Estados de ser
Transtorno dissociativo de personalidade, 46. *Ver também* Estados de ser
Tristeza, identificando no corpo, 54–55

U

Uso de álcool, 125–126
Uso de drogas, 125–126
Uso de substâncias, 125–126

V

Valor, sentimentos de. *Ver também* Avaliações gerais de valor
   autoaceitação e, 197–198
   autoestima condicional e, 190–192
   definindo nosso próprio valor ou adequação, 197–198
   visão geral, 10–15
Valores
   definindo nosso próprio valor ou adequação, 197–198
   escolhendo a ordinariedade, 92–94
   estar ocupado como símbolo de *status*, 104
   sucesso e, 73–76

Vazio, sentimentos de, 60
Vergonha
    a maldição de ser especial e, 209
    como uma emoção social, 179-181
    ficando com a dor e o desconforto, 122-124
    ganhando perspectiva e, 187-188
    pensamentos e, 38
    visão geral, 177-183
Vício nos estímulos para a autoestima. *Ver também* Autoestima
    a maldição de ser especial e, 205-206
    aprendizado e, 114-115
    autoavaliações e, 190-192
    decepções como oportunidade e, 122-124
    ficar com a dor e o desconforto, 122-124
    gatilhos e, 119-120
    popularidade e, 115-117
    redes sociais e, 116-117
    romance e, 130-133
    se recuperando do, 117-126
    visão geral, 113-114
Vulnerabilidade
    cuidando das partes feridas, 185-186
    cultivando conexões e, 136
    meditação da bondade amorosa e, 157

Lista de áudios

Todos os áudios listados a seguir estão disponíveis (em inglês) na página do livro em *loja.grupoa.com.br*.

Título	Duração
O que importa para mim?	07:10
Andando na montanha-russa da autoavaliação	05:10
Atenção plena à respiração	20:45
Identificando emoções no corpo	06:40
As alegrias da autotranscendência	04:10
Surfando impulsos	05:00
Abraçando uma autoestima ferida	04:10
Prática da bondade amorosa	15:35
Acrônimo RAIN para ferimentos da autoestima	06:15
Tudo muda	18:25
O futuro do nosso "eu" social	08:20